"十四五"时期国家重点出版物出版专项规划项目·中国自
中国机械工业教育协会"十四五"普通高等教育规划教材
21世纪高等院校电气工程及其自动化专业系列教材

工 厂 供 电

主　编　张军国　刘素梅

副主编　李国欣　谢将剑　钱一鸣

参　编　林繁涛　宗　剑　于　明　王　贺　许彦峰

机械工业出版社

本书是一本覆盖工厂供配电设计全过程的专业教材，全书共9章，内容包括绪论，负荷计算与无功功率补偿，短路电流计算及其效应分析，工厂变配电所及其一次系统，电力线路的选择与敷设，工厂供电系统的保护装置，工厂供电系统的二次回路，防雷、接地与电气安全，电气照明。在中国大学慕课网站（https://www.icourse163.org/）有本书配套的慕课视频，可供读者线上学习，网站中的测试可用于评价学习效果。

本书适用于普通高等院校的电气工程及其自动化、自动化、建筑电气与智能化等相关专业本科生，同时也适合作为供配电工程设计、监理、运行等人员的技术参考书籍。

本书还配有授课电子课件、微视频等资源，需要的教师可登录www.cmpedu.com免注册，审核通过后下载，或联系编辑索取（微信：18515977506，电话：010-88379753）。

图书在版编目（CIP）数据

工厂供电 / 张军国，刘素梅主编 . —北京：机械工业出版社，2024.7（2025.7重印）

21世纪高等院校电气工程及其自动化专业系列教材

ISBN 978-7-111-75236-3

Ⅰ . ① 工⋯　Ⅱ . ① 张⋯ ② 刘⋯　Ⅲ . ① 工厂 – 供电 – 高等学校 – 教材　Ⅳ . ① TM727.3

中国国家版本馆 CIP 数据核字（2024）第 047475 号

机械工业出版社（北京市百万庄大街 22 号　邮政编码 100037）
策划编辑：汤　枫　　　　　责任编辑：汤　枫　赵晓峰
责任校对：韩佳欣　张昕妍　　责任印制：刘　媛
北京富资园科技发展有限公司印刷
2025 年 7 月第 1 版第 2 次印刷
184mm×260mm・16 印张・386 千字
标准书号：ISBN 978-7-111-75236-3
定价：69.00 元

电话服务　　　　　　　　　网络服务
客服电话：010-88361066　　机 工 官 网：www.cmpbook.com
　　　　　010-88379833　　机 工 官 博：weibo.com/cmp1952
　　　　　010-68326294　　金 书 网：www.golden-book.com
封底无防伪标均为盗版　　机工教育服务网：www.cmpedu.com

前　言

"工厂供电"主要研究工厂供配电系统基础理论、工程设计以及运行维护等,是高等学校电气信息类专业的一门核心基础课程。本书遵循新工科建设要求,以工程应用为目的,围绕"双碳"目标和"零碳"计划,遵循国家标准规范最新要求,设计章节内容。本书内容涵盖工厂供配电基础理论以及工厂供配电系统设计、运行维护等理论与范式研究,以最新工厂整体供配电系统设计作为综合性工程案例,设计教学主线,加深课程内容深度,增加课程的挑战性,培养学习者解决复杂工程问题的综合能力和高级思维。

通过该课程学习,可以帮助广大学习者抽象、归纳实际工厂供配电系统的工程设计问题,能够理解并选用合适的方法进行负荷计算与各种短路电流计算,并理解其局限性;从工厂内部的电能供应和分配的角度对工厂变电所一次系统主接线进行分析,并尝试改进;能够对变压器、互感器、一次开关设备、线路等主设备在工厂一次系统中的功能与地位进行研究,并在考虑各种制约因素的情况下对电气主设备及线路进行选择与校验;能够理解工厂供电系统继电保护、防雷接地及电气照明系统的设计规则,并熟悉相关国家标准和规范。

本书共9章,具体内容包括绪论,负荷计算与无功功率补偿,短路电流计算及其效应分析,工厂变配电所及其一次系统,电力线路的选择与敷设,工厂供电系统的保护装置,工厂供电系统的二次回路,防雷、接地与电气安全,电气照明等。

本书在编写时遵循"以工铸魂,以电培基;通专融合,德能并举"的理念。与同类教材相比,本书具有以下特色。

(1)强调工程性,创新提升

本书以践行新工科人才培养理念为目标,从"点"到"面"融入工程实践。以实际供配电设备为载体引出具体知识点,将最新国家标准、行业规范与理论知识互融;以最新工厂整体供配电系统设计作为综合性工程案例,设计提纲主线,加深内容深度,增加学习挑战性,培养读者解决复杂问题的综合能力和高级思维。

(2)突出思政性,润物无声

本书编写过程中,以落实立德树人根本任务为抓手,深度挖掘提炼课程知识体系中所蕴含的思想价值和精神内涵,将爱国精神、创新精神、工匠精神等思政元素有机融入教学内容,坚持不懈培育和弘扬社会主义核心价值观,激励读者秉持奋斗精神、团结协作、推动科技创新,在潜移默化中提升学生的专业素养和爱国情怀。

(3)提供方便性,学习友好

本书采用新形态教材模式,通过扫描二维码或者登录数字课程网站,可以观看学习主要知识点微课视频;全书采用双色印刷,教材中的定义、定理以及重点内容等均用彩色进行标注;各章节首部设置内容提要,末尾附有习题与思考题,方便读者自学与复习;配套教学辅助资源丰富，全书配有慕课、微视频、PPT、教案等教学资源。

　　本书由北京林业大学联合中国电力科学研究院、中国矿业大学、上海应用技术大学以及北京天鸿圆方建筑设计有限责任公司共同编写，同济大学牟龙华教授担任主审。全书由北京林业大学张军国教授、刘素梅副教授任主编，负责全书的框架构思、编写组织及整体统稿工作；中国矿业大学李国欣副教授、北京林业大学谢将剑副教授、北京天鸿圆方建筑设计有限责任公司钱一鸣高级工程师任副主编。其中张军国、李国欣编写第1章，于明、钱一鸣编写第2章，李国欣、刘素梅编写第3章，刘素梅、宗剑编写第4章，张军国编写第5章，谢将剑、林繁涛编写第6章，谢将剑、王贺编写第7章，钱一鸣、刘素梅编写第8章，张军国、许彦峰编写第9章。北京林业大学赵潞翔、祁笑笑、袁泉、朱灏、吴楚宏、孙济伦、葛永泰等同学参与了资料收集、文字校稿等工作。此外，国电力科学研究院冯宇教授级高工、大连第一互感器有限责任公司（集团）沙玉洲教授级高工、中国矿业大学李晓波副教授、西华大学张力副教授，以及机械工业出版社的大力支持和帮助，在此一并表示衷心感谢。

　　本书在编写过程中，学习和参考了大量相关参考资料，在此向资料的所有作者表示感谢。由于编者水平有限，书中不妥之处在所难免，恳请同行专家和广大读者批评指正。

编　者

目 录

第1章　绪　论

供配电系统直接面向终端用户，其完善程度直接关系着广大用户的用电可靠性和用电质量，因而在电力系统中具有重要的地位。本章阐述电力系统的基本概念、组成以及运行要求，并对电力系统的额定电压、中性点运行方式进行介绍，进一步叙述供配电系统相关内容，以帮助读者建立起电力系统与供配电系统的整体概念，从而为后续章节内容的深入学习奠定基础。

微课：课程背景及特点

1.1　课程背景及特点

在当今社会，电能已经成为各行各业不可或缺的存在，它通过纵横交错的输电线路流淌进千家万户，为人间播撒光明，更为工厂生产提供动力之源。据统计，我国工厂用电占全国用电量的 70% 以上。电能在工厂内部的传输和分配是通过供配电系统来实现的，该系统是连接电能生产与消费的重要枢纽，就像身体的血管一样将电能分配输送至工厂中的每一个用电单元，为工厂的生产活动提供源源不断的动力。

工厂供配电对于工业生产具有重要意义，不仅有利于实现生产过程自动化，从而大大增加产量，提高劳动效率，降低生产成本，而且还可以有效提高产品质量，减轻工人劳动强度和改善工人劳动条件。反之，如果工厂的电能供应突然中断，则可能对工业生产造成严重的影响。例如某些对供电可靠性要求很高的工厂，即使是极短时间的停电，也可能会引起重大设备损坏，或引起大量产品报废，甚至可能引发重大的人身事故，给国家和人民带来经济上甚至政治上的重大损失。

本课程主要讲述工厂供电的基本知识，包括工厂供电系统概述、负荷计算、短路电流计算、变配电所及其一次系统、电力线路及其选择、过电流保护、二次回路和自动装置、防雷、接地与电气安全以及工厂电气照明等。

通过学习本课程，读者可以掌握 35kV 及以下的工厂供配电系统的基本知识和理论，掌握中小型工厂的供电系统及电气照明的设计、计算、操作以及维护的方法和技能，初步理解工厂供配电的设计步骤与设计方法。读者能初步进行工厂供电的设计工作，并为从事工厂供电的安装、调试、运行、管理和维护工作打下理论基础。

微课：电力系统的基本概念及运行要求

1.2　电力系统的基本概念及运行要求

由于工厂所需的电能绝大多数是由公共电力系统供给，所以本节简要介绍电力系统的基本概念以及运行要求。

1.2.1 　电力系统的基本概念

电力系统是由发电厂、电力网和用电设备组成的统一整体，其功能是将自然界的一次能源通过发电动力装置转化成电能，再经电力网将电能供应给用户。电力网是电力系统的一部分，包括变电所、配电网/所，以及各电压等级的电力线路。

与电力系统相关联的还有动力系统。动力系统是电力系统和动力部分的总和。所谓动力部分，包括火电厂的锅炉、汽轮机、热力网和用热设备，水力发电厂的水库、水轮机，以及原子能发电厂的核反应堆、蒸发器等。动力系统中包含电力系统，图1-1所示为动力系统、电力系统和电力网三者之间的关系。

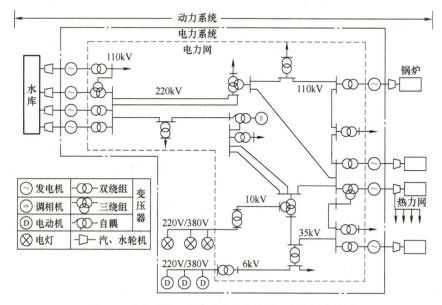

图1-1 　动力系统、电力系统和电力网三者之间的关系

电力系统通过各组成环节分别完成电能的生产、变换、输送、分配和消费等任务。现对各环节的基本概念分别加以说明。

（1）发电厂（又称发电站）

发电厂是将各种形式的一次能源转换为电能的场所。按照一次能源的种类不同，发电厂可分为火力发电厂、水力发电厂、核电站、风电场、太阳能（光伏、光热）电站等。目前我国接入电力系统的发电厂主要是火力发电厂、水力发电厂和核电站，风电场和太阳能电站等新能源场站正在迅猛发展。接下来将以火力发电厂和水力发电厂为例简述其电能生产过程。

火力发电厂主要由锅炉、汽轮机和发电机构成，通过燃烧锅炉内的化石燃料（煤、天然气等），将水加热为高温高压的水蒸气，从而将燃料的化学能转化为水蒸气的热能，水蒸气经管道进入汽轮机推动其旋转，将水蒸气的热能转化为机械能，汽轮机带动发电机转子旋转，发电机将汽轮机的机械能转化为电能。

水力发电站主要由水库、水轮机和发电机组成。水力发电主要由挡水建筑物（如挡水坝）来汇集水量，集中水头，从而将水流中蕴藏的位能转换成电能。具体的电能生产过程如下：水库中的水经过引水管道送入水轮机推动其旋转，从而将水的位能转化为机械能。同理，水轮机与发电机连轴，带动发电机转子转动，旋转的转子磁场切割发电机定子线圈，在定子线圈中产生感应电动势，将水轮机旋转的机械能转换成电能。

> **一点讨论**：在国家工业发展的新征程中，我国电力行业正面临着转型升级的历史机遇。当前，我国工业建设的电力供应主要依赖于煤炭燃烧，这不仅导致了严重的环境污染，还为能源行业带来了前所未有的挑战。面对全球生态保护的共同挑战，我国作为世界上最大的发展中国家，主动将实现"碳达峰、碳中和"的目标明确写入"十四五"规划和2035年远景目标纲要，体现了大国的责任与担当。我国电力行业正积极推进向绿色、低碳、可持续目标的战略转型，为全球生态文明建设贡献中国智慧和中国方案。

（2）变电站（所）

变电站是接收电能、转换电压和分配电能的场所。它主要由电力变压器、开关设备、母线及相关测量、保护与控制装置等构成。根据变电站的任务不同，通常可将其分为升压变电站和降压变电站。升压变电站的主要任务是将低电压变换为高电压，一般建在发电厂；降压变电站的主要任务是将高电压变换到一个合理的低电压，一般建立在靠近负荷中心的地方。按照其在电力系统中的地位与作用，变电站又可分为系统枢纽变电站、地区一次/二次变电站和终端变电站等。其中，终端变电站位于用户附近，直接为用户提供电能。

只用来接收和分配电能而不承担变换电压任务的场所，称为配电所，多建于工厂内部。

用来将交流电流转换为直流电流，或者将直流电流转换为交流电流的电能变换场所，常称为变流站。

（3）电力线路

电力线路是电力系统两点间用于输送电能的通道，是将发电厂、变电站和电力用户连接起来的纽带。因为火力发电厂多建在化石燃料产地（即所谓"坑口电站"），水力发电厂则建在水力资源丰富的地方，通常远离负荷中心，所以需要不同电压等级的电力线路对电能进行输送。按照电压等级的不同，通常可将电力线路分为输电线路（电压等级在220kV及以上）和配电线路（电压等级在110kV及以下）。输电线路是将发电厂发出的电能经升压后输送到邻近负荷中心的枢纽变电站或由枢纽变电站将电能输送到区域变电站的线路；配电线路是将电能从区域变电站经降压后输送到电力用户的线路。

（4）电力用户

电力用户又称电力负荷，在电力系统中所有消耗电能的用电设备或用电部门均称为电力用户。按性质不同，电力用户可以分为工业用户、农业用户、商业用户、居民用户和市政用户等。按照用途不同，电力用户可分为动力设备（如电动机等）、工业用电设备（如电解、冶炼、电热处理等设备）、电热设备（电炉、干燥箱、空调等）、照明设备和试验用电设备等，它们分别将电能转化为机械能、热能和光能等不同形式的、适用于生产需要的能量。

1.2.2 电力系统运行的特点和要求

电能的生产、输送、分配和消费是同时进行的，即在电力系统中，发电厂任何时刻生产的电能，等于同一时刻用电设备所消耗的电能与电力系统本身所消耗的电能之和。电力系统中发电机、变压器、电力线路和电动机等设备的投入和切除都是在一瞬间完成的，电能从一个地点输送到另一个地点所需的时间，仅千分之几秒甚至百万分之几秒，使得电力系统由一种运行状态到另一种运行状态的过渡过程也非常短暂。另外，电能供应与国民经济各部门及人民的生产生活密切相关。根据这些特点，电力系统（包括工厂供配电系统）运行的基本要求如下：

（1）保证供电的可靠性

安全可靠是电力生产的首要任务。因为供电中断将导致生产停顿、生活混乱，甚至危及人身和设备安全，造成严重的经济和政治损失，所以电力系统的设计和运行必须满足供电可靠性的要求。

当电力系统中某一设备发生故障时，对用户供电不中断，或中断供电的概率小、影响范围小、停电时间短、造成的损失少，即称供电的可靠性高。工厂生产类别不同，对供电连续性的要求也不同。因而应根据系统和用户的要求，保证其必要的供电可靠性。

> **一点讨论**：供电的可靠性对保证人民生命与财产安全发挥着至关重要作用。2021年2月，美国得克萨斯州遭受冻雨、冰凌和降雪等极端天气，引发大规模停电，超过400万用户供电中断。我国高度重视电力可靠性管理顶层设计，在用电负荷屡创新高、新能源占比不断提升的情况下，供电可靠性水平稳步提升。根据国家能源局发布消息，2022年，我国供电系统用户平均供电可靠率已经达到了99.896%，比前一年提高了0.025个百分点。同时，用户平均停电时间减少至9.10小时/户，同比下降了2.16小时/户；平均停电频率降至2.61次/户，比上一年度减少了0.16次/户。这些成就不仅彰显了我国电力工业的坚实基础和创新能力，也展现了我国在保障民生和推动社会稳定发展中的责任与担当。

（2）保证良好的电能质量

电压和频率是标志电能质量的两个重要指标。我国规定：额定频率为50Hz，允许偏差为 ±（0.2～0.5）Hz；各级额定电压允许偏差一般为 ±5%U_n。在生产中，电压或频率超过允许偏差范围，不仅对设备的寿命和安全运行不利，还可能造成产品减产或报废。所以电力系统在各种运行方式下都应满足用户对电能质量的要求。

（3）具有一定灵活性和方便性

电力系统接线力求简单，并应能适应负荷变化的需要，灵活、简便、迅速地由一种运行状态转换到另一种运行状态，在转换过程中不易发生误操作；能保证正常维护和检修工作安全、方便地进行。

（4）应具有经济性

在满足必要技术要求的前提下，应力求经济。所谓经济性是指基建投资少、年运行费用低。在实际建设中，应综合考虑基建投资和年运行费用。

（5）具有发展和扩建的可能性

为满足将来扩建的需求，对电压等级、设备容量、安装场地等应留有一定的发展和扩建余地。

1.2.3 电力系统的中性点运行方式

电力系统的中性点是指星形联结的变压器或发电机的中性点。电力系统的中性点与大地之间的连接方式称为电力系统中性点的运行方式。我国电力系统中性点接地方式可以分为两大类：一类是中性点直接接地或经小电阻（阻抗）接地，这种电力系统称为有效接地系统或大电流接地系统；另一类是中性点不接地或经消弧线圈接地或经高阻抗接地，这种电力系统被称为非有效接地系统或小电流接地系统。中性点的运行方式主要取决于对电气设备的绝缘水平、供电可靠性和运行安全性的要求。

（1）中性点不接地系统

中性点不接地系统示意图如图 1-2 所示。若发生单相接地故障，线电压不发生变化，三相负荷仍能正常工作，因此该种接地方式在我国被广泛应用于 3 ~ 66kV 系统，特别是 10kV、35kV 系统中。但在中性点不接地系统中发生单相接地故障时，接地电流相对较大，在接地点可能引起不能自行熄灭的断续接地电弧，此情况下在线路上会出现 2.5 ~ 4 倍相电压峰值甚至更高的过电压。当过电压持续时间长、涉及范围较广时，在电网某处存在绝缘薄弱点情况下，会造成该处绝缘闪络或击穿，有可能引起两相接地短路，使故障扩大。为了避免上述情况发生，单相接地电流过大时应在中性点安装消弧线圈，即采用中性点经消弧线圈接地方式。

（2）中性点经消弧线圈接地系统

中性点经消弧线圈接地系统示意图如图 1-3 所示。消弧线圈实际为电抗线圈。电网发生单相接地故障时，消弧线圈上会产生感性电流，补偿故障相接地电容电流，使流过接地点的电流减小至电弧熄灭的规定限值内，可以有效避免电弧的产生。

为减少正常工作时中性点偏移，消弧线圈通常工作于过补偿的状态，在全补偿状态下容易引起电流谐振。该系统中若发生单相接地故障，非故障相对地电压也升高为线电压，即为 $\sqrt{3}$ 倍相电压；同时，为避免发生相间短路故障，单相接地故障只允许带电运行 2h，若超过 2h 尚未排除故障，应将供电电源从电网中切除。

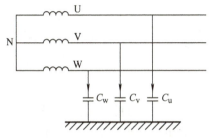

图 1-2 中性点不接地系统示意图

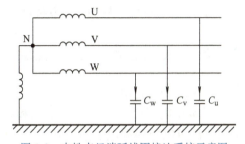

图 1-3 中性点经消弧线圈接地系统示意图

（3）中性点经电阻接地系统

中性点经电阻接地系统示意图如图 1-4 所示。当系统中发生单相接地故障时，由于接地电阻的存在，中性点对地电位变小，非故障相对地电压上升也较小，能够基本维持在正常相电压水平，这样有效抑制了电网过电压，使得对变压器等设备的绝缘水平要求降低。中性点经电阻接地可以减小电弧接地过电压的危险性。同时降低线路设备承受的故障电压，又可极大减少铁磁谐振发生的概率。另外，该系统的接地电流比直接接地系统的小，故对邻近通信线路的干扰也较弱。随着城市环网供电能力的增强，该接地方式目前已在某些城市电网中被推广应用，可极大提高供电可靠性。

该系统中发生单相接地故障后，要求迅速切断故障线路。为了保障继电保护动作的可靠性和快速性，一般中性点接地电阻选择较小值。

（4）中性点直接接地系统

中性点直接接地系统示意图如图 1-5 所示，当发生单相接地故障时，单相短路电流很大，使得线路上的断路器或熔断器可靠动作，从而快速切除短路故障。

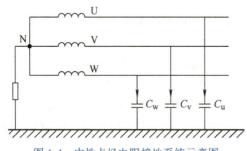

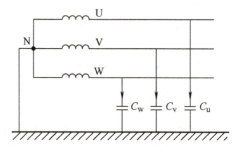

图 1-4　中性点经电阻接地系统示意图　　　　　图 1-5　中性点直接接地系统示意图

在单相接地故障下，非故障相电压保持不变，仍为正常运行相电压值，因而系统中各线路和电气设备的绝缘等级只需按相电压设计，大幅降低了系统绝缘等级水平，减小了电力系统相关设备造价。在我国电力系统中，110kV 及以上电压等级系统采用中性点直接接地方式运行，这样能够防止高压系统发生接地故障后引起过电压，同时降低高压系统电气设备的绝缘水平和造价。0.4kV 及以下低压配电系统一般也采用中性点直接接地方式运行，主要是为了满足额定电压为相电压的单相设备的正常工作要求，便于低压电气设备的保护系统接地。

在低压供配电系统中，一般采用中性点直接接地的方式。按电气设备的接地方式，低压供配电系统分为 TT 系统、TN 系统、IT 系统，其中 TN 系统又可分为 TN-C、TN-S、TN-C-S 系统。后面 1.4 节将进行详细介绍。

> 微课：电力系统额定电压的规定及适用范围

1.3　电力系统额定电压的规定及适用范围

（1）系统的额定电压

为了实现电气设备生产的标准化和统一化，各国根据自身的技术经济条件，制定标准系列的额定电压和额定频率。其中，所制定的标准电压等级称为电力系统的额定电压。

我国电力系统的额定电压有 3kV、6kV、10kV、35kV、110kV、220kV、330kV、500kV、750kV、1000kV 等。根据国际标准，通常将电压等级为 110kV 及以上的电压称为高压，电压等级在 1 ～ 110kV 之间的电压称为中压，电压等级在 1kV 以下的电压称为低压。一般地，电压等级越高，传输功率越大，输送距离越远。表 1-1 为 220V 及以上电力系统的额定电压与相应的输送功率和输送距离的关系。

表 1-1 额定电压等级相应的输送功率和输送距离

额定电压 /kV	输送功率 /kW	输送距离 /km
0.22	≤50（≤100）	0.15（0.2）
0.38	100（175）	0.25（0.35）
3	100～1000	1～3
6	2000（3000）	5（8）～10
10	3000（5000）	8（10）～15
20	3000～6000	15～30
35	2000～10000	20～50
110	10000～50000	50～150
220	100000～150000	200～300
330	200000～800000	200～600
500	1000000～1500000	150～850
750	2000000～2500000	500 以上
1000	3000000 以上	1000～1500

注：括号内是电缆作为输送媒介的数据。

输电线路中流过的电流大小由传输的视在功率和电压决定，线路功率损耗由电流和输电线路参数决定。由 $S=\sqrt{3}UI$ 可知，在传输功率 S 一定的条件下，电压 U 越大，则电流 I 越小，功率损耗也越小，要求的导线截面积越小，可减少投资；但是，电压 U 越大，对一次设备绝缘要求越高，这将会增加断路器、变压器和杆塔等设备的投资。综合上述各种因素，对于一定传输功率和输送距离的输电线路来说，应选择合理的电压等级，该电压等级通常称为经济电压。

（2）电气设备的额定电压

电气设备的额定电压是制造厂商根据设备工作条件确定的电压。电气设备的最高电压是考虑到设备的绝缘性能和与最高电压有关的其他性能所确定（如变压器的励磁电流、电容器的损耗等）的最高运行电压，其数值等于所在电力系统的最高电压值。

由于线路的导线存在一定的电感和电阻，当电流通过时，会产生损耗。也就是说，线路首端的电压和末端的电压不是同一数值，末端电压值与首端电压值的数值差，就叫作电压降。按照国标规定：输电线路首端电压高于额定值 10% 左右为合格。这样做的目的是保证在长距离输电线路的末端，电压值在变电设备的额定电压规定值以内。

图 1-6 所示为电力网中的电压分布示意图。从图中可以看出，应根据电力系统的实际情况确定电气设备的额定电压。

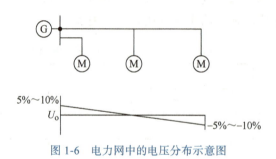

图 1-6　电力网中的电压分布示意图

1）电力线路的额定电压。它与电力系统的额定电压相等。当线路输送功率时，沿线路上的电压分布一般是首端高于末端，线路的额定电压是其上的平均电压。

2）发电机的额定电压。发电机一般接在升压变压器的一次绕组上，考虑到电力网的电能损失，通常发电机的额定电压比电力系统的额定电压高 5%。

3）变压器的额定电压。电力变压器的额定电压分为一次绕组额定电压和二次绕组额定电压。电力变压器一次绕组额定电压可按以下两种情况确定：当变压器直接与发电机相连时，其一次绕组额定电压应与发电机额定电压相同，即高于同级电网额定电压 5%；当变压器不与发电机相连而是连接在线路上时，则可看作线路的用电设备，因此其一次绕组额定电压应与电网额定电压相同。

电力变压器二次绕组额定电压可按以下两种情况确定：若变压器二次侧所接线路较长，其二次绕组额定电压应比相连线路的额定电压高 10%；若变压器二次侧所接线路不长（如低压电网，或直接供电给高、低压用电设备），其二次绕组额定电压只需高于所连线路额定电压的 5%。

图 1-7 所示为一个简单系统中用电设备、发电机、变压器的额定电压分布及取值示例。

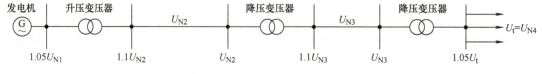

图 1-7　用电设备、发电机、变压器的额定电压分布及取值示例

我国三相交流系统的额定电压、最高电压和发电机、电力变压器的额定电压见表 1-2。

表 1-2　我国三相交流系统的额定电压、最高电压和发电机、电力变压器的额定电压　（单位：kV）

分类	系统额定电压	系统最高电压	发电机额定电压	电力变压器额定电压	
				一次绕组	二次绕组
低压	0.38	—	0.40	0.22/0.38	0.23/0.4
	0.66	—	0.69	0.38/0.66	0.4/0.69
	1（1.14）	—	—	—	—

（续）

分类	系统额定电压	系统最高电压	发电机额定电压	电力变压器额定电压	
				一次绕组	二次绕组
高压	3（3.3）	3.6	3.15	3, 3.15	3.15, 3.3
	6	7.2	6.3	6, 6.3	6.3, 6.6
	10	12	10.5	10, 10.5	10.5, 11
	—	—	13.8, 15.75, 18, 22, 24, 26	13.8, 15.75, 18, 20, 22, 24, 26	—
	20	24	20	20	21, 22
	35	40.5	—	35	38.5
	66	72.5	—	66	72.6
	110	126（123）	—	110	121
	220	252（245）	—	220	242
	330	363	—	330	363
	500	550	—	500	550
	750	800	—	750	820
	1000	1100	—	1000	1100

注：括号中的数值为用户有要求时使用或仅限于某些应用领域的系统使用。

由于同一额定电压系统中各点电压都是不同的，而且随着负荷及运行方式的变化，系统中各点的电压也要变化，**为了保证其电压在各种情况下均符合要求，变压器绕组通常设置有可改变变压器电压比的若干分接头。适当地选择变压器的分接头，可调整变压器电压比，从而在一定程度上调整变压器二次电压，使供电电压能够尽可能接近用电设备的额定值。**

例 1-1　试确定图 1-8 所示供电系统中发电机 G、变压器 1T、2T 和线路 WL1、WL2 的额定电压。

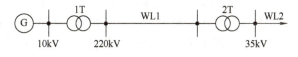

图 1-8　供电系统示意图

解：1）电力线路的额定电压与电力系统的额定电压相等，因此线路 WL1 额定电压为 220kV，线路 WL2 额定电压为 35kV。

2）因变压器 1T 一次侧直接与发电机相连，一次绕组额定电压应与发电机额定电压相同，因此 1T 一次绕组额定电压为 10.5kV。

3）因变压器 1T 二次侧接供电线路 WL1 较长，额定电压应比相连电网额定电压高 10%，因此 1T 二次绕组额定电压为 242kV。

4）因变压器 2T 一次侧直接接线路，可视作线路的用电设备，则一次电压应与 WL1 额定电压相同，因此 2T 一次绕组额定电压为 220kV。

5）变压器 2T 二次侧因 WL2 线路后没有直接接用电设备，可看作长线路，额定电压应比相连电网系统电压高 10%，所以 2T 二次绕组额定电压为 38.5kV。

微课：供配电系统的概念、组成及发展趋势

1.4 供配电系统的概念、组成及发展趋势

供配电系统是电力系统的重要组成部分，它将输电网高压电能经过降压逐级分配至各类电力用户及其用电设备，从而形成多电压等级的配电网。

（1）供配电系统的基本要求和任务

1）安全。电能供应、分配和使用中，应避免发生人身和设备事故。

2）可靠。满足用电设备对供电可靠性的要求。

3）优质。满足电能质量标准要求。电力系统的电能质量是指电压、频率和波形的质量。电压质量以电压偏差、电压波动和闪变以及三相电压不平衡等指标来衡量。频率质量以频率偏差等指标来衡量，目前，世界各国电网的额定频率主要有两种：50Hz 和 60Hz，欧洲亚洲等大多数地区采用 50Hz，北美采用 60Hz，我国采用的额定频率为 50Hz。波形质量指标以谐波电压含有率、间谐波电压含有率和电压波形畸变率来衡量。对工厂供电系统来说，提高电能质量最主要是提高电压质量的问题。在生产中，电压或频率超过允许偏差范围，不仅对设备的寿命和安全运行不利，还可能造成产品减产或报废。

4）经济。尽量做到投资少，年运行费用低，尽可能减少有色金属消耗量和电能损耗，提高电能利用率。

上述基本要求不但互相关联，而且互相制约。一味地提高供电可靠性将导致经济性大大降低，一味追求经济性则会使供电可靠性降低，因此，上述几条要求必须全面考虑，统筹兼顾。

（2）供配电系统的组成

供配电系统由一次系统和二次系统组成。

1）一次系统。系统中用于变换和传输电能的部分称为一次系统，所用设备称为一次设备（如变压器、发电机、电力线路、互感器、开关设备、避雷器、无功补偿装置等）。这些设备组合起来的电路称为一次回路系统。一次系统可进行电能生产、传输和分配，但并不能对这些过程进行监测，所以无法了解其运行状况，更不能对整个系统进行控制与保护（即自动发现并排除故障）。

2）二次系统。用于监测一次系统的运行状况（电压、电流、功率等）、保护一次设备、操作一次设备自动投切的部分称为二次系统，所用设备称为二次设备（如测量仪表、保护装置、自动控制装置、开关控制装置、操作电源、控制电源等）。由这些设备组合起来的电路称为二次回路系统。二次回路系统配合一次回路系统工作，构成一个完整供配电系统。

（3）供配电系统主要设备

供配电系统中的设备主要包括供配电变电站、馈线、开关设备和环网柜等，下面逐一展开介绍。

1）供配电变电站。供配电变电站也称变电所，是具备变换电压和分配电能的供配电

设施。最常见的有 110kV 变电站、35kV 变电站和 10kV 变电站。

2）馈线。在我国，通常将 110kV/10kV 或 35kV/10kV 中压供配电变电站的每一回 10kV 出线称为一条馈线。每条馈线由一条主馈线、多条分支线、电压调整器、供配电变压器、电容器组、配电负荷等组成。

3）供配电开关设备。供配电开关设备分为高压和低压供配电开关设备。高压供配电开关设备包括高压断路器、高压负荷开关、高压隔离开关和高压熔断器，低压供配电开关设备包括低压断路器、低压负荷开关和低压熔断器。

4）环网柜。环网柜又称环网供电单元，是一种把所有开关设备密封在密闭容器内运行的环网开关设备，常应用于 10 ～ 20kV 配电系统电缆网中，可实现环网接线、开环运行的供电方式。

（4）供配电系统的网络结构

供配电网络的接线方式有放射式、树干式和环式接线。放射式接线包括单回路和双回路接线；树干式接线包括单回路、串联和双回路接线；环式接线包括单环和双环接线。具体内容将会在 5.2 节详细介绍。

（5）供配电系统的分类

按电力用户的用电规律，供配电系统可分为以下三类。

1）大型电力用户供配电系统。大型（特大型）电力用户供配电系统，一般采用供电电压等级为 35 ～ 110kV 的外部电源进线（一些特大型企业用户已采用 220kV），经用户总降压变电所和配电变电所进行二级变压。总降压变电所将进线电压变换为 6 ～ 10kV 的内部高压配电电压，然后经高压配电线路引至各配电变电所、高压电动机或其他高压设备进行供电，再将高压配电电压降为 220V/380V 低压，以供低压用电设备使用。其构成示意图如图 1-9 所示。另外，对于某些重要的企业用户还包括自备电厂或自起动柴油发电机。

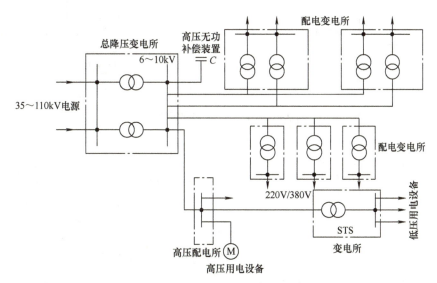

图 1-9 大型电力用户供配电系统的构成示意图

对于某些厂区环境和设备条件许可的大型电力用户，也常采用 35kV 直降的供配电方式，即 35kV 进线直接一次降为 220V/380V 低压配电电压。

2）中型电力用户供配电系统。中型电力用户供配电系统一般采用 10（20）kV 的高压进线，通常内部设置高压配电站，负责将接收的电能通过内部高压配电线路重新分配至各配电变电所（或其他 6～10kV 用电设备），再将电压变换成 220V/380V 供低电压用户使用，其构成示意图如图 1-10 所示。

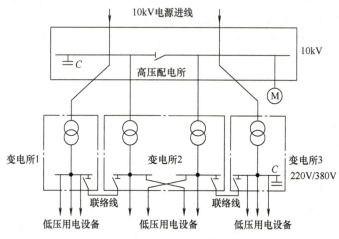

图 1-10　中型电力用户供配电系统的构成示意图

3）小型电力用户供配电系统。小型电力用户供配电系统一般采用 10kV 外部电源进线电压，通常只设有一个相当于配电变电所的降压变电所。容量特别小的小型电力用户不设降压变电所，只设置一个低压配电室，比如城市公用变电所多采用低压 220V/380V 直接供电，其构成示意图如图 1-11 所示。

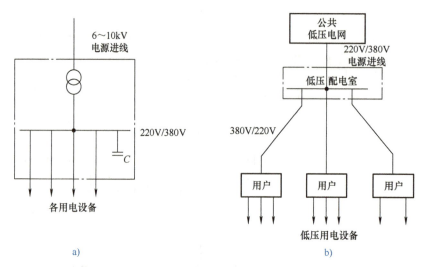

图 1-11　小型电力用户供配电系统的构成示意图

（6）低压供配电系统的接地形式

我国 220V/380V 低压供配电系统，广泛采用中性点直接接地的运行方式，而且引出有中性线（代号 N）、保护线（代号 PE）或保护中性线（代号 PEN）。

中性线（N 线）的功能：一是用来连接额定电压为系统相电压的单相用电设备；二是用来传导三相系统中的不平衡电流和单相电流；三是用来减小负荷中性点的电压偏移。

保护线（PE 线）的功能：用来保障人身安全、防止发生触电事故用的接地线。系统中所有设备的外露可导电部分（指正常不带电压但故障时可能带电压的、易被触及的导电部分，例如设备的金属外壳、金属构架等）通过保护线接地，可在设备发生接地故障时减少触电危险。

保护中性线（PEN 线）的功能：兼有中性线（N 线）和保护线（PE 线）的功能。这种 PEN 线在我国通称为零线，俗称地线。

低压供配电系统按接地形式分为 TN 系统、TT 系统和 IT 系统。

1）TN 系统。TN 系统的中性点直接接地，所有设备的外露可导电部分均接公共的保护线（PE 线）或公共的保护中性线（PEN 线）。这种接公共 PE 线或 PEN 线的方式，通称接零。TN 系统又分为 TN-C 系统、TN-S 系统和 TN-C-S 系统。

① TN-C 系统。TN-C 系统接线如图 1-12 所示，其中的 N 线与 PE 线全部合并为一根 PEN 线。PEN 线中可能有电流通过，对接 PEN 线的设备会产生电磁干扰。如果 PEN 线断线，还会使断线后边接 PEN 线的设备外露，可导电部分带电而造成人身触电危险。由于该系统将 PE 线与 N 线合为一根 PEN 线，从而节约了有色金属和投资，较为经济。该系统在发生单相接地故障时，线路的保护装置应动作于切除故障线路。目前 TN-C 系统在我国低压配电系统中较少使用，因该系统中 PEN 导体通过中性电流，对信息系统和电子设备易产生干扰。

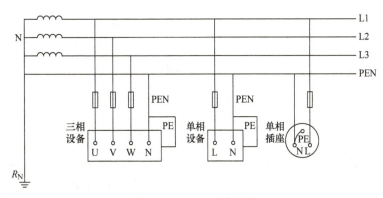

图 1-12　TN-C 系统接线

② TN-S 系统。TN-S 系统接线如图 1-13 所示，其中的 N 线与 PE 线全部分开，设备的外露可导电部分均接 PE 线。由于 PE 线中没有电流通过，设备之间不会产生电磁干扰。PE 线断线时，正常情况下，不会使断线位置后接 PE 线的设备外露可导电部分带电；但在断线位置后有设备发生一相碰壳故障时，将使断线位置后其他所有接 PE 线的设备外露可导电部分带电，进而造成人身触电危险。该系统在发生单相接地故障时，线路的保护装置应动作于切除故障线路。该系统在有色金属消耗量和投资方面较 TN-C 系统有所增加。TN-S 系统现在广泛应用于对安全要求较高的场所，如浴室和居民住宅等处，以及对抗电磁干扰要求高的数据处理和精密检测等实验场所。

③ TN-C-S 系统。TN-C-S 系统是 TN-C 和 TN-S 系统的组合形式，如图 1-14 所示。

TN-C-S 系统中，电源出口的起始段采用 TN-C 系统，到用电设备附近某一点处，再将 PEN 线分成单独的 N 线和 PE 线，从这一点开始，系统相当于 TN-S 系统。

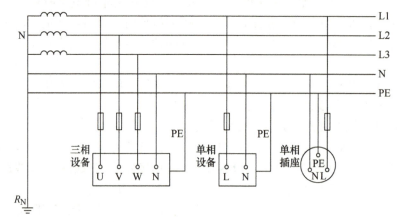

图 1-13　TN-S 系统接线

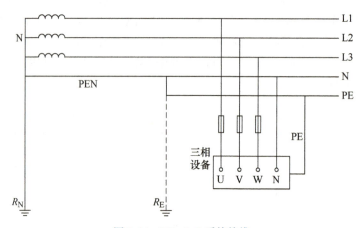

图 1-14　TN-C-S 系统接线

TN-C-S 系统也是应用比较多的一种系统。工厂的低压配电系统、城市公共低压电网、住宅小区的低压配电系统等常有采用。在采用 TN-C-S 系统时，一般都要辅以重复接地这一技术措施，即在系统由 TN-C 变成 TN-S 处，将 PEN 线再次接地，以提高系统的安全性能，如图 1-14 中虚线所示，但重复接地并不是构成 TN-C-S 系统的必要条件。

2）TT 系统。TT 系统的中性点直接接地，而其中设备的外露可导电部分均各自经 PE 线单独接地，如图 1-15 所示。由于 TT 系统中各设备的外露可导电部分的接地 PE 线彼此是分开的，互无电气联系，相互之间也不会发生电磁干扰问题。该系统如发生单相接地故障，则形成单相短路，线路的保护装置应动作于跳闸，切除故障线路。但是该系统如出现绝缘不良而引起漏电时，由于漏电电流较小可能不足以使线路的过电流保护动作，从而可使漏电设备的外露可导电部分长期带电，增加了触电的危险，因此该系统必须装设灵敏度较高的剩余电流保护装置，以确保人身安全。该系统适用于对安全要求及抗干扰要求较高的场所。这种配电系统在国外应用较为普遍，现在我国也开始推广应用。GB 50096—2011《住宅设计规范》规定：住宅供电系统应采用 TT、TN-C-S 或 TN-S 接地方式。

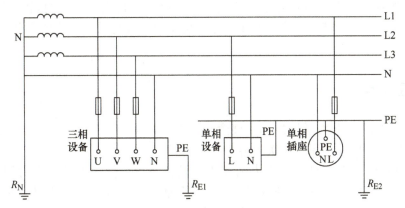

图 1-15　TT 系统接线

3）IT 系统。IT 系统的中性点不接地，或经高阻抗接地。该系统没有 N 线，因此不适用于接额定电压为系统相电压的单相设备，只能接额定电压为系统线电压的单相设备和三相设备。该系统中所有设备的外露可导电部分均经各自的 PE 线单独接地，如图 1-16 所示。

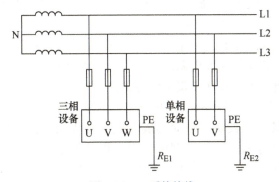

图 1-16　IT 系统接线

由于 IT 系统中设备外露可导电部分的接地 PE 线是彼此分开的，互无电气联系，相互之间也不会发生电磁干扰问题。

由于 IT 系统中性点不接地或经高阻抗接地，当系统发生单相接地故障时，三相设备及接线电压的单相设备仍能照常运行。但是在发生单相接地故障时，应发出报警信号，以便供电值班人员及时处理，消除故障。

IT 系统主要用于对连续供电要求较高及有易燃易爆危险的场所，特别是矿山、井下等场所的供电。

（7）供配电系统的发展趋势

随着国民经济的发展，电力负荷密度越来越大。为了保证完成供配电的要求和任务，供配电系统需不断地改造。比如，通过不断提高供电电压的方法来实现长距离、大功率的电能传输；通过减少变压层次和逐步简化电压等级从而更好地提高供电质量；通过推广配电智能化技术解决传统配电网络的问题。

另外，随着电力电子变换器的广泛应用，可以预见将来的配电网系统可实现直流供电、交直流混合供电，甚至可实现低压直流系统单独或其与低压交流系统混合直接进入小区或入户家庭进行供电。

1.5 本章小结

本章主要介绍了电力系统的基本概念，详细讲述了电力系统的额定电压和中性点的运行方式，概述了供配电系统相关内容。

1）电力系统是由发电厂、电力网和用电设备组成的统一整体。电力网是电力系统的一部分，包括变电所、配电网（所），以及各种电压等级的电力线路。对供配电的基本要求是，保证供电的安全可靠、保证良好的电能质量、保证灵活的运行方式和具有经济性。

2）电力系统发电、变电、供电、用电设备的额定电压不尽相同。用电设备的额定电压和电力线路额定电压相等。发电机的额定电压比电力线路高出 5%。当变压器直接与发电机相连时，其一次绕组额定电压应与发电机额定电压相同；当变压器连接在线路上时，其一次绕组额定电压应与电网额定电压相同。变压器二次侧供电线路较长，其二次绕组额定电压应比相连的电网额定电压高 10%；变压器二次侧供电线路不长时，其二次绕组额定电压应高于所连电网额定电压的 5%。

3）电力系统中性点的运行方式有不接地、经消弧线圈接地、经电阻接地和直接接地。我国的高压配电系统及低压配电系统一般采用中性点直接接地方式，而中压配电系统一般采用中性点不接地或经消弧线圈接地的方式。

4）供配电系统是电力系统的重要组成部分。它将输电网高压电能经过降压、逐级分配至各类电力用户及其用电设备，从而形成多电压等级层次的配电网。按电力用户的用电规律，供配电系统可分为三类：大型电力用户供配电系统、中型电力用户供配电系统和小型电力用户供配电系统。低压配电系统的接地方式有 TN 系统（TN-C、TN-S、TN-C-S）、TT 系统和 IT 系统。

1.6 习题与思考题

1-1 什么是电力系统？什么是供配电系统？二者的联系和区别是什么？

1-2 我国电力系统中的额定电压等级主要有哪些？各种不同电压等级的作用是什么？电力系统为什么要规定不同的电压等级？

1-3 为什么用电设备额定电压一般规定与电网额定电压相同？为什么发电机额定电压高于电网额定电压 5%？为什么电力变压器一次额定电压有的高于电网额定电压 5%，有的等于电网额定电压？又为什么电力变压器二次额定电压有的高于电网额定电压 5%，有的高于电网额定电压 10%？

1-4 三相交流电力系统的电源中性点有哪些运行方式？中性点直接接地与中性点不直接接地在电力系统发生单相接地时各有哪些特点？中性点经消弧线圈接地与中性点不接地在电力系统发生单相接地引发相间短路时有哪些异同？

1-5 低压配电系统中的中性线（N 线）、保护线（PE 线）和保护中性线（PEN 线）各有哪些功能？

1-6 试确定图 1-17 所示供电系统中发电机和所有变压器的额定电压。

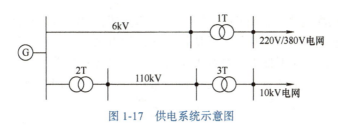

图 1-17 供电系统示意图

第 2 章　负荷计算与无功功率补偿

负荷计算是供配电系统设计的基本前提，是确定供电线路导线截面积、变压器容量、开关设备以及互感器等额定参数的重要依据。而供配电系统的无功补偿与无功平衡是保证供电质量的基本条件，对保证电力系统安全稳定与经济运行起着重要作用。本章主要讲述电力负荷及负荷曲线的基本概念、负荷计算的常用方法、功率因数及无功功率补偿的相关知识，为分析与设计供配电系统提供理论基础支撑。

2.1　电力负荷

微课：计算负荷的定义及意义

2.1.1　基本概念

（1）电力负荷基本概念及分类

电力负荷又称电力负载，通常包含以下两种含义：一是电力用户，指耗用电能的用电设备或用电单位（用户），如工业、农业、商业、民用和市政负荷等；二是电能消耗，指用电设备或用电单位所耗用的电功率或负荷电流的大小，如轻负荷（轻载）、重负荷（重载）、空负荷（空载）、满负荷（满载）等。电力系统总电力负荷是指系统中所有用电设备消耗功率的总和。因此电力负荷具体的含义，应视其使用的具体场合而定。

针对不同的需求特点，不同类型电力负荷对应不同的负荷曲线，具有不同的运行规律，主要分为工业负荷、农业负荷、商业负荷、民用和市政负荷。工业负荷包括工业中的机械、电解、电热以及电焊等生产用电，负荷相对固定、用电量大，且不同行业间的差别比较大。

（2）计算负荷

由于用电设备并不同时运行，或并不都同时达到额定容量，此外，各用电设备的工作制不同，有长期、短期之分，因此实际负荷通常是随时间变化的。通常选取一个假想的等效负荷，使得其热效应相当于同一时间内实际变动的负荷的最大热效应，这一等效负荷称为计算负荷。计算负荷是确定供电线路导线、变压器、开关电器以及互感器等设备参数的重要依据。

2.1.2　负荷分级与供电要求

根据供电可靠性以及中断供电对人身安全、经济损失所造成的影响程度，可以按照表 2-1 对电力负荷进行分级。各类建筑物的主要用电负荷分级参见二维码 2-1。

2-1
各类建筑物的主要用电负荷分级

表 2-1　负荷分级及供电要求

负荷分级		规范规定	供电要求
一级	一级负荷	1）中断供电将造成人身伤亡 2）中断供电将在经济上造成重大损失 3）中断供电将影响重要用电单位的正常工作	一级负荷应由双重独立电源供电，当其一电源发生故障时，另一电源不应同时受到损坏
	一级负荷中特别重要的负荷	在一级负荷中，当中断供电会造成重大设备损坏或发生中毒、爆炸和火灾等情况，以及一些特别重要场所	1）除应由双重独立电源供电外，尚应增设应急电源，并严禁将其他负荷接入应急供电系统 2）设备供电电源的切换时间，应满足设备允许中断供电的要求
二级负荷		1）中断供电将在经济上造成较大损失 2）中断供电将影响较重要用电单位的正常工作	1）宜由两回线路供电 2）在负荷较小或地区供电条件困难时，二级负荷可由一回 6kV 及以上专用的架空线路供电
三级负荷		不属于一级和二级的负荷	无特殊要求，一般采用单电源（单回路）供电

注：本表依据 GB 50052—2009《供配电系统设计规范》。

2.1.3　用电设备工作制

电气设备的老化和损坏速度与其所承受的负荷大小有关，在正常运行的情况下，要保证设备安全可靠地工作，必须使其工作时发热所引起的温度升高在允许范围内，即处于允许的稳定工作温度。电气设备发热量与载流导体上通过的电流大小有关，而且载流导体通过持续电流和通过非持续电流所导致的发热量是不相同的。这就意味着用电设备的持续工作特性（工作制）直接影响电气设备的工作状态。用电设备工作制是指设备运行时所承受的一系列负荷状况，包括起动、制动、空载、停机、断能及其持续时间和先后顺序等。工作制可以分为长期、短时和断续周期三种类型。

（1）长期工作制

长期工作制也称连续工作制，指长时间连续恒载工作的用电设备。其运行特点是负荷比较稳定，连续工作发热使其能够达到热平衡状态，其温度可基本维持稳定，大部分用电设备属于此类工作制。常见的此类设备有：电动发电机组、水泵、通风机、空气压缩机、皮带输送机、搅拌机、电动扶梯以及电炉、电解设备、照明设备等。

（2）短时工作制

短时工作制也称间歇工作制，指工作时间短、停歇时间长的用电设备。其运行特点是在稳定负荷下工作时间短，停歇时间很长，工作时其温度达不到稳定温度，停歇时其温度降到环境温度，此负荷在用电设备中所占比例很小。计算负荷时一般不考虑短时工作制的用电设备。常见的此类设备有：机床上的某些辅助电动机（例如横梁升降、刀架快速移动装置等）、闸门电动机等。

（3）断续周期工作制

断续周期工作制也称反复短时工作制，指周期性地时而工作、时而停歇、反复运行的用电设备。其运行特点为工作周期一般不超过 10min，工作时温升达不到稳定温度，停歇时降温也达不到环境温度，无论工作或停歇都不足以使设备达到热平衡。常见的此类设备有：起重机、电梯、电焊机等。

周期工作制负荷可用负荷持续率（或暂载率）ε 来表征其工作特征，即

$$\varepsilon = \frac{t}{T} \times 100\% = \frac{t}{t + t_0} \times 100\% \tag{2-1}$$

式中，t、t_0 分别为工作时间与停歇时间，两者之和为工作周期 T。

根据我国相关的技术标准规定，周期工作制的电气设备的额定工作周期为 10min。常见设备的负荷持续率：吊车电动机的标准负荷持续率有 15%、25%、40%、60% 四种；电焊设备的标准负荷持续率有 50%、65%、75%、100% 四种，其中 100% 为自动电焊机的负荷持续率。

2.1.4　设备容量的计算

设备的铭牌额定功率 P_N 经过换算至统一规定的工作制下的额定功率称为设备容量，用 P_e 来表示。

（1）连续工作制用电设备

连续工作制用电设备的设备容量等于额定功率，即

$$P_e = P_N \tag{2-2}$$

式中，P_N 为用电设备额定功率（kW）。

（2）短时或周期工作制用电设备

短时或周期工作制用电设备铭牌额定功率与统一负荷持续率下的有功功率的换算公式为

$$P_e = P_N \sqrt{\frac{\varepsilon_N}{\varepsilon}} = S_N \cos\varphi \sqrt{\frac{\varepsilon_N}{\varepsilon}} \tag{2-3}$$

式中，ε_N 为设备铭牌上的额定负荷持续率；ε 为统一要求的负荷持续率；S_N 为设备额定容量（额定视在功率）（kV·A）；$\cos\varphi$ 为设备额定功率因数。

不同类型的设备，其有功功率的换算也存在差别，以下列出三种常见类型设备的换算方法。

1）电动机类用电设备（如起重机、吊车机、电葫芦等）将额定功率统一换算为负荷持续率 $\varepsilon = 25\%$ 时的有功功率，单位为 kW，即

$$P_e = P_N \sqrt{\frac{\varepsilon_N}{\varepsilon}} = 2P_N \sqrt{\varepsilon_N} \tag{2-4}$$

2）电焊机类用电设备将额定容量换算到负荷持续率 ε 为 100% 时的有功功率，单位为 kW，即

$$P_e = S_N \cos\varphi \sqrt{\frac{\varepsilon_N}{\varepsilon}} = S_N \cos\varphi \sqrt{\varepsilon_N} \tag{2-5}$$

3）照明设备的设备容量：即光源的额定功率加上附属设备的功率。气体放电灯、金属卤化物灯的设备容量为光源的额定功率加上镇流器的功率损耗；低压卤钨节能灯、LED灯等的设备容量为光源的额定功率加上其变压器的功耗。荧光灯采用普通型电感镇流器时，其设备功率为荧光灯管的额定功率加 25%；采用节能型电感镇流器时，设备功率为

荧光灯管的额定功率加 15% ~ 18%；采用电子镇流器时，设备功率为荧光灯管的额定功率加 10%。金属卤化物灯、高压铀灯、荧光高压汞灯用普通电感镇流器时，设备功率加 14% ~ 16%；用节能型电感镇流器时，设备功率加 9% ~ 10%。

成组用电设备的设备容量，是指组内不包括备用设备在内的所有单个用电设备的设备容量之和。变电所或建筑物的总设备容量应取所供电的各用电设备组设备容量之和。但应剔除不同时使用的负荷，如对于消防用电设备，当其容量小于平时使用的总用电设备量时，可不计入总设备容量；对于季节性用电设备（如制冷设备和采暖设备），应择其最大者计入总设备容量。

2.2 负荷曲线

微课：工厂电力负荷曲线

2.2.1 基本概念

电力负荷随着用电设备的起动、停止等工作状态的变化而时刻变化，且其变化呈现出一定规律性。例如，某些负荷随季节（冬、夏季）、企业工作制（一班或倒班作业）的不同而出现一定程度的变化。为反映电力负荷的变化规律和运行特点，工程上普遍采用负荷曲线加以描述。

负荷曲线是指表征电力负荷随时间变动的一种函数曲线，直观地反映了电力用户的用电特点和负荷变动规律。负荷曲线通常绘制在直角坐标系上，纵坐标表示负荷（有功功率或无功功率）大小，横坐标表示对应时间（一般以小时为单位）。按负荷对象划分，负荷曲线分为工业的、企业的、商业的、生产车间的或某类设备的负荷曲线；按负荷的功率性质划分，又可分为有功负荷曲线和无功负荷曲线；按负荷变动时间范围划分，还可以分为日负荷曲线、月负荷曲线及年负荷曲线等。

> **一点讨论**：通过细致分析负荷曲线，我们能够深入理解电力负荷变化的规律，这对于优化电力系统运行和实施节能改造具有重要意义。有功负荷曲线直观地反映了某个设备或整个系统在不同时间或条件下有功功率的状况，而无功负荷曲线可以帮助我们理解无功功率与有功功率之间的动态关系，进而有效分析系统的整体运行状态。基于有功功率曲线的科学预测是电能计划生产的基础，直接关系到国家能源战略的实施。通过合理规划用电，我们可以平衡负荷高峰与低谷，提高能源利用效率，同时确保电力供应的稳定性和可靠性，为国家的能源安全和可持续发展提供坚实的技术支撑。

2.2.2 典型曲线

（1）日负荷曲线

日负荷曲线用于表示负荷一天（24h）内的变化情况，按不同绘制方法可分为折线曲线和梯形曲线两种。

折线曲线是在一定时间间隔内（一般取间隔为 30min）将各时刻有功功率记录下来，逐点连成折线，如图 2-1a 所示。其优点是可准确反映负荷的变化规律。

梯形曲线是将负荷曲线用等效的阶梯形曲线代替，即假定在每个时间间隔中（一般取间隔为30min），负荷是保持其平均值不变的，如图2-1b所示。其优点是方便计算，工程应用中较多采用梯形曲线。

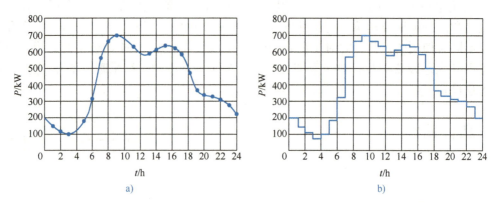

图 2-1 日负荷曲线的绘制

a）折线曲线 b）梯形曲线

工程上常用一些典型的日负荷曲线来近似一定时期内的实际负荷曲线，例如夏（冬）日典型日负荷曲线、最大生产班日负荷曲线等。

（2）年负荷曲线

年负荷曲线用于表示用电负荷在全年（8760h）内的变化情况，是对全年日负荷曲线数据进行统计处理的结果，包括年运行负荷曲线和年持续负荷曲线。其中，年运行负荷曲线按时间先后绘制，而年持续负荷曲线按负荷大小和累积时间绘制。

1）年运行负荷曲线。年运行负荷曲线又称年每日最大负荷曲线，按全年每日最大负荷（取每日最大负荷的半小时平均值）绘制，横坐标为全年的12个月，如图2-2所示。

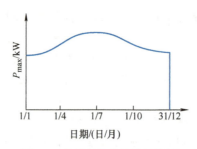

图 2-2 年运行负荷曲线的绘制

年运行负荷曲线主要用以确定经济运行方式，例如拥有多台变压器的变电所，可据此确定一年中不同时期投入运行变压器的台数，进而降低电能消耗，提高供电系统经济效益。

2）年持续负荷曲线。年持续负荷曲线又称年负荷持续时间曲线，反映全年负荷变动与负荷持续时间的关系，将全年所有日负荷曲线的功率值按从大到小依次排列，每一功率值对应于一段时间长度（累计时间）。一般根据有代表性的冬季和夏季日负荷曲线绘制，横坐标为实际时间，纵坐标为有功负荷。其中，夏季和冬季在全年中占的天数取决于地理位置和气候。一般在我国北方近似认为夏季 165 天，冬季 200 天，而南方可近似认为夏季 200 天，冬季 165 天。图 2-3 为南方某电力用户的典型冬日负荷曲线和夏日负荷曲线，依次绘制该用户的年负荷曲线，如功率 P_1 在年负荷曲线上所持续的时间 $T_1 = 200t_1 + 165t_2$，以此类推，绘制出完整的年持续负荷曲线。

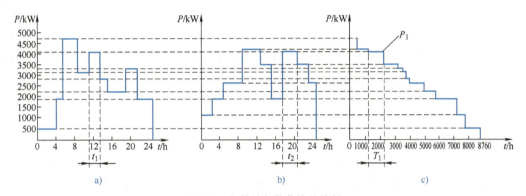

图 2-3　年持续负荷曲线的绘制

a）夏季典型日负荷曲线　b）冬季典型日负荷曲线　c）年持续负荷曲线

年持续负荷曲线可用于计算全年负荷消耗电量，以指导电力单位发电计划的制定并进行可靠性计算。

> **一点讨论：** 在"双碳"目标的背景下，电力系统负荷正向多元化、互动化和复杂化发展。随着电动汽车等新型负荷不断涌现及用户侧分布式储能的推广应用，提升电网互动水平是适应事物变化发展规律、实现系统高效运行的必然要求。面对电力电子化特性日益明显的负荷结构，配电网基础设施亟须更新，以适应快速变化的负荷需求，并采用基于电力电子技术的综合解决方案。新型负荷如电动汽车的推广增加了负荷的随机性和不确定性，使得预测更加困难。因此，在新型负荷背景下，负荷预测需要与时俱进，结合模型驱动和数据驱动的方法，并充分利用大数据、云计算、人工智能等先进技术，以提高预测的准确性和应对复杂多变的用户需求。

2.2.3　负荷曲线相关特征参数

负荷曲线直观地反映电力负荷变动情况，对电力系统运行来说，通过分析负荷曲线，合理调整负荷可以优化用电方式。与负荷曲线相关的主要特征参数如下。

（1）电能消耗量

日电能消耗量 W_d（kW·h），表示一天中所消耗的有功电能，即日负荷曲线下所包围的面积

$$W_d = \int_0^{24} P(t)\, \mathrm{d}t \tag{2-6}$$

年电能消耗量 W_a（kW·h），表示一年中所消耗的有功电能，即年负荷曲线下所包围的面积

$$W_a = \int_0^{8760} P(t)\, \mathrm{d}t \tag{2-7}$$

（2）平均负荷

平均负荷 P_{av}，表示电力负荷曲线上用电设备电能消耗量 W_t 与该段时间的比值，也就是电力负荷在该时间段 t 内平均消耗的功率，即

$$P_{av} = \frac{W_t}{t} \qquad (2-8)$$

工程上常计算最大负荷班（即有代表性的一昼夜内电能消耗量最多的一个班）的平均负荷，有时也计算年平均负荷。例如，年平均负荷 P_{av} 表示年负荷曲线上全年消耗的电能量 W_a 与时间 t（8760h）的比值，即

$$P_{av} = \frac{W_a}{8760} \qquad (2-9)$$

（3）年最大负荷

年最大负荷 P_{max}，也称为半小时最大负荷 P_{30}，对应于年负荷曲线上的最大功率值，如图 2-4a 所示。它表征全年中负荷最大工作班消耗电能最大的半小时平均功率。

（4）年最大负荷利用小时数

年最大负荷利用小时 T_{max} 是一个假想时间。在此时间内，电力负荷按年最大负荷 P_{max}（或 P_{30}）持续运行所消耗的电能，恰好等于该电力负荷全年实际消耗的电能。如图 2-4a 所示。年最大负荷利用小时数计算如下：

$$T_{max} = \frac{W_a}{P_{max}} \qquad (2-10)$$

式中，W_a 为全年消耗的电能量。

年最大负荷利用小时数是反映电力负荷特征的一个重要参数，它与工厂的生产班制有明显的关系。例如一班制工厂，T_{max} 为 1800 ~ 3000h；两班制工厂，T_{max} 为 3500 ~ 4800h；三班制工厂，T_{max} 为 5000 ~ 7000h。

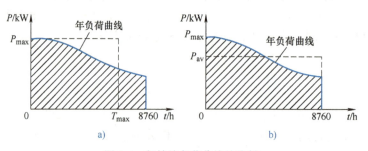

图 2-4　年持续负荷曲线的绘制

a）年最大负荷和年最大负荷利用小时　b）年平均负荷

（5）负荷系数

负荷系数 K_L，表征负荷曲线波动、起伏的程度，负荷系数越接近于 1，说明曲线的峰谷差异越小。它是用电负荷的平均负荷 P_{av}（即电力负荷在一定时间内平均消耗的功率，如图 2-4b 所示）与其最大负荷 P_{max} 之比，即

$$K_L = \frac{P_{av}}{P_{max}} \qquad (2-11)$$

负荷系数分为有功负荷系数、无功负荷系数两种。

有功负荷系数：

$$K_{\alpha L} = \frac{P_{av}}{P_{max}} \qquad (2\text{-}12)$$

无功负荷系数：

$$K_{\gamma L} = \frac{Q_{av}}{Q_{max}} \qquad (2\text{-}13)$$

通常地，一般用户 $K_{\alpha L}$ 为 $0.7 \sim 0.75$，$K_{\gamma L}$ 取 $0.76 \sim 0.82$。

对单个用电设备或用电设备组来说，负荷系数是设备的输出功率 P 与设备额定容量 P_N 的比值，即

$$K_L = \frac{P}{P_N} \qquad (2\text{-}14)$$

它可表征设备或设备组的容量是否被充分利用。

微课：三相用电设备组计算负荷的确定

2.3　三相用电设备组计算负荷的确定

为使供配电系统可靠运行，需对电力负荷进行计算以正确选择电力变压器、开关设备、架空线及电缆等。导体通过恒定电流达到稳定温升的时间大多为 $3 \sim 4\tau_h$（τ_h 为发热时间常数）。对于中小截面积（$35mm^2$ 以下）的导体，其 τ_h 约为 $10min$，故载流导体大约经过 $30min$ 后达到稳定温升值。但由于较大截面积导体发热时间常数大于 $10min$，$30min$ 不能完全达到稳定温升。由此可见，计算负荷 P_c 实际上与 $30min$ 最大负荷基本相当。

根据实际工程经验总结出来的负荷计算方法主要有需要系数法、二项式法和单位指标法三种。

2.3.1　需要系数法

（1）定义

同类用电设备组（见图 2-5）在实际运行时，各设备可能不会同时运行，且运行的设备也未必全部在满负荷下工作，同时考虑到用电设备及配电线路在工作时都会产生功率损耗，定义需要系数的计算公式为

$$K_d = \frac{K_\Sigma K_L}{\eta_N \eta_{WL}} \qquad (2\text{-}15)$$

式中，K_Σ 为同时系数，即设备组在最大负荷时运行的设备容量与全部设备容量之比；K_L 为负荷系数，即设备组在最大负荷时输出功率与运行的设备容量之比；η_N 为用电设备的额定效率，即设备组在最大负荷时输出功率与取用功率之比；η_{WL} 为线路平均效率，即配电线路在最大负荷时末端功率与首端功率之比。

（2）计算方法

1）单组用电设备的计算负荷。按需要系数法确定三相用电设备组计算负荷的基本公

式如下。

有功功率 P_c（kW）为

$$P_c = K_d P_e \qquad (2\text{-}16)$$

无功功率 Q_c（kvar）为

$$Q_c = P_c \tan\varphi \qquad (2\text{-}17)$$

视在功率 S_c（kVA）为

$$S_c = \frac{P_c}{\cos\varphi} = \sqrt{P_c^2 + Q_c^2} \qquad (2\text{-}18)$$

计算电流 I_c（A）为

$$I_c = \frac{S_c}{\sqrt{3}U_N} \qquad (2\text{-}19)$$

式中，P_e 为用电设备组的设备容量；K_d 为需要系数，其值见二维码 2-2；$\tan\varphi$ 为用电设备功率因数角相对应的正切值，其值见二维码 2-2；U_N 为用电设备额定线电压（电压）（kV）。

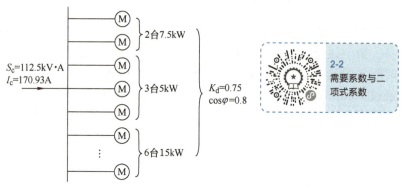

图 2-5　相同类型用电设备组示意图

2）**多组用电设备**的计算负荷。确定拥有多组用电设备的干线上或变电所低压母线上的计算负荷时，应考虑各组用电设备的最大负荷不同时出现的因素。因此，可结合具体情况对其有功和无功计算负荷计入一个同时系数。同时系数的大小根据计算范围及具体工程性质的不同来选择。按需要系数法确定配电干线计算负荷的基本公式如下。

有功功率 P_c（单位为 kW）为　　$P_c = K_{\Sigma p} \sum(K_d P_e)$ 　　　　　　　（2-20）

无功功率 Q_c（单位为 kvar）为 $Q_c = K_{\Sigma q} \sum(K_d P_e \tan\varphi)$ 　　　　（2-21）

视在功率 S_c（单位为 kV·A）为 $S_c = \sqrt{P_c^2 + Q_c^2}$ 　　　　　　　　（2-22）

式中，$K_{\Sigma p}$、$K_{\Sigma q}$ 分别为有功功率、无功功率同时系数。

配电所或总降压变电所的计算负荷为各组计算负荷之和再乘以同时系数 $K_{\Sigma p}$ 和 $K_{\Sigma q}$。对配电所的 $K_{\Sigma p}$ 和 $K_{\Sigma q}$，分别取 $0.85 \sim 1$ 和 $0.95 \sim 1$；对总降压变电所的 $K_{\Sigma p}$ 和 $K_{\Sigma q}$ 分别取 $0.8 \sim 0.9$ 和 $0.93 \sim 0.97$。当简化计算时，同时系数 $K_{\Sigma p}$ 和 $K_{\Sigma q}$ 可都取 $K_{\Sigma p}$ 值。

采用需要系数法求计算负荷简单方便，计算结果较符合实际。需要注意的是，需要系数值与用电设备的类别和工作状态有关，一定要正确判断。实际上只有当设备台数较多、总容量足够大且没有特大型用电设备时，二维码 2-2 中的需要系数值才符合实际。因此，需要系数法较适用于求全厂和大型车间变电所的计算负荷。

例 2-1　某高校实训车间 380V 线路上接有金属冷加工机床组 40 台共 100kW，通风机 5 台共 7.5kW，电阻炉 5 台共 8kW。根据需要系数法确定此线路上的计算负荷。

解：先求各组的计算负荷。

（1）金属冷加工机床组：查二维码 2-2 需要系数表，取

$$K_{d1} = 0.16, \cos\varphi = 0.5, \tan\varphi = 1.73$$

有功负荷：$P_{c1} = K_{d1}P_{e1} = 0.16 \times 100\text{kW} = 16\text{kW}$

无功负荷：$Q_{c1} = P_{c1}\tan\varphi = 16 \times 1.73\text{kvar} = 27.68\text{kvar}$

（2）通风机组：查二维码 2-2 需要系数表，取

$$K_{d2} = 0.8, \cos\varphi = 0.8, \tan\varphi = 0.75$$

有功负荷：$P_{c2} = K_{d2}P_{e2} = 0.8 \times 7.5\text{kW} = 6\text{kW}$

无功负荷：$Q_{c2} = P_{c2}\tan\varphi = 6 \times 0.75\text{kvar} = 4.5\text{kvar}$

（3）电阻炉：查二维码 2-2 需要系数表，取

$$K_{d3} = 0.7, \cos\varphi = 1.0, \tan\varphi = 0$$

有功负荷：$P_{c3} = K_{d3}P_{e3} = 0.7 \times 8\text{kW} = 5.6\text{kW}$

无功负荷：$Q_{c3} = 0$

因此 380V 线路上总的计算负荷为（取 $K_{\Sigma p}$=0.95 和 $K_{\Sigma q}$=0.97）

总计算有功负荷：

$$P_c = K_{\Sigma p}\sum(K_d P_e) = 0.95 \times (16 + 6 + 5.6)\text{kW} = 26.22\text{kW}$$

总计算无功负荷：

$$Q_c = K_{\Sigma q}\sum(K_d P_e \tan\varphi) = 0.97 \times (27.68 + 4.5 + 0)\text{kvar} = 31.21\text{kvar}$$

总计算视在负荷：

$$S_c = \sqrt{P_c^2 + Q_c^2} = \sqrt{26.22^2 + 31.21^2}\text{kV·A} = 40.76\text{kV·A}$$

总计算电流：

$$I_c = \frac{S_c}{\sqrt{3}U_N} = \frac{40.76}{\sqrt{3} \times 0.38}\text{A} = 61.93\text{A}$$

2.3.2　二项式法

（1）定义

二项式法又称二项式系数法。它考虑了用电设备中功率较大的设备工作时对负荷影响的附加功率，适用于设备台数较少而容量差别很大的场合。二项式法中计算负荷由两部分组成，一部分是所有设备运行时产生的平均负荷 $bP_{e\Sigma}$，另一部分是大型设备的投入产

生的负荷 cP_x，x 为容量最大设备的台数。其中，b、c 称为二项式系数，是通过统计得到的。

（2）计算方法

1）单组用电设备的计算负荷为

$$\begin{cases} P_c = bP_{e\Sigma} + cP_x \\ Q_c = P_c \tan\varphi \end{cases} \tag{2-23}$$

式中，$P_{e\Sigma}$ 为该组用电设备组的设备总容量；P_x 为 x 台最大设备的总容量，当用电设备组的设备总台数 $n<2x$ 时，则最大容量设备台数取 $x=n/2$，其计算结果按"四舍五入"取整。当只有一台设备时，可认为 $P_c=P_e$；$\tan\varphi$ 为设备功率因数角的正切值。

2）多组用电设备的计算负荷为

$$\begin{cases} P_c = \sum (bP_{e\Sigma})_i + (cP_x)_{max} \\ Q_c = \sum (bP_{e\Sigma}\tan\varphi)_i + (cP_x)_{max}\tan\varphi_{max} \end{cases} \tag{2-24}$$

式中，$(bP_{e\Sigma})_i$ 为各用电设备组的平均功率，其中 $P_{e\Sigma}$ 为该组用电设备组的设备总容量；cP_x 为每组用电设备组中 x 台容量较大的设备的附加负荷；$(cP_x)_{max}$ 为附加负荷最大的一组设备的附加负荷；$\tan\varphi_{max}$ 为最大附加负荷设备组的功率因数角的正切值。

例 2-2 一机修车间的 380V 线路上，接有金属切削机床电动机 20 台，共 50kW，其中较大容量电动机有 7.5kW 2 台，4kW 2 台，2.2kW 8 台；另接通风机 1.2kW 2 台；电阻炉 2kW 1 台。试用二项式法确定计算负荷。

解： 先求出各组的平均功率 bP_e 和附加负荷 cP_x：

（1）金属切削机床电动机组

从二维码 2-2 中截取部分表格如下：

序号	用电设备组名称	需要系数 K_d	二项式系数		最大容量设备台数 x	$\cos\varphi$	$\tan\varphi$
			b	c			
1	小批生产的金属冷加工机床电动机	0.16 ~ 0.2	0.14	0.4	5	0.5	1.73

取 $b_1=0.14$，$c_1=0.4$，$x_1=5$，$\cos\varphi_1=0.5$，$\tan\varphi_1=1.73$，$x=5$，则

$$(bP_e)_1 = 0.14 \times 50\text{kW} = 7\text{kW}$$

$$(cP_x)_1 = 0.4 \times (7.5 \times 2 + 4 \times 2 + 2.2 \times 1)\text{kW} = 10.08\text{kW}$$

（2）通风机组

取 $b_2=0.65$，$c_2=0.25$，$\cos\varphi_2=0.8$，$\tan\varphi_2=0.75$，$n=2<2x$，取 $x_2=n/2=1$，则

$$(bP_e)_2 = 0.65 \times 2.4\text{kW} = 1.56\text{kW}$$

$$(cP_x)_2 = 0.25 \times 1.2\text{kW} = 0.3\text{kW}$$

（3）电阻炉

$$(bP_e)_3 = 2\text{kW}，\quad (cP_x)_2 = 0\text{kW}$$

显然，上述三组用电设备中，第一组的附加负荷 $(cP_x)_1$ 最大，故总计算负荷为

$$P_c = \sum (bP_e)_i + (cP_x)_{max} = (7 + 1.56 + 2)kW + 10.08kW = 20.64kW$$

$$\begin{aligned}Q_c &= \sum (bP_x \tan\varphi)_i + (cP_x)_{max} \tan\varphi_{max} \\ &= (7 \times 1.73 + 1.56 \times 0.75 + 0)kvar + 10.08 \times 1.73 kvar \approx 30.72 kvar\end{aligned}$$

$$S_c = \sqrt{P_c^2 + Q_c^2} = \sqrt{20.64^2 + 30.72^2} kV \cdot A \approx 30.71 kV \cdot A$$

$$I_c = \frac{S_c}{\sqrt{3}U_N} = \frac{37.01}{1.732 \times 0.38} A \approx 56.2A$$

2.3.3　单位指标法

单位指标法包括单位面积功率法、综合单位指标法和单位产品耗电量法。前两者多用于民用建筑负荷计算，后者适用于某些工业建筑负荷计算。在用电设备功率和台数无法确定时，或者设计前期，这些方法是确定设备负荷的主要方法。

（1）单位面积功率法和综合单位指标法

单位面积功率法和综合单位指标法主要用于民用建筑工程。有功计算负荷的计算公式为

$$P_c = \frac{SP_e}{1000} \quad \text{或} \quad P_c = \frac{NP_e'}{1000} \tag{2-25}$$

式中，P_e 为单位面积功率（负荷密度）（W/m^2 或 $V \cdot A/m^2$）；S 为建筑面积（m^2）；P_e' 为单位指标功率（W/ 户、W/ 人等）；N 为单位数量，如户数、人数、床位数。

采用单位指标法确定计算负荷时，通常不再乘以同时系数。但对于住宅，应根据住宅的户数，乘以同时系数。

（2）单位产品耗电量法

在方案设计阶段，当缺乏准确的用电负荷资料时，可用单位产品耗电量法来估算企业的计算负荷。该方法用于工业企业工程。有功计算负荷的计算公式为

$$P_c = \frac{\omega N}{T_{max}} \tag{2-26}$$

式中，P_c 为有功计算负荷（kW）；ω 为每一单位产品电能消耗量，可查有关设计手册；N 为企业年生产量。

单位面积功率法、综合单位指标法和单位产品耗电量法多用于设计前期的负荷计算，如可行性研究和方案设计阶段；而需要系数法、二项式法多用于初步设计和施工图设计阶段。

2.4　单相用电设备组计算负荷的确定

微课：单相用电设备组计算负荷的确定

2.4.1　单相负荷计算的原则

2.3 节的负荷计算方法主要针对平衡的三相用电设备。而在实际供配电系统中，单相

用电设备的应用也十分普遍，例如照明、电热、电焊等设备。单相用电设备多为低压设备，当其接在三相线路中时，应将单相用电设备均衡分配到三相系统中，使各相的计算负荷尽量相等。单相负荷的计算一般有以下三种情况。

1）三相线路中单相用电设备总容量不超过三相总容量的 15% 时，单相用电设备可按三相负荷平衡计算。

2）三相线路中单相用电设备总容量超过三相总容量的 15% 时，应把单相用电设备容量换算为等效三相设备容量，再算出三相等效计算负荷。

3）单相负荷与三相负荷同时存在时，应将单相负荷换算为等效三相负荷再与三相负荷相加。

值得注意的是，这里所提单相负荷在不同情况下可以分别代表需要功率、平均功率或设备功率。单相用电设备接于线电压或相电压时的负荷，相应地称为线间负荷或相负荷。在进行单相负荷换算时，一般采用计算功率。对需要系数法，计算功率即为需要功率；当单相负荷均为同类用电负荷时可直接采用设备功率计算。

2.4.2 单相负荷换算为等效三相负荷的一般方法

（1）对于单相设备只接于相电压的情况

等效三相负荷取最大相负荷的 3 倍，即

$$P_{eq} = 3P_{em\varphi} \tag{2-27}$$

式中，$P_{em\varphi}$ 为最大负荷相所接的单相设备容量。

（2）对于单相设备只接于线电压的情况

1）接于同一线电压，等效三相负荷 P_{eq} 为

$$P_{eq} = \sqrt{3}P_{\varphi} \tag{2-28}$$

式中，P_{φ} 为接于同一线电压的计算功率（kW）。

2）接于不同线电压，将线间负荷相加，选取较大两项数据进行计算。

设 P_1 为接于不同线电压时的最大线间负荷，功率因数角为 φ_1；P_2 为接于不同线电压时的较大线间负荷，功率因数角为 φ_2。其等效三相负荷为

$$P_{eq} = \sqrt{3}P_1 + (3-\sqrt{3})P_2 \tag{2-29}$$

$$Q_{eq} = \sqrt{3}P_1\tan\varphi_1 + (3-\sqrt{3})P_2\tan\varphi_2 \tag{2-30}$$

（3）对于单相设备分别接于线电压和相电压的情况计算步骤如下：

先将线间负荷换算为相负荷，各相负荷分别为

A 相 $\qquad\qquad\qquad P_A = p_{AB-A}P_{AB} + p_{CA-A}P_{CA}$

$\qquad\qquad\qquad\qquad Q_A = q_{AB-A}P_{AB} + q_{CA-A}P_{CA}$

B 相 $\qquad\qquad\qquad P_B = p_{AB-B}P_{AB} + p_{BC-B}P_{BC}$

$\qquad\qquad\qquad\qquad Q_B = q_{AB-B}P_{AB} + q_{BC-B}P_{BC}$

C 相 $\qquad\qquad\qquad P_C = p_{BC-C}P_{BC} + p_{CA-A}P_{CA}$

$$Q_C = q_{BC-C}P_{BC} + q_{CA-A}P_{CA}$$

式中，P_{AB}、P_{BC}、P_{CA} 分别为接于 AB、BC、CA 线间负荷（kW）；P_A、P_B、P_C 分别为换算为 A、B、C 相有功负荷（kW）；Q_A、Q_B、Q_C 分别为换算为 A、B、C 相无功负荷（kvar）；p_{AB-A}、q_{AB-A} 分别为接于 AB 线间负荷换算为 A 相负荷的有功及无功换算系数，其值见表 2-2。

表 2-2　单相负荷计算换算系数表

功率换算系数	负荷功率因数								
	0.35	0.4	0.5	0.6	0.65	0.7	0.8	0.9	1.0
p_{AB-A}，p_{BC-B}，p_{CA-C}	1.27	1.17	1.0	0.89	0.84	0.8	0.72	0.64	0.5
p_{AB-B}，p_{BC-C}，p_{CA-A}	−0.27	−0.17	0	0.11	0.16	0.2	0.28	0.36	0.5
q_{AB-A}，q_{BC-B}，q_{CA-C}	1.05	0.86	0.58	0.38	0.3	0.22	0.09	−0.05	−0.29
q_{AB-B}，q_{BC-C}，q_{CA-A}	1.63	1.44	1.16	0.96	0.88	0.8	0.67	0.53	0.29

　　然后，将各相负荷分别相加，选出最大相负荷，总的等效三相有功计算负荷为其最大有功负荷相的有功计算负荷的 3 倍，等效三相无功计算负荷则为最大有功负荷相的无功计算负荷的 3 倍。

　　单相负荷换算为等效三相负荷的简化方法：

　　1）只有线间负荷时，将各线间负荷相加，选取较大两项数据进行计算。

　　2）只有相负荷时，等效的三相负荷取最大相负荷的 3 倍。

　　3）当多台单相用电设备的设备功率小于计算范围内三相负荷设备功率的 15% 时，按三相平衡负荷计算。

2.5　工厂计算负荷的确定

微课：工厂计算负荷的确定

2.5.1　用户计算负荷的确定

　　工厂计算负荷为电源进线和重要设备选择提供依据，同时也用于计算工厂功率因数及无功功率补偿容量。工厂计算负荷一般分为需要系数法、按年产量估算法和逐级计算法。需要系数法指工厂用电设备总容量（备用设备容量除外）与工厂需要系数之积。按年产量估算法采用工厂全年耗电量（工厂年产量与单位产品耗电量之积）除以工厂的年最大负荷利用小时数来求取。逐级计算法按照功率流动逆向逐级求取计算负荷，同时考虑不同类型用电设备组或干线之间的同时系数、功率损耗及无功补偿等因素。例如图 2-6a 中工厂计算负荷（以有功负荷为例）$P_{30(1)}$ 应为高压母线上所有高压配电线路有功计算负荷之和与同时系数之积，而高压配电线路计算负荷 $P_{30(2)}$ 则为低压侧计算负荷 $P_{30(3)}$、变压器功率损耗 ΔP_T 及配电线路功率损耗 ΔP_{WL1} 之和，依次类推。

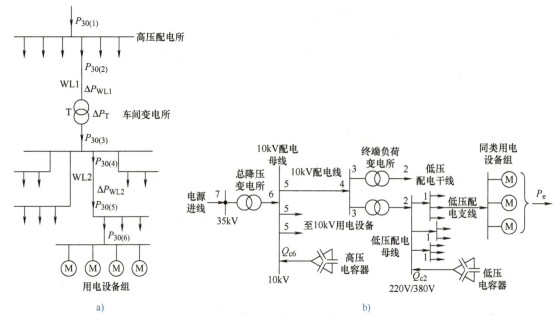

图 2-6　供配电系统实例

a）工厂供电系统计算负荷及功率损耗（有功部分）　b）供配电系统示意图

本节以图 2-6b 所示的供配电系统为例，进行计算负荷的确定。该系统中，35kV 电压等级的电源通过总降压变电所降压至 10kV 电压等级，然后由 10kV 配电线向 10kV 用电设备及各终端负荷变电所供电，通过终端变压器降压至 220V/380V，最后经过低压配电母线—低压配电干线—低压配电支线，向各用电设备组供电。

各部分计算负荷的具体计算方法如下：

1）根据各用电设备组的设备功率 P_e，采用需要系数法确定低压配电干线上的计算负荷（P_{c1}、Q_{c1}、S_{c1}），需要考虑不同类型用电设备组之间的同时系数。

2）确定终端变压器低压配电母线的计算负荷（P_{c2}、Q_{c2}、S_{c2}），需要考虑不同配电干线之间的同时系数（$K_{\Sigma p}$ 和 $K_{\Sigma q}$），即

$$P_{c2} = K_{\Sigma p} \sum P_{c1}$$

$$Q_{c2} = K_{\Sigma q} \sum Q_{c1}$$

$$S_{c2} = \sqrt{P_{c2}^2 + Q_{c2}^2}$$

若在终端变压器低压母线上装有无功补偿用的静电电容器，其容量为 Q_{c2}。在计算 Q_{c2} 时，需减去无功补偿容量，即

$$Q_{c2} = K_{\Sigma q} \sum Q_{c1} - Q_{c2}$$

计算负荷 S_{c2} 用于选择终端变压器的容量和低压导体截面积。

3）将终端变压器低压侧的计算负荷加上该变压器的有功和无功功率损耗（ΔP_T、ΔQ_T），确定终端变压器高压侧的计算负荷（P_{c3}、Q_{c3}、S_{c3}），即

$$P_{c3} = P_{c2} + \Delta P_T$$

$$Q_{c3} = Q_{c2} + \Delta Q_{T}$$

$$S_{c3} = \sqrt{P_{c3}^2 + Q_{c3}^2}$$

该计算负荷值用于选择终端变压器高压侧进线导线截面积。

4）将多台终端变压器高压侧计算负荷相加，确定终端负荷变电所高压母线上的计算负荷（P_{c4}、Q_{c4}、S_{c4}），即

$$P_{c4} = \sum P_{c3}$$

$$Q_{c4} = \sum Q_{c3}$$

$$S_{c4} = \sqrt{P_{c4}^2 + Q_{c4}^2}$$

5）将 10kV 配电线路末端的计算负荷加上线路的功率损耗（ΔP_{L}、ΔQ_{L}），确定总降压变电所 10kV 母线各引出线上的计算负荷（P_{c5}、Q_{c5}、S_{c5}），即

$$P_{c5} = P_{c4} + \Delta P_{L}$$

$$Q_{c5} = Q_{c4} + \Delta Q_{L}$$

$$S_{c5} = \sqrt{P_{c5}^2 + Q_{c5}^2}$$

6）将总降压变电所各条 10kV 引出线上的计算负荷相加后乘以同时系数（$K_{\Sigma p}$ 和 $K_{\Sigma q}$），确定总降压变电所 10kV 母线上的计算负荷（P_{c6}、Q_{c6}、S_{c6}），即

$$P_{c6} = K_{\Sigma p} \sum P_{c5}$$

$$Q_{c6} = K_{\Sigma q} \sum Q_{c5}$$

$$S_{c6} = \sqrt{P_{c6}^2 + Q_{c6}^2}$$

7）若根据技术经济比较结果，需要在总降压变电所 10kV 母线侧采用高压电容器进行无功功率补偿（具体内容详见 2.7 节），则在计算 Q_{c6} 时，应减去无功补偿容量 Q_{c6}（kvar），即

$$Q_{c6} = K_{\Sigma q} \sum Q_{c5} - Q_{c6}$$

计算负荷 S_{c6} 是选择总降压变电所主变压器容量的依据。

8）将总降压变电所 10kV 母线上的计算负荷加上主变压器的功率损耗（ΔP_{T}、ΔQ_{T}），确定建筑物的总计算负荷（P_{c7}、Q_{c7}、S_{c7}），即

$$P_{c7} = P_{c6} + \Delta P_{T}$$

$$Q_{c7} = Q_{c6} + \Delta Q_{T}$$

$$S_{c7} = \sqrt{P_{c7}^2 + Q_{c7}^2}$$

计算负荷 S_{c7} 是用户向供电部门提供的建筑物最大计算容量，作为申请用电容量用。

上述各级负荷计算中，凡多组计算负荷相加（分有功和无功两部分），都要依组数多

少考虑同时系数，组数越少，同时系数越接近于1。

2.5.2 线路功率损耗和电能损耗

供配电系统的电气设备和线路上存在等值阻抗，当有电流通过时会产生损耗。由于线路和变压器常年持续运行，其电能损耗较大，不可忽略。在准确计算电力用户的电能消耗时，应考虑这部分电能损耗。供配电系统的电能损耗主要包括线路电能损耗和变压器电能损耗。功率损耗又分有功功率损耗和无功功率损耗两类。

（1）电力线路的功率损耗

线路有功功率损耗（单位为kW）是电流流过线路时电阻所引起的损耗，线路无功功率损耗（单位为kvar）是电流流过线路时电抗所引起的损耗，计算公式为

$$\Delta P_{\mathrm{L}} = 3I_{\mathrm{c}}^2 R_{\mathrm{L}} \times 10^{-3} \tag{2-31}$$

$$R_{\mathrm{L}} = r_0 L$$

$$\Delta Q_{\mathrm{L}} = 3I_{\mathrm{c}}^2 X_{\mathrm{L}} \times 10^{-3} \tag{2-32}$$

$$X_{\mathrm{L}} = x_0 L$$

式中，I_{c} 为线路的计算电流（A）；R_{L} 为每相线路的电阻（Ω）；r_0 为线路单位长度的电阻（Ω/km）；L 为线路的计算长度（km）；X_{L} 为每相线路的电抗（Ω）；x_0 为线路单位长度的电抗（Ω/km），可查有关手册或产品样本获得，且与导线之间的几何均距 a_{av} 有关，如图2-7所示，线间几何均距 $a_{\mathrm{av}} = \sqrt[3]{a_1 a_2 a_3}$。

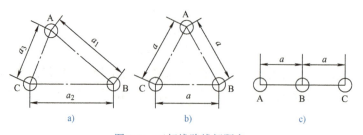

a)   b)   c)

图 2-7　三相线路线间距离

a）一般情况　b）等边三角形排列　c）水平等距排列

（2）电力线路的电能损耗

在供配电系统中，因负荷随时间不断变化，其电能损耗计算困难，通常利用年最大负荷损耗小时数 τ 来近似计算线路和变压器的年有功电能损耗。

年最大负荷损耗小时数 τ 是一个假想的时间，假设供配电系统元件（含线路）持续通过计算电流（即最大负荷电流）I_{c} 时，在此时间 τ 内所产生的电能损耗恰与供配电系统实际负荷电流全年在此元件上的电能损耗相等。它与年最大负荷利用小时数 $T_{\max}$ 及功率因数 $\cos\varphi$ 有关，如图2-8所示。当 $\cos\varphi=1$，且线路电压不变时，$\tau = \dfrac{T_{\max}^2}{8760}$。

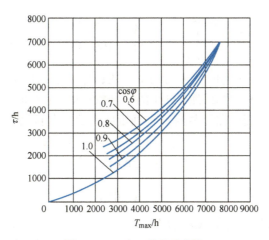

图 2-8　T_{max} 与 τ 的关系曲线

电力线路上的年有功电能损耗计算公式为

$$\Delta W_L = \Delta P_{max}\tau = 3I_c^2 R_W \tau \tag{2-33}$$

式中，ΔW_L 为线路的年有功电能损耗（W·h）；ΔP_{max} 为线路中最大负荷时的有功功率损耗（W）；I_c 为通过线路的计算电流（A）；R_W 为线路每相的电阻（Ω）；τ 为年最大负荷损耗小时数（h）。

2.5.3　变压器功率损耗和电能损耗

（1）变压器的功率损耗

变压器的功率损耗主要分为铁损和铜损。

铁损是变压器主磁通在铁心中产生的损耗。变压器主磁通只与外加电压有关，当外加电压恒定，铁损为常数，与负荷无关，因此也称为不变损耗，通常用空载损耗表示。空载损耗又分为空载有功功率损耗 ΔP_0 和空载无功功率损耗 ΔQ_0。

铜损是变压器负荷电流在一次和二次绕组中产生的损耗，其值与负荷电流的二次方（或功率）成正比，因此也称为可变损耗，通常用负载损耗表示。负载损耗又分为有功功率损耗 ΔP_T 和无功功率损耗 ΔQ_T 两部分。

1）有功功率损耗。变压器有功功率损耗 ΔP_T 由空载有功功率损耗 ΔP_0 和负载有功功率损耗 ΔP_L 组成。变压器有功功率损耗为

$$\Delta P_T = \Delta P_0 + \Delta P_L = \Delta P_0 + \Delta P_N \left(\frac{S_c}{S_N}\right)^2 = \Delta P_0 + \Delta P_K K_L^2 \tag{2-34}$$

式中，S_N 为变压器的额定容量（kV·A）；S_c 为变压器的计算负荷（kV·A）；ΔP_N 为变压器额定负荷时的有功功率损耗（kW）；ΔP_K 为变压器的负载损耗（kW）；K_L 为变压器的负荷系数，$K_L = S_c/S_N$。

2）无功功率损耗。变压器无功功率损耗 ΔQ_T 由空载无功损耗 ΔQ_0 和负载无功损耗 ΔQ_L 组成。变压器的无功功率损耗为

$$\Delta Q_{\mathrm{T}} = \Delta Q_0 + \Delta Q_{\mathrm{L}} = \Delta Q_0 + \Delta Q_{\mathrm{N}}\left(\frac{S_{\mathrm{c}}}{S_{\mathrm{N}}}\right)^2 = S_{\mathrm{N}}\left[\frac{I_0\%}{100} + \frac{U_{\mathrm{K}}\%}{100}\left(\frac{S_{\mathrm{c}}}{S_{\mathrm{N}}}\right)^2\right] = S_{\mathrm{N}}\left(\frac{I_0\%}{100} + \frac{U_{\mathrm{K}}\%}{100}K_{\mathrm{L}}^2\right) \quad （2\text{-}35）$$

式中，ΔQ_{N} 为变压器额定负荷时的无功功率损耗；$I_0\%$ 为变压器空载电流占额定电流的百分数；$U_{\mathrm{K}}\%$ 为变压器短路电压占额定电压的百分数；K_{L} 为变压器的负荷系数。

3）负荷计算时，当变压器型号规格未确定或当变压器负荷率不大于 85% 时，其功率损耗也可按下式估算：

$$\Delta P_{\mathrm{T}} \approx 0.01 S_{\mathrm{c}} \quad （2\text{-}36）$$

$$\Delta Q_{\mathrm{T}} \approx 0.05 S_{\mathrm{c}} \quad （2\text{-}37）$$

式中，S_{c} 为变压器二次侧的计算视在功率。

例 2-3　某供电系统示意如图 2-9 所示，变电所变压器低压侧母线上的最大负荷为 1200kW，$\cos\varphi=0.9$，试求最大负荷时变压器与线路的功率损耗。变压器和线路的参数如下：

每台变压器参数为 SC9–1000/10，$\Delta P_0=1.4$kW，$\Delta P_{\mathrm{K}}=7.51$kW，$I_0\%=0.8$，$U_{\mathrm{K}}\%=6$；线路的参数为 $l=2$km，$R_0=1.98\Omega/$km，$X_0=0.358\Omega/$km。

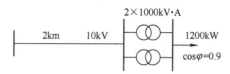

图 2-9　例 2-3 供电系统示意图

解：最大负荷时变压器的有功损耗为

$$\Delta P_{\mathrm{T}} = 2\times(\Delta P_0 + \Delta P_{\mathrm{K}}K_{\mathrm{L}}^2) = 2\times\left[\Delta P_0 + \Delta P_{\mathrm{N}}\left(\frac{S_{\mathrm{c}}}{2S_{\mathrm{N}}}\right)^2\right]$$

$$= 2\times\left[1.4 + 7.51\times\left(\frac{1200/0.9}{2\times1000}\right)^2\right]\mathrm{kW} = 9.48\mathrm{kW}$$

变压器的无功功率损耗为

$$\Delta Q_{\mathrm{T}} = 2\times(\Delta Q_0 + \Delta Q_{\mathrm{k}}K_{\mathrm{L}}^2) = 2\times S_{\mathrm{N}}\left[\frac{I_0\%}{100} + \frac{U_{\mathrm{K}}\%}{100}\left(\frac{S_{\mathrm{c}}}{S_{\mathrm{N}}}\right)^2\right]$$

$$= 2\times1000\times\left[\frac{0.8}{100} + \frac{6}{100}\times\left(\frac{1200/0.9}{2\times1000}\right)^2\right]\mathrm{kvar} = 69.33\mathrm{kvar}$$

计及变压器损耗后，在 10kV 线路末端流出的功率：

$$P_1 = P_{\mathrm{c}} + \Delta P_{\mathrm{T}} = (1200 + 9.48)\mathrm{kW} = 1209.48\mathrm{kW}$$

$$Q_1 = Q_{\mathrm{c}} + \Delta Q_{\mathrm{T}} = (1200\tan(\arccos 0.9) + 69.33)\mathrm{kvar} = 650.52\mathrm{kvar}$$

线路上的功率损耗：

$$\Delta P_{T} = 3I_{c}^{2}R_{L} \times 10^{-3} = 3 \times \left(\frac{S_{1}}{\sqrt{3}U_{N}}\right)^{2}R_{L} \times 10^{-3}$$

$$= \frac{1209.48^{2} + 650.52^{2}}{10^{2}} \times 1.98 \times 2 \times 10^{-3}kW = 74.69kW$$

$$\Delta Q_{T} = 3I_{c}^{2}X_{L} \times 10^{-3} = 3 \times \left(\frac{S_{1}}{\sqrt{3}U_{N}}\right)^{2}X_{L} \times 10^{-3}$$

$$= \frac{1209.5^{2} + 650.52^{2}}{10^{2}} \times 0.358 \times 2 \times 10^{-3}kvar = 13.5kvar$$

（2）变压器的电能损耗

变压器的电能损耗包括空载损耗和负载损耗两方面。对于空载损耗来说，一旦变压器投入系统运行，就会产生空载损耗，因此该部分造成的有功电能损耗为负载有功损耗与变压器全年投入运行时间的乘积；而变压器负载损耗是在计算负荷情况下计算出的最大负载损耗，这部分功率产生的有功电能损耗与年最大损耗小时数有关。

则变压器的年有功电能损耗为

$$\Delta W_{T} = \Delta P_{0}t + \Delta P_{k}\left(\frac{S_{c}}{S_{N}}\right)^{2}\tau \qquad (2\text{-}38)$$

式中，ΔW_{T} 为变压器的年有功电能损耗（kW·h）；ΔP_{0} 为变压器的空载有功损耗（kW）；ΔP_{k} 为变压器的满载（短路）有功损耗（kW）；t 为变压器全年投入电网的运行小时数（h），可取 8760h；S_{c} 为变压器的计算负荷（kV·A）；S_{N} 为变压器的额定容量（kV·A）；τ 为年最大负荷损耗小时数（h）。

例 2-4　图 2-10 所示的供配电系统中，若负荷、变压器和线路的数据完全相同，当其最大负荷利用小时数为 4500h，试求线路与变压器全年的电能损耗。

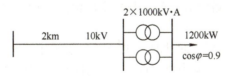

图 2-10　例 2-4 供电系统示意图

解： 已知 T_{max}=4500h，cosφ=0.9，查图 2-8 可知 τ=2750h。根据例 2-3 计算数据可知最大负荷时线路的有功损耗为 74.69kW，则线路中的全年能量损耗为

$$\Delta W_{L} = \Delta P_{max}\tau = 74.69 \times 2750kW \cdot h = 205397.5kW \cdot h$$

假定变压器全年投入运行，则变压器全年的能量损耗为

$$\Delta W_{T} = 2\left[\Delta P_{0}t + \Delta P_{k}\left(\frac{S_{c}}{S_{N}}\right)^{2}\tau\right] = 2 \times \left[1.4 \times 8760 + 7.51 \times \left(\frac{1200/0.9}{2 \times 1000}\right)^{2} \times 2750\right]kW \cdot h = 42885.78kW \cdot h$$

> **一点讨论**：在变压器的运行分析中，正确识别和处理主次矛盾对于确保供电系统的高效与稳定至关重要。变压器自身的铁损和铜损是影响变压器设计和性能评估的主要矛盾，属于必须优先考虑的关键因素。虽然电压变化对变压器铁损也有一定的影响，但相比于变压器自身的铁损与铜损，影响较小，属于次要矛盾，在进行变压器功率损耗计算中，通常可以忽略。通过这样的学习，我们不仅掌握了变压器损耗分析的科学方法，更培养了在复杂工程问题中识别和处理主次矛盾的能力。

2.6　尖峰电流及其计算

尖峰电流指单台或多台用电设备持续 $1 \sim 2s$ 短时间范围内的最大负荷电流，它主要用于计算电压波动与电压损失、选择熔断器和低压断路器、整定继电保护装置及校验电动机自起动条件等。一般将起动电流的周期分量作为计算电压损失、电压波动和电压下降以及选择电力设备和保护元件等的依据。在校验低压断路器瞬动时，将需考虑起动电流的非周期分量。

（1）单台用电设备

民用建筑中，单台用电设备（如电动机）的尖峰电流 I_{pk}，就是起动电流 I_{st}，即

$$I_{pk} = I_{st} = K_{st}I_N \tag{2-39}$$

式中，I_N 为用电设备额定电流（A）；K_{st} 为用电设备直接起动电流倍数，笼型异步电动机为 $5 \sim 7$，绕线转子异步电动机一般不大于 2，直流电动机为 $1.5 \sim 2$。其中，笼型电动机为民用建筑的常用类型，尖峰电流计算时应以制造厂家提供的产品样本等资料数据为依据。

（2）多台用电设备

接有多台用电设备的线路，只考虑一台设备起动时的尖峰电流，按下列公式计算：

$$I_{pk} = I_c + (I_{st} - I_N)_{max} \tag{2-40}$$

式中，$(I_{st} - I_N)_{max}$ 为用电设备组起动电流与额定电流之差中的最大电流（A）；I_c 为全部设备投入运行时线路的计算电流（A）。

两台及以上设备有可能同时起动时，尖峰电流按实际情况确定。需注意，自起动电动机组尖峰电流为所有同时参与自起动的电动机的起动电流之和。

例 2-5　某条交流 380V 三相供电线路，为表 2-3 的 4 台电动机供电，各台电动机分别起动，同时系数为 0.9，电动机组如图 2-11 所示。试计算该线路的尖峰电流。

图 2-11　电动机组示意图

表 2-3　电动机电气数据表

参数	电动机			
	M1	M2	M3	M4
额定电流 I_N/A	5.8	10.2	30	27.6
起动电流 I_{st}/A	40.6	66.3	165	193.2

解： 由表 2-3 可知，电动机 M4 的起动电流与额定电流之差最大，为 165.6A，因此该线路的尖峰电流（同时系数取 0.9）为

$$I_{pk} = I_c + (I_{st} - I_N)_{max} = K_d\sum I_N + (I_{st} - I_N)_{max}$$
$$= [0.9 \times (5.8 + 10.2 + 30 + 27.6) + 165.6]A = 231.84A$$

2.7　无功功率补偿及补偿后工厂计算负荷的计算

微课：无功功率补偿及补偿后工厂计算负荷的计算

2.7.1　功率因数定义

（1）瞬时功率因数

瞬时功率因数为某时刻的功率因数值，既可由功率因数表（相位表）直接测量，也可由功率表、电压表和电流表间接测量，然后按下式计算：

$$\cos\varphi = \frac{P}{S} = \frac{P}{\sqrt{3}UI} \tag{2-41}$$

式中，P 为功率表测量三相功率（kW）；U 为电压表测量线电压（kV）；I 为电流表测量线电流（A）。

实际系统中，瞬时功率因数随负荷的变化而不断变化，该值大小可用于了解和分析设备在运行中无功功率的变化情况，但不能作为供电部门评价用户功率因数的标准。

（2）计算负荷的功率因数

计算负荷的功率因数指计算负荷或最大负荷时的功率因数，是工程设计环节的计算值，可由有功计算负荷 P_{30} 和视在计算负荷 S_{30} 计算，即

$$\cos\varphi = \frac{P_{30}}{S_{30}} \tag{2-42}$$

在负荷计算中，通过求取功率因数了解是否满足供电部门要求，并判断是否需要进行无功补偿及容量。

（3）平均功率因数

平均功率因数指某一段时间内功率因数平均值，是系统投入使用后的实际运行统计值，一般由供电部门定期查表统计求得，用于评估用户电费的一般指标。按下式计算：

$$\cos\varphi_{av} = \frac{W_m}{\sqrt{W_m^2 + W_{rm}^2}} = \frac{1}{\sqrt{1 + \left(\dfrac{W_{rm}}{W_m}\right)^2}} \tag{2-43}$$

式中，W_m 为月消耗的有功电能（kW·h），由有功电能计量表读取；W_{rm} 为同一时间内消耗的无功电能（kvar·h），由无功电能计量表读取。

供电部门收取电费时，按月平均功率因数的高低来调整电费。平均功率因数低于规定标准时，要增加一定比例的电费；反之，减少电费，鼓励用户采用提高功率因数的措施，以提高电力系统整体运行经济性。

《全国供用电规则》和《电力系统电压和无功电力技术导则》（GB/T 40427—2021）

中规定：高压供电的工业用户和高压供电装有带负荷调整电压装置的电力用户，其用户交接点处的功率因数为 0.9 以上；其他 100kV·A（kW）及以上电力用户和大、中型电力排灌站，其用户交接点处的功率因数为 0.85 以上。《国家电网公司电力系统无功补偿配置技术原则》和《中国南方电网公司电力系统电压质量和无功电力管理标准》中规定：100kV·A 及以上高压供电的电力用户，在用户高峰时变压器高压侧功率因数不宜低于 0.95；其他电力用户功率因数不宜低于 0.9。通常条件下，认为用户月平均功率因数达到 0.9 以上即满足供电部门的要求。

2.7.2 提高功率因数措施

图 2-12 为功率因数与无功功率、视在功率的关系。假设功率因数由 $\cos\varphi$ 提高到 $\cos\varphi'$，此情况下若用户需要有功功率 P_c 保持不变，无功功率将由 Q_c 减小到 Q_c'，视在功率将由 S_c 减小到 S_c'。相应的负荷电流 I_c 也会减小，这将降低电能损耗和电压损耗，既节约电能又提高电压质量，此外，也可以选择较小容量的供电设备和导线电缆。因此，提高功率因数对供电系统十分有利。

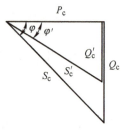

图 2-12　功率因数与无功功率、视在功率的关系

功率因数不满足要求时，首先应考虑提高自然功率因数，其次采用人工补偿无功功率。

（1）提高自然功率因数的措施

自然功率因数为不采用任何补偿装置的功率因数。提高自然功率因数是指在系统设计中通过正确选择电动机与变压器容量、降低线路感抗，减少供电系统自身对无功功率的需求。它是最经济的提高功率因数的办法，一般采取以下措施。

1）合理选择电动机、变压器的型号和规格。用电设备中多数是异步电动机、电力变压器、电阻炉、电弧炉和照明等，一般在工业企业消耗的无功功率中，异步电动机约占 70%、变压器占 20%、线路占 10%。在设计中应采取以下措施：

① 选择功率因数高的电动机。

② 保持电动机较高负荷率，避免（长期）轻负荷运行（负荷长期不低于额定容量的 40%）。

③ 控制电动机空负荷运行时间，当工艺条件允许时，间歇工作制的设备（如电焊机等）宜选用带有自动空负荷切除装置的电动机。

④ 正确选择变压器台数，以便可以切除季节性负荷专用的变压器；合理选择变压器容量，避免变压器（长期）轻负荷运行，一般地，变压器负荷率宜在 75%～85%，不低于 60%。

2）降低线路感抗。其主要的措施包括：

① 合理选择变配电室位置以缩短线路长度。

② 正确选用电线、电缆及其敷设方式，采用同心结构电缆等。

（2）人工补偿无功功率

所谓补偿，并非减少设备本身的无功功率需求，而是减少设备向电源索取的无功功率。一般有以下几种：

1）并联电容器装置。并联电容器具有价格便宜，便于安装，维修工作量、损耗都比较小，可以制成各种容量，分组容易，扩建方便等优点，因此在用户供配电系统中应用最为普遍。并联电容器从电网中切除后仍存在危险的残余电压，需要通过放电来消除。

当采用提高自然功率因数措施后，仍达不到电网合理运行要求时，应首选采用并联电力电容器作为无功补偿装置。

2）动态无功补偿装置。现代工业生产中，一些大容量冲击性负荷（如炼钢电炉、黄磷电炉、轧钢机等）使电网电压波动严重，功率因数恶化。一般并联电容器的自动投切装置响应太慢无法满足要求。因此，必须采用大容量、高速的动态无功功率补偿装置。

第三代动态无功补偿为基于电压源换流器的静止同步补偿器（Static Synchronous Compensator，STATCOM），也称 ASVG，属于快速动态无功补偿装置。它的无功电流输出可在很大电压变化范围内恒定，在电压低时仍能提供较强的无功支撑，并且可从感性到容性全范围内连续调节，应用较为广泛。

3）同步电动机超前运行。同步电动机兼作无功补偿设备，可以实现无功补偿的平滑调节。但是，同步电动机价格昂贵，操作控制复杂，本身损耗也较大，采用小容量的同步电动机不经济，另外，容量较大而且长期连续运行的同步电动机也正被异步电动机加电容器补偿所代替，因此供配电系统中很少采用这种补偿方式，一般仅当工艺允许且负荷要求得以满足的情况下，才采用同步电动机超前运行的补偿方式。

2.7.3　并联电力电容器补偿

在供配电系统设计中，并联电力电容器补偿量的合理选择应从补偿范围的大小、补偿效果的优劣、补偿利用率的高低、经济效益、运行控制、安全维护等方面综合考虑。

（1）接线与控制方式

补偿电容器的接线方式有三角形联结和星形联结两种。在实际工程中，三角形联结的电容器直接接在线电压上，当其中一只电容器发生击穿时，就会形成相间短路，故障电流很大；而星形联结时若发生同样故障，只是非故障相电容器所承受电压由相电压升为线电压，故障电流仅为正常电容电流的 3 倍，远小于短路电流。因此，在低压系统中采用三角形联结，在高压系统中均采用星形联结。供配电系统中，10kV 以上系统采用星形或双星形联结，10kV 及以下系统采用三角形联结。

对于电容量为 C 的电容器，采用三角形联结时，可提供的补偿容量为

$$Q_{c\triangle} = 3\omega C U_N^2 \tag{2-44}$$

采用星形联结时，可提供的补偿容量为

$$Q_{cY} = \frac{1}{3} Q_{c\triangle} \tag{2-45}$$

因此，采用三角形联结可提高补偿功率。在采用星形联结时，为了充分利用电容器的容量，最好选择按相电压标定额定电压的电容器，如 10kV 系统可选用额定电压为 $11/\sqrt{3}$ kV 的电容器做星形联结，若选用额定电压为 11kV 的电容器，应该采用三角形联结。

常用的补偿电容器的控制（投切）方式有三种：固定无功补偿、手动投切无功补偿和自动投切无功补偿。

（2）装设位置及补偿效果

按装设位置划分，并联电容器的补偿方式可分为三类：高压集中补偿、低压集中补偿、分散就地补偿（个别补偿），如图 2-13 所示。理论上补偿装置距负荷越近，补偿效果的作用范围越大，但补偿范围就越小。

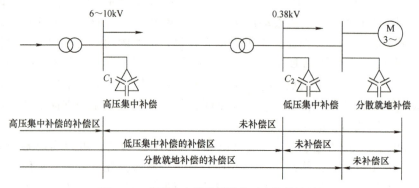

图 2-13　并联电容器的装设位置和补偿效果

1）高压集中补偿。高压集中补偿指将高压电容器组集中装设在总降压变电所 10（6）kV 母线上进行补偿的方式。通常与电源进线相对应。高压集中补偿具备以下特点：

① 装设集中，补偿负荷范围小，便于集中运维，投资少，能对企业高压侧的无功功率进行有效补偿，以满足企业总功率因数的要求；总降压变电所 10（6）kV 母线停电概率较小，负荷稳定，补偿电容器利用率高。

② 补偿效果较差，补偿效果作用范围小，不能减少通过变压器的无功功率。

高压集中补偿多应用于二次降压供配电系统中的次级变配电所。

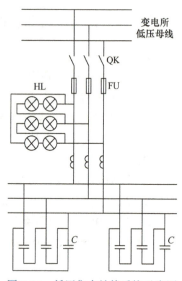

图 2-14　低压集中补偿系统示意图

2）低压集中补偿。低压集中补偿将补偿装置集中装设在配电变压器 0.38kV 低压母线侧，并在正常负荷期间使其保持投入状态的补偿方式，如图 2-14 所示。低压集中补偿通过开关连接在变压器低压侧，一般有手动或自动投切控制。

低压集中补偿具备以下特点：

① 可减少通常情况下作为固定收费依据的需求视在功率，减少由于无功功率的过度消耗而受到的电价罚款；补偿效果优于高压集中补偿，可直接补偿低压无功功率，能减少变压器的视在功率，从而可以降低主变压器的设计容量，或在需要时可以加载更多的负荷。

② 不能减少低压母线与用电设备之间线路的无功功率，无功电流仍然在低压配电柜出线电缆的所有导体中流过，电缆选型的尺寸以及电缆中的功率消耗，并不会因为集中补偿而有所改善。

由于运维管理比较方便，低压集中补偿是普遍采用的补偿方式，适用于大多数一次降压的供配电系统。

3）分散就地补偿。就地补偿又称个别补偿，就是将电容器安装在感性用电设备附近，一般与设备一起投切。当电动机功率相对电气系统所要求的标称视在功率较大时应该考虑采用就地补偿方式。就地补偿具有以下特点：

① 补偿效果最好，作用范围大，可减少从电源到用电设备间的无功损耗，具备前述补偿方式的优点。同时，可以最大限度地减少线损和释放系统容量，在某些情况下还可以缩小馈电线路的截面积，减少有色金属消耗。

② 初次投资及维护费用高，电容器利用率往往不高，且存在合闸涌流冲击、与用电设备相互影响等技术问题。

从提高电容器的利用率和避免导致损坏的角度出发，就地补偿适用于容量较大、负荷平稳且经常使用的用电设备或者容量较小但数量多而分散且长期稳定运行的设备的无功功率补偿。

在供配电系统中，应综合采用上述各种补偿方式，以求经济合理地达到总的功率补偿要求，使用户电源进线处最大负荷功率因数不低于规定值。

2.7.4　无功功率补偿计算

1）用户自然平均功率因数 $\cos\varphi_1$ 为

$$\cos\varphi_1 = \sqrt{\dfrac{1}{1+\left(\dfrac{\beta_{av}Q_c}{\alpha_{av}P_c}\right)^2}} \qquad (2\text{-}46)$$

式中，P_c、Q_c 分别为计算负荷的有功功率（kW）和无功功率（kvar）；α_{av}、β_{av} 分别为年平均有功负荷系数（一般取 0.7 ~ 0.75）和年无功负荷系数（一般取 0.76 ~ 0.82）。

2）无功补偿容量，宜按无功功率曲线或按以下公式确定：

$$Q_c = P_c(\tan\varphi_1 - \tan\varphi_2) \qquad (2\text{-}47)$$

式中，Q_c 为无功补偿容量（kvar）；P_c 为用电设备的计算有功功率（kW）；$\tan\varphi_1$ 为补偿前用电设备自然功率因数的正切值；$\tan\varphi_2$ 为补偿后用电设备自然功率因数的正切值，取 $\cos\varphi_2$ 不小于 0.9。

按式（2-47）计算出的无功功率容量为最大负荷时所需容量，当负荷减小时，补偿容量也应相应减少，以避免过补偿。因此补偿容量还需满足

$$Q_{cmin} < P_{min}\tan\varphi_{1min} \qquad (2\text{-}48)$$

式中，Q_{cmin} 为基本无功补偿容量（kvar）；P_{min} 为用电设备小负荷时的有功功率（kW）；$\tan\varphi_{1min}$ 为用电设备在最小负荷下，补偿前功率因数的正切值。

在供配电系统方案设计时，当不具备设计计算条件时，电容器安装容量可按变压器容量 10% ~ 30% 估算。

3）并联电容器个数的选择。并联电容器个数的计算公式为

$$n = \frac{Q_{\mathrm{c}}}{\Delta q_{\mathrm{c}}} \tag{2-49}$$

式中，n 为所需用的电容器个数；Q_{c} 为所需补偿的无功容量（kvar）；Δq_{c} 为单个电容器容量（kvar）。

对于式（2-49）计算得到的数值，应取相近偏大的整数，如果是单相电容器，该数值还应取为 3 的倍数，以便三相均衡分配。在实际工程中，都选用成套的电容器补偿柜（屏）。

2.7.5　无功功率补偿后的负荷计算

无功补偿后系统的无功功率 Q'_{30} 由补偿前的无功功率和补偿容量的差值得到，即

$$Q'_{30} = Q_{30} - Q_{\mathrm{c}} \tag{2-50}$$

若仅考虑无功补偿，可得到补偿后的视在功率，即

$$S'_{30} = \sqrt{P_{30}^2 + (Q'_{30})^2} \tag{2-51}$$

而在实际系统中，通常计及变压器有功损耗和无功损耗，其近似值如下：

$$\Delta P_{\mathrm{T}} \approx 0.01 S_{30} \tag{2-52}$$

$$\Delta Q_{\mathrm{T}} \approx 0.05 S_{30} \tag{2-53}$$

式中，ΔP_{T} 和 ΔQ_{T} 分别为变压器有功损耗和无功损耗；S_{30} 为无功补偿前的视在功率。

考虑变压器损耗后的有功功率和无功功率可分别由式（2-54）和式（2-55）求得，即

$$P'_{30} = P_{30} + \Delta P_{\mathrm{T}} \tag{2-54}$$

$$Q''_{30} = Q'_{30} + \Delta Q_{\mathrm{T}} \tag{2-55}$$

最终视在功率 S''_{30} 由考虑变压器损耗后的有功功率和无功功率计算求取，见式（2-56）。最终功率因数 $\cos\varphi'$ 可由式（2-57）求得，即

$$S''_{30} = \sqrt{(P'_{30})^2 + (Q''_{30})^2} \tag{2-56}$$

$$\cos\varphi' = \frac{P'_{30}}{S''_{30}} \tag{2-57}$$

例 2-6　某建筑物拟建一座变电所，装设一台主变压器，已知变压器低压侧计算有功功率为 600kW，计算无功功率为 450kvar。为了使变电所高压侧的功率因数不低于 0.90，如果在低压侧装设并联电容器补偿，需装设多少补偿容量，以及补偿前后需选择多大容量的变压器？

解：（1）补偿前应选变压器的容量及功率因数值
变电所低压侧的计算视在功率为

$$S_{\mathrm{c}} = \sqrt{600^2 + 450^2}\,\mathrm{kV \cdot A} = 750\mathrm{kV \cdot A}$$

因此在未进行补偿时，根据单台变压器负载率一般不应大于 85% 的要求，其容量可选为 1000kV·A。这时变电所低压侧的功率因数为 $\cos\varphi_1 = 600/750 = 0.8$。

（2）无功补偿容量

按规定变电所高压侧的 $\cos\varphi>0.90$，考虑变压器的无功功率损耗 ΔQ_{T} 远大于有功消耗 ΔR_{T}，一般 $\Delta Q_{\mathrm{T}}=（4\sim5）\Delta R_{\mathrm{T}}$，因此在变压器低压侧进行无功补偿时，低压侧补偿后的功率因数应略大于高压侧补偿后的功率因数 0.90，这里取 $\cos\varphi_1=0.92$。

为了使低压侧功率因数由 0.8 提高到 0.92，低压侧需装设的并联电容器容量应为

$$Q_{\mathrm{c}} = 600 \times \big[\tan(\arccos 0.8) - \tan(\arccos 0.92) \big]\,\mathrm{kvar} = 194.4\,\mathrm{kvar}$$

取 $Q_{\mathrm{c}}=200\mathrm{kvar}$。

（3）补偿后选择的变压器容量

补偿后变电所低压侧的计算视在功率为

$$S_{\mathrm{c}}' = \sqrt{600^2 + (450-200)^2}\,\mathrm{kV \cdot A} = 650\mathrm{kV \cdot A}$$

根据单台变压器负载率一般不应大于 85% 的要求，补偿后变压器容量可选 800kV·A。

> **一点讨论**：光伏发电是国家能源战略的重要组成部分，对构建新型电力系统至关重要。尽管其推广可能对电网稳定性构成挑战，如引起功率因数降低等问题。但通过认识到事物矛盾的对立性和统一性，我们可以积极挖掘光伏系统的潜力，创新性地应用本地自动补偿装置、逆变器的无功功率控制功能，以及智能化的电网管理，有效提升功率因数，减少光伏发电对电网稳定性的负面影响。这种面对技术难题时的创新思维和解决问题的能力，对于推动能源转型和实现可持续发展具有重要作用。

2.8　本章小结

本章介绍了电力负荷基本概念、分级及对应的供电要求，负荷曲线的基本概念、类别及有关特征参数；讲述了用电设备的设备容量的确定方法，重点介绍了负荷计算的常用方法；讨论了供配电系统的功率损耗和电能损耗，详细讲解了用户负荷计算的过程，并重点讨论了提高功率因数的措施和无功补偿后的负荷计算。

1）电力负荷又称电力负载，通常包含两种含义：其一指电力用户，其二指消耗电功率。根据对供电可靠性的要求及重要性，电力负荷分为一级、二级和三级负荷。

2）用电设备额定功率 P_{N} 或额定容量 S_{N} 是指铭牌上数据。由于各用电设备的额定工作条件不同，其设备功率的计算不能简单地将这些设备的额定功率直接相加，必须首先换算成统一工作制下的额定功率，即设备容量 P_{e}，然后才能相加。

3）负荷曲线是表征电力负荷随时间变动的一种函数曲线，与负荷曲线有关的特征参数有平均负荷、年最大负荷、年最大负荷利用小时和负荷系数等。要求能够理解并区分这些特征参数的物理含义。

4）负荷计算的方法有多种，本章介绍了需要系数法、二项式法和单相负荷的计

算。需要系数法适用于求解多组三相用电设备的计算负荷；二项式法适用于求解设备台数少且容量差别很大的分支干线的计算负荷。要求学会应用这些方法确定计算负荷。

5）在电流流过供配电线路和变压器时势必会引起功率和电能损耗，在用户负荷计算时，应计入这部分的损耗。在进行用户负荷计算时，通常采用需要系数法逐级进行计算。

6）用户的功率因数应符合国家现行标准的有关规定。当功率因数过低时要提高功率因数。提高功率因数的方法为首先提高自然功率因数，然后进行人工补偿。人工补偿最常用的是并联电容器补偿，要求掌握并联电容器补偿容量的计算方法。

2.9 习题与思考题

2-1 工厂用电设备的工作制分哪几类？各有哪些特点？

2-2 什么叫计算负荷？为什么计算负荷采用半小时最大负荷？正确确定计算负荷有何意义？

2-3 确定计算负荷的需要系数法和二项式法各有什么特点？各适用哪些场合？

2-4 电力变压器的有功和无功功率损耗各如何计算？其中哪些损耗与负荷无关？哪些损耗与负荷有关？

2-5 什么叫年最大负荷损耗小时数？它与年最大负荷利用小时数有什么区别和关系？

2-6 进行无功功率补偿、提高功率因数有什么意义？如何确定无功功率补偿容量？

2-7 某机械加工车间 380V 线路上，接有流水作业的金属切削机床组电动机 30 台共 85kW（其中较大容量电动机有 11kW 1 台，7.5kW 3 台，4kW 6 台，其他为更小容量电动机）。另外有通风机 3 台，共 5kW；电葫芦 1 个，3kW（ε =40%）。分别按需要系数法和二项式法确定各组计算负荷及总计算负荷 P_{30}、Q_{30}、S_{30} 和 I_{30}。

2-8 某厂的有功计算负荷为 4600kW，功率因数为 0.75。现拟在该厂高压配电所 10kV 母线上装设 BWF10.5–40–1 型并联电容器，使功率因数提高到 0.90，问需装设多少个？装设电容器以后，该厂的视在计算负荷为多少？比未装设电容器时的视在计算负荷减少了多少？

2-9 某变电所装有一台 SLJ–630 型变压器，其二次侧（380V）的有功计算负荷为 400kW，无功计算负荷为 300kvar，试求此变压器二次侧的视在计算负荷及功率因数各为多少？如功率因数未达到 0.95，问此变电所低压母线上应装设多大容量的并联电容器才能使功率因数达到 0.95？电容器组的电容值是多少？补偿后的视在计算容量为多少？

2-10 某机修车间，有下列三组用电设备。

第一组为点焊机：64kW 2 台，38kW 2 台，FC=15%。

第二组为热加工机床：22kW 2 台，15kW 6 台。

第三组为通风机：75kW 2 台，11kW 10 台。

用需要系数法确定计算负荷。

第 3 章　短路电流计算及其效应分析

供配电系统的短路故障是供配电系统运行中常见的故障现象之一，系统一旦发生短路故障会对供配电的安全稳定运行造成严重影响。本章以无穷大容量系统为研究对象，分析三相短路后的暂态过程，详细介绍利用有名值法和标幺值法对三相短路电流进行计算，以及基于对称分量法的不对称短路电流的计算，进一步阐述短路故障下电气设备的电动力效应、热效应的基本概念与校验方法，从而服务于电气设备的选择、校验和继电保护的整定计算。

微课：短路的原因、危害和类型

3.1　短路的原因、危害和类型

供配电系统故障不仅会影响电气设备正常运行，而且会引发火灾、导致人员伤亡等。在各种系统故障中，短路是最严重的故障。短路是指电力系统正常运行情况以外的不同相之间、相地线之间的直接金属性连接或经小阻抗连接。

3.1.1　短路的原因

供配电系统中发生短路的原因很多，主要包括以下几类：

1）电气设备自身损坏。如设备绝缘部分自然老化或设备本身有缺陷，正常运行时被击穿短路，以及设计、安装、维护不当所造成的设备缺陷最终发展成短路等。

2）自然原因。如气候恶劣，大风、低温导致导线覆冰引起架空线倒杆断线；因遭受直击雷或雷电感应，设备过电压，绝缘被击穿等。

3）鸟兽事故。鸟兽（蛇、鼠等）跨越在裸露的相线之间或相线与接地物体之间，或者咬坏设备导线电缆的绝缘等。

4）人为事故。如工作人员违反操作规程带负荷拉闸，造成相间弧光短路；违反电业安全工作规程带接地刀闸合闸，造成金属性短路；人为误接线造成短路或运行管理不善造成小动物进入带电设备内形成短路事故等。

3.1.2　短路的危害

由于短路回路阻抗变小，导致短路后系统电流瞬间升高，为正常额定电流的几倍甚至几十倍，可达几万至几十万安培，会对整个系统及电力设备造成极大的威胁，具体危害如下：

1）短路电流远大于正常工作电流，会引起导体和电气设备发热，将可能使设备及其配电线路受到破坏。

2）短路点附近母线电压严重下降，使接在母线上的其他回路电压严重低于正常工作电压，影响电气设备的正常工作，可能造成电机转速下降、停转甚至烧毁等事故。

3）短路点处可能产生电弧，电弧高温会给人身安全及环境安全带来危害。低压配电系统的间歇性电弧短路则可能引发火灾等。

4）短路电流还可能在电气设备中产生很大的电动力，这种机械力可引起电气设备载流部件变形，甚至损坏。

5）当发生不对称短路时，不平衡电流将产生较强的不平衡磁场，会影响通信系统及电子设施的正常工作，使通信失真、控制失灵、设备误动作。

6）严重的短路可导致电力系统中原本并联同步（不同发电机的幅值、频率、波形、初相角等完全相吻合）运行的发电机失去同步，甚至导致电力系统的解列（电力网中不同区域、不同电厂的发电机无法并列运行），从而严重影响电力系统运行的稳定性。

> **一点讨论**：在电气工程领域，规范操作是保障人身和设备甚至整个系统安全的基本要求。2021 年 6 月 17 日，国家电网某供电公司发生了一起触电事故，导致人员伤亡。事故发生的直接原因是工作人员在工作票终结后，违反操作规程，进入带电区域并使用钢卷尺进行测量，导致了悲剧的发生。通过这一案例提醒我们，每一位电气工程师都应该严格遵守操作规程，不断提高自身的安全意识和专业技能。同时，企业也应加强员工的安全教育和技能培训，确保每一位员工都能够熟悉并掌握安全操作的要求，共同构建更加牢固的安全防线，有效预防和减少类似事故的发生。

3.1.3　短路的类型

一般来说，工厂供电系统均为三相交流系统。三相交流系统的短路类型主要包括三相短路、两相短路、单相接地短路和两相接地短路，见表 3-1。三相短路是指供配电系统三相导体间的短路，用 $f^{(3)}$ 表示。两相短路是指三相供配电系统中任意两相导体间的短路，用 $f^{(2)}$ 表示。两相接地短路是指中性点不接地系统中任意两相发生单相接地而产生的短路，用 $f^{(1,1)}$ 表示。单相接地短路是指供配电系统中任一相经大地与中性点或与中性线发生的短路，用 $f^{(1)}$ 表示。上述各种短路中，三相短路属于对称短路故障，其他属于不对称短路故障。

表 3-1　各短路故障类型特征及性质

短路种类	示意图	代表符号	性质
三相短路		$f^{(3)}$	三相同时在一点短接，属于对称短路
两相短路		$f^{(2)}$	两相同时在一点短接，属于不对称短路

（续）

短路种类	示意图	代表符号	性质
两相接地短路		$f^{(1,1)}$	两相在不同地点与地短接，属于不对称短路
单相接地短路		$f^{(1)}$	在中性点直接接地系统中，一相与地短接，属于不对称短路

实际系统运行经验表明：单相接地短路发生次数最多，发生概率最大；两相短路次之；三相短路的发生次数最少，发生概率最小。

3.2　无限大容量供电系统三相短路暂态过程

考虑到实际工厂远离电力系统中的发电机，为了简化分析，通常将所接电网看作无限大容量系统。所谓"无限大容量系统"是指端电压保持恒定、没有内部阻抗、电源容量无限大的系统。工程上一般供配电系统容量较电力系统容量小很多，电力系统阻抗不超过短路回路总阻抗的 5% ～ 10%，或短路点离电源的电气距离足够远，发生短路时电力系统的母线电压降落很小，此时可将电力系统看作无限大容量系统。

3.2.1　无限大容量供电系统三相短路暂态过程分析

图 3-1a 是电源为无限大容量系统发生三相短路的三相电路图。图中 R_{kl}、L_{kl} 为短路回路的电阻和电感，R'、L' 为负荷的电阻和电感。由于三相电路对称，可用单相等效电路图进行分析，如图 3-1b 所示。

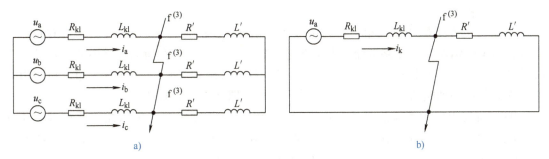

图 3-1　无限大容量系统三相短路图

a）三相电路图　b）单相等效电路图

设在图 3-1 中 f 点发生三相短路。电路被分为两个独立回路，短路点左侧是一个与电源相连的短路回路，短路点右侧是一个无电源的短路回路。无源回路中的电流由原来的数值衰减到零。短路后，由于有源回路阻抗减少，电流增大，但电路内存在电感，电流不能突变，从而产生一个非周期分量电流，非周期分量电流不断衰减，最终短路回路中只包含稳态短路电流。下面分析短路电流的变化，短路电流 i_k 应满足微分方程：

$$U_m \sin(\omega t + \alpha) = u_a = R_{kl} i_k + L_{kl} \frac{\mathrm{d}i_k}{\mathrm{d}t} \tag{3-1}$$

通过求解上述非齐次一阶微分方程，可得其解为

$$i_k = I_{pm} \sin(\omega t + \alpha - \varphi_k) + i_{opo} \mathrm{e}^{-\frac{t}{\tau}} \tag{3-2}$$

式中，$I_{pm} = \dfrac{U_m}{\sqrt{R_{kl}^2 + (\omega L_{kl})^2}}$ 为短路电流周期分量幅值；$\varphi_k = \arctan \dfrac{\omega L_{kl}}{R_{kl}}$，为短路回路阻抗角；$\alpha$ 为电源电压的初相角；$\tau = \dfrac{L_{kl}}{R_{kl}}$ 为短路回路时间常数；i_{opo} 为短路电流非周期分量初值。

短路瞬间 $t=0$ 时，由短路前电路负荷电流与短路后短路电流相等，即可得到非周期分量 i_{opo} 的计算表达式：

$$i_{opo} = I_m \sin(\alpha - \varphi) - I_{pm} \sin(\alpha - \varphi_k) \tag{3-3}$$

将式（3-3）代入式（3-2）得

$$i_k = I_{pm} \sin(\omega t + \alpha - \varphi_k) + [I_m \sin(\alpha - \varphi) - I_{pm} \sin(\alpha - \varphi_k)] \mathrm{e}^{-\frac{t}{\tau}} = i_p + i_{np} \tag{3-4}$$

由式（3-4）可见，三相短路电流由短路电流周期分量 i_p 和非周期分量 i_{np} 组成。三相短路电流的周期分量，由电源电压和短路回路阻抗决定，在无限大容量系统条件下，其幅值不变，又叫作稳态分量。三相短路电流的非周期分量，按指数规律衰减，最终为零，又叫作自由分量。

根据式（3-4），可得如图 3-2 所示的无限大容量系统发生三相短路时的短路电流、电压波形图和相量图。

下面讨论发生最严重三相短路的条件（短路电流瞬时值最大）。在电路参数和短路发生位置确定的情况下，短路电流周期电流分量的幅值恒定，而在暂态过程中非周期分量电流的初始值越大，短路电流最大可能瞬时值也越大。由式（3-4）和图 3-2 知，短路电流的非周期分量的初始值不仅与初相角有关，还与短路前的状态有关。

通常情况下电力系统呈感性，电流滞后于电压，若短路回路中感性负荷远远大于回路电阻，可近似认为 $\varphi = 90°$。由式（3-4）和图 3-2b 可知，当 $\dot{I}_m = 0$（短路前系统空负荷）且 $\dot{I}_{pm}$ 与时间轴平行（即 $\alpha = 0°$）时，短路电流非周期分量将取得最大值。

由以上分析知，若短路回路为纯电感电路，非周期分量电流初始值 i_{opo} 出现最大值的条件为

1）短路前电路处于空负荷，即 $I_m = 0$。

2）发生短路时电压瞬间过零点，即 $\alpha = 0°$。

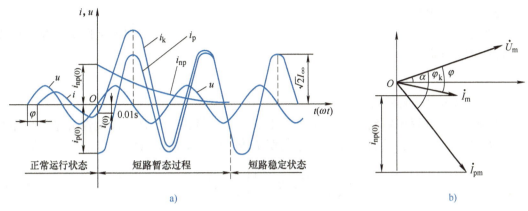

图 3-2　无限大容量系统发生三相短路时的短路电流、电压波形图和相量图

a）短路电流、电压波形　b）短路电流、电压相量图

因此，**在最严重条件下的短路全电流表达式为**

$$i_{\mathrm{k}} = -I_{\mathrm{pm}}\cos\omega t + I_{\mathrm{pm}}\mathrm{e}^{-\frac{t}{\tau}} = -\sqrt{2}I_{\mathrm{p}}\cos\omega t + \sqrt{2}I_{\mathrm{p}}\mathrm{e}^{-\frac{t}{\tau}} \qquad （3-5）$$

式中，I_{p} 为短路电流周期分量有效值。

短路电流非周期分量最大时的短路电流波形如图 3-3 所示。应当指出，三相短路时只有其中一相电流最严重，短路电流计算也是计算最严重三相短路时的短路电流。

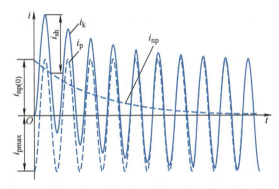

图 3-3　短路电流非周期分量最大时的短路电流波形图

3.2.2　三相短路的有关物理量

（1）短路电流周期分量有效值

短路电流周期分量有效值的计算表达式为

$$I_{\mathrm{p}} = \frac{U_{\mathrm{av}}}{\sqrt{3}Z_{\mathrm{k}}} \qquad （3-6）$$

式中，U_{av} 为线路平均额定电压，即为线路额定电压的 1.05 倍。结合我国电网电压等级标准，U_{av} 取值为 0.4kV、0.69kV、3.15kV、6.3kV、10.5kV、37kV、69kV、115kV、230kV 等；$Z_{\mathrm{k}} = \sqrt{R_{\mathrm{kl}}{}^2 + (\omega L_{\mathrm{kl}})^2}$ 为短路回路总阻抗。

（2）次暂态短路电流

次暂态短路电流是指短路后第一个周期的短路电流有效值，对于无限大容量系统而言，短路电流周期分量不衰减，即

$$I''=I_p \qquad (3\text{-}7)$$

（3）短路全电流有效值

短路的暂态过程中短路全电流不全是正弦波周期量，还包含非周期性分量，短路全电流的有效值 $I_{k(t)}$，是指以 t 为中心一个周期 T 内短路全电流瞬时值的均方根值，即

$$I_{k(t)} = \sqrt{\frac{1}{T}\int_{t-\frac{T}{2}}^{t+\frac{T}{2}} i_k^2 \mathrm{d}t} = \sqrt{\frac{1}{T}\int_{t-\frac{T}{2}}^{t+\frac{T}{2}} (i_p + i_{np})^2 \mathrm{d}t} \qquad (3\text{-}8)$$

式中，i_k 为短路全电流瞬时值；T 为短路全电流周期。假设短路电流非周期分量 i_{np} 在周期 T 内恒定不变，其大小等于该周期中心 t 时刻的瞬时值 $I_{np(t)}$，周期分量 i_p 的幅值也为常数，其有效值为 $I_{p(t)}$，则式（3-8）可以表示为

$$I_{k(t)} = \sqrt{I_{p(t)}^2 + I_{np(t)}^2} \qquad (3\text{-}9)$$

（4）短路冲击电流和冲击电流有效值

短路冲击电流是指短路全电流的最大瞬时值，由图 3-3 可见，短路全电流最大瞬时值出现在短路后 $t=0.01\mathrm{s}$，由式（3-5）得

$$i_{sh} = i_{p(0.01)} + i_{np(0.01)} = \sqrt{2}I_p\sqrt{1 + e^{-\frac{0.01}{\tau}}} = \sqrt{2}k_{sh}I_p \qquad (3\text{-}10)$$

式中，$k_{sh} = \sqrt{1 + e^{-\frac{0.01}{\tau}}}$ 为短路电流冲击系数。

若系统为纯电阻性电路时 $k_{sh}=1$；若为纯电感性电路时 $k_{sh}=2$。实际供配电系统通常为阻感性电路，因此冲击系数的取值范围为 $1 \leqslant k_{sh} \leqslant 2$。

短路冲击电流有效值 I_{sh} 是短路后第一个周期的短路全电流有效值，其计算表达式为

$$I_{sh} = \sqrt{1 + 2(k_{sh}-1)^2}\, I_p \qquad (3\text{-}11)$$

为方便计算，高压系统发生三相短路，一般可取 $k_{sh}=1.8$；低压系统发生三相短路，一般可取 $k_{sh}=1.3$。

（5）稳态短路电流有效值

稳态短路电流有效值是指短路电流非周期分量衰减完后的短路电流有效值。无限大容量系统发生三相短路，短路电流的周期分量有效值保持不变，其计算表达式如下：

$$I_\infty = I_k = \frac{U_{av}}{\sqrt{3}Z_k} \qquad (3\text{-}12)$$

（6）三相短路容量

所谓三相短路容量是指短路电流的有效值和短路故障处正常工作电压（平均额定电压）的乘积，计算表达式如下：

$$S_k = \sqrt{3}U_{av}I_k \qquad (3\text{-}13)$$

式中，S_k 为三相短路容量（MV·A）；U_{av} 为短路点所在电压等级对应的平均额定电压（kV）；I_k 为短路电流的有效值（kA）。

3.3　三相短路电流计算

　　供电系统设计与运行中常需进行三相短路电流计算，常用方法为有名值法和标幺值法。有名值法是指在计算短路电流过程中电气设备的电阻和电抗及其他电气参数均用有单位的值表示；标幺值法是指计算短路电流过程中电气设备的电阻和电抗及其他电气参数用相对值表示。有名值法主要用于低压供电系统短路电流计算；标幺值法多用于高压供电系统短路电流计算。

3.3.1　有名值法

　　有名值法的计算基本原理是先求短路回路总阻抗，结合线路电压，根据欧姆定律求短路电流。如图 3-4 所示无穷大容量系统，当 f 点发生三相短路故障时，三相短路电流周期分量的有效值为

$$I_k^{(3)} = \frac{U_{av}}{\sqrt{3}\sqrt{R_\Sigma^2 + X_\Sigma^2}} \tag{3-14}$$

式中，R_Σ 和 X_Σ 分别表示短路回路的总电阻和总电抗。

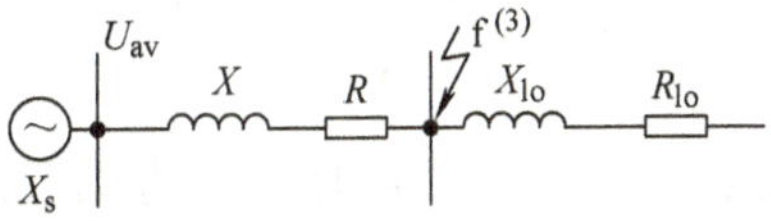

图 3-4　无穷大容量系统 f 点发生三相短路故障的示意图

　　对于高压供电系统来说，通常总电抗远大于总电阻，在进行短路计算时忽略电阻；对于低压供电系统来说，当总电阻大于 1/3 总电抗时，计算短路电流时需要考虑总电阻的影响。

　　如果不计系统总电阻的影响，无穷大容量系统发生三相短路故障时，短路电流周期分量的有效值为

$$I_k^{(3)} = \frac{U_{av}}{\sqrt{3}X_\Sigma} \tag{3-15}$$

　　供电系统中的母线、线圈型电流互感器的一次绕组、低压断路器的过电流脱扣线圈及开关的触头等阻抗相对很小，在短路计算中忽略不计。而电力系统、电力变压器和电力线路等主要元件的阻抗计算如下所述。

　　（1）电力系统的阻抗

　　电力系统的电阻相对于电抗很小，一般不予考虑。电力系统的电抗可由系统所接变电所高压馈电线出口断路器的断流容量 S_{oc} 来估算，据此电力系统的电抗为

$$X_S = U_{av}^2 / S_{oc} \tag{3-16}$$

式中，S_{oc} 为系统出口断路器的断流容量，可查有关手册或产品样本（二维码 3-1）。

3-1
常用高压断路器的主要技术参数

（2）电力变压器的阻抗

变压器的电阻与短路损耗有关，其计算公式为

$$R_T \approx \Delta P_k (U_{av}^2 / S_N) \tag{3-17}$$

式中，S_N 为变压器的额定容量；ΔP_k 为变压器的短路损耗，可查有关手册或产品样本（二维码 3-2）。

变压器电抗与短路试验中的短路电压有关，其对应计算公式为

$$X_T \approx \frac{U_K \%}{100} \frac{U_{av}^2}{S_N} \tag{3-18}$$

式中，$U_K\%$ 为变压器的短路电压（阻抗电压）百分值，可查有关手册或产品样本（二维码 3-2）。

3-2
不同类型电力变压器的主要技术参数

（3）电力线路的阻抗

线路的电阻 R_L 可由导线 / 电缆的单位长度电阻 r_1 求得，即

$$R_L = r_1 l \tag{3-19}$$

式中，r_1 为导线 / 电缆单位长度的电阻，可查有关手册或产品样本（二维码 3-3）；l 为线路长度。

线路的电抗 X_L 可由导线 / 电缆单位长度的电抗 x_1 求得，即

$$X_L = x_1 l \tag{3-20}$$

式中，x_1 为导线 / 电缆单位长度的电抗，可查有关手册或产品样本（二维码 3-3）。

若线路结构数据不详时，x_1 可按表 3-2 取电抗平均值，因为同一电压的同类线路的电抗值变动幅度一般较小。

3-3
三相线路导线和电缆单位长度每相阻抗值

表 3-2　电力线路每相的单位长度电抗平均值　　　　　　（单位：Ω/km）

线路结构	线路电压	
	6 ~ 10kV	220V/380V
架空线路	0.38	0.32
电缆线路	0.08	0.066

这里需要注意计算短路电路的阻抗时，假如电路内含有电力变压器，则电路内各元件的阻抗都应统一换算到短路点的短路计算电压。阻抗等效换算的条件是元件的功率损耗不变。

由 $\Delta P = U^2/R$ 和 $Q = U^2/X$ 可知，元件的阻抗值与电压二次方成正比，因此阻抗换算的公式为

$$R' = R \left(\frac{U'_{av}}{U_{av}} \right)^2 \tag{3-21}$$

$$X' = X \left(\frac{U'_{\mathrm{av}}}{U_{\mathrm{av}}} \right)^2 \qquad (3\text{-}22)$$

式中，R、X 和 U_{av} 为换算前元件的电阻、电抗和元件所在处的短路计算电压；R'、X' 和 U'_{av} 为换算后元件的电阻、电抗和元件所在处的短路计算电压。

3.3.2 标幺值法

若供配电系统中包括多个电压等级，采用常规的有名值计算短路电流时，需将所有元件的阻抗归算到同一电压等级，给计算带来较多不便。而采用标幺值法进行短路电流计算时无须阻抗换算，以下将对该方法进行阐述。

任意一个物理量的有名值与基准值的比值称为标幺值，标幺值没有单位，即

$$\text{标幺值} = \frac{\text{该量的有名值(任意单位)}}{\text{该量的基准值(与有名值同单位)}} \qquad (3\text{-}23)$$

基准容量 S_{d}、基准电压 U_{d}、基准电流 I_{d} 和基准阻抗 Z_{d} 遵守功率方程 $S_{\mathrm{d}} = \sqrt{3} U_{\mathrm{d}} I_{\mathrm{d}}$ 和电压方程 $U_{\mathrm{d}} = \sqrt{3} I_{\mathrm{d}} Z_{\mathrm{d}}$。因此，四个基准值中两个基准值是独立的，一般选定基准容量和基准电压，由此基准电流和基准阻抗的计算表达式为

$$I_{\mathrm{d}} = \frac{S_{\mathrm{d}}}{\sqrt{3} I_{\mathrm{d}}} \qquad (3\text{-}24)$$

$$Z_{\mathrm{d}} = \frac{U_{\mathrm{d}}^2}{S_{\mathrm{d}}} \qquad (3\text{-}25)$$

为了计算方便，通常基准容量取为 100MV·A，基准电压取为线路平均额定电压，即 $U_{\mathrm{d}} = U_{\mathrm{av}} = 1.05 U_{\mathrm{N}}$（$U_{\mathrm{N}}$ 为系统标称电压）。

如图 3-5 所示的多级电压的供电系统，假设短路发生在 WL3 处，基准容量选为 S_{d}，线路 WL1 ～ WL4 各级基准电压分别为 $U_{\mathrm{d1}} = U_{\mathrm{av1}}$、$U_{\mathrm{d2}} = U_{\mathrm{av2}}$、$U_{\mathrm{d3}} = U_{\mathrm{av3}}$、$U_{\mathrm{d4}} = U_{\mathrm{av4}}$，则线路 WL1 的电抗 Z_{WL1} 归算到短路点所在电压等级的阻抗 Z'_{WL1} 为

$$Z'_{\mathrm{WL1}} = Z_{\mathrm{WL1}} \left(\frac{U_{\mathrm{av2}}}{U_{\mathrm{av1}}} \right)^2 \left(\frac{U_{\mathrm{av3}}}{U_{\mathrm{av2}}} \right)^2 \qquad (3\text{-}26)$$

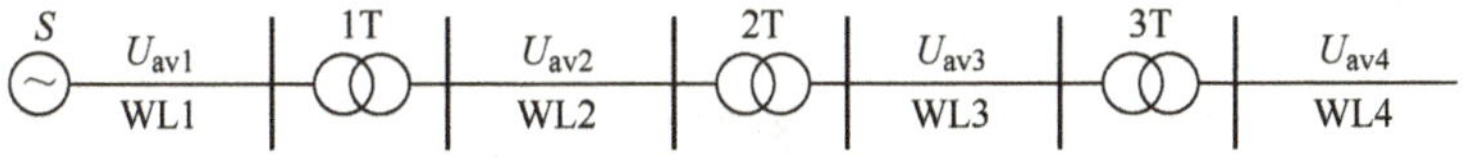

图 3-5　多级电压的供电系统示意图

WL1 的标幺值阻抗为

$$Z^*_{\mathrm{WL1}} = \frac{Z'_{\mathrm{WL1}}}{Z_{\mathrm{d3}}} = Z'_{\mathrm{WL1}} \frac{S_{\mathrm{d}}}{U_{\mathrm{av3}}^2} = Z_{\mathrm{WL1}} \left(\frac{U_{\mathrm{av2}}}{U_{\mathrm{av1}}} \right)^2 \left(\frac{U_{\mathrm{av3}}}{U_{\mathrm{av2}}} \right)^2 \frac{S_{\mathrm{d}}}{U_{\mathrm{av3}}^2} = Z_{\mathrm{WL1}} \frac{S_{\mathrm{d}}}{U_{\mathrm{av1}}^2} \qquad (3\text{-}27)$$

即

$$Z_{WL1}^* = Z_{WL1} \frac{S_d}{U_{av1}^2} \qquad (3\text{-}28)$$

对比式（3-27）和式（3-28）可以发现，用基准容量和元件所在电压等级的基准电压计算的阻抗标幺值，与将元件的阻抗换算到短路点所在的电压等级，再用基准容量和短路点所在电压等级的基准电压计算的阻抗标幺值相同，即变压器的变比标幺值等于1。因此，标幺值法可避免多级电压系统中阻抗的换算，短路回路总阻抗的标幺值为各元件的阻抗标幺值之和。采用标幺值法计算短路电流具有计算简单、结果清晰的优点。

（1）主要电气元件的阻抗标幺值计算

短路电流计算时，需要计算短路回路中各个电气元件的阻抗及短路回路总阻抗。

1）线路电阻、电抗的标幺值。已知长度为 l 的线路的单位长度电阻 r_0 和电抗 x_0（Ω/km），其标幺值为

$$R^* = \frac{R}{Z_d} = r_0 l \frac{S_d}{U_d^2} \qquad (3\text{-}29)$$

$$X^* = \frac{X}{Z_d} = x_0 l \frac{S_d}{U_d^2} \qquad (3\text{-}30)$$

线路的单位长度 x_0、r_0 可以查阅有关线路的参数手册，x_0 的值也可以依据表3-3选择。

表 3-3 电力线路单位长度电抗平均值

线路名称	$x_0/$（Ω/km）
35 ～ 220kV 架空线路	0.4
3 ～ 10kV 架空线路	0.38
0.38kV/0.22kV 架空线路	0.36
35kV 电缆线路	0.12
3 ～ 10kV 电缆线路	0.08
1kV 以下电缆线路	0.06

2）变压器电抗的标幺值。由于变压器绕组的电阻 R_T 较电抗 X_T 小得多，可忽略不计在变压器绕组电阻上的电压降，从而根据短路电压的百分数 $U_K\%$ 和额定容量 S_N（MV·A）可得，电抗标幺值为

$$X_T^* = \frac{X_T}{Z_d} = \frac{\dfrac{U_K\%}{100}\dfrac{U_N^2}{S_N}}{\dfrac{U_d^2}{S_d}} \approx \frac{U_K\%}{100}\frac{S_d}{S_N} \qquad (3\text{-}31)$$

3）电抗器的电抗标幺值。电抗器给出的参数是电抗器的额定电压 $U_{L.N}$、额定电流 $I_{L.N}$ 和电抗百分数 $X_L\%$，其电抗标幺值为

$$X_L^* = \frac{X_L}{Z_d} = \frac{X_L\%}{100}\frac{U_{L.N}}{\sqrt{3}I_{L.N}} \bigg/ \frac{U_d^2}{S_d} = \frac{X_L\%}{100}\frac{U_{L.N}}{\sqrt{3}I_{L.N}}\frac{S_d}{U_d^2} \qquad (3\text{-}32)$$

式中，U_d 为电抗器安装处的基准电压。

4）系统的阻抗标幺值。一般系统的阻抗相对很小，可近似看作无限大容量系统。但若已知电力系统变电站出口断路器处的短路容量为 S_j（MV·A），则系统阻抗相对于基准容量 S_d（MV·A）的标幺值为

$$X_s^* = \frac{S_d}{S_j} \tag{3-33}$$

（2）三相短路电流的计算

无限大容量系统发生三相短路时，短路电流周期分量的幅值和有效值保持不变，短路电流的有关物理量 I''、I_{sh}、i_{sh}、I_∞ 和 S_k 都与短路电流周期分量有关。因此，只要算出短路电流周期分量的有效值，其他短路相关物理量很容易求得。

1）三相短路电流周期分量有效值。

$$I_k = \frac{U_{av}}{\sqrt{3}Z_k} = \frac{U_d}{\sqrt{3}Z_k^* Z_d} = \frac{U_d}{\sqrt{3}Z_k^*} \frac{S_d}{U_d^2} = \frac{S_d}{\sqrt{3}U_d} \frac{1}{Z_k^*} \tag{3-34}$$

由于 $I_d = \dfrac{S_d}{\sqrt{3}U_d}$，$I_k = I_k^* I_d$，式（3-34）即为

$$I_k = \frac{I_d}{Z_k^*} = I_d I_k^* \tag{3-35}$$

$$I_k^* = \frac{1}{Z_k^*} \tag{3-36}$$

由式（3-36）可知，短路电流周期分量有效值的标幺值等于短路回路总阻抗标幺值的倒数。实际计算中，可以先由短路回路总阻抗标幺值，求出短路电流周期分量有效值的标幺值（简称短路电流标幺值），再计算短路电流有效值。

2）冲击短路电流。由式（3-10）和式（3-11）可得短路冲击电流和短路冲击电流有效值为

$$i_{sh} = \sqrt{2}k_{sh}I_k \tag{3-37}$$

$$I_{sh} = \sqrt{1 + 2(k_{sh}-1)^2}\, I_k \tag{3-38}$$

高压供电系统 $i_{sh} = 2.55I_k$，$I_{sh} = 1.52I_k$；低压供电系统 $i_{sh} = 1.84I_k$，$I_{sh} = 1.09I_k$。

3）三相短路容量。由式（3-13），三相短路容量计算如下：

$$S_k = \sqrt{3}U_{av}I_k = \sqrt{3}U_d \frac{I_d}{Z_k^*} = S_d I_k^* = S_d S_k^* \tag{3-39}$$

由式（3-39）可知，三相短路容量实际值等于基准容量与三相短路电流标幺值的乘积，三相短路容量的标幺值等于三相短路电流的标幺值。

综上所述，利用标幺值法进行短路计算的步骤如下：

1）选择基准容量、基准电压，计算短路点的基准电流。

2）绘制短路回路的等效电路。

3）计算短路回路中各元件的电抗标幺值。

4）化简电路，求短路点到电源点的总电抗标幺值。

5）计算三相短路电流周期分量有效值及其他短路参数。

例 3-1 如图 3-6 所示的供电系统，系统的短路容量为 1000MV·A，试求该供电系统总降压变电所 10kV 母线上 f_1 点和车间变电所 380V 母线上 f_2 点发生三相短路时的短路电流和短路容量，线路 WL1 长度为 5km，WL2 长度为 1km。

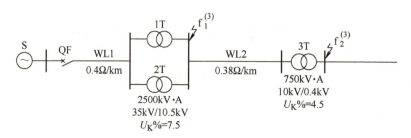

图 3-6　例 3-1 供电系统图

解：（1）由图 3-6 短路电流计算系统图画出短路电流计算等效电路图，如图 3-7 所示。由断路器断流容量估算系统电抗，用 X_1 表示。

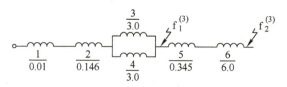

图 3-7　短路计算等效电路图

（2）取基准容量 S_d=100MV·A，基准电压 U_d=U_{av}，3 个电压的基准电压分别为

$$U_{d1} = 37\text{kV} 、 U_{d2} = 10.5\text{kV} 、 U_{d3} = 0.4\text{kV}$$

计算各元件电抗标幺值。

系统 S
$$X_1^* = \frac{S_d}{S} = \frac{100}{1000} = 0.1$$

线路 WL1
$$X_2^* = x_0 l_1 \frac{S_d}{U_{d1}^2} = 0.4 \times 5 \times \frac{100}{37^2} = 0.146$$

变压器 1T 和 2T
$$X_3^* = X_4^* = \frac{U_K\%}{100} \frac{S_d}{S_N} = \frac{7.5}{100} \times \frac{100}{2.5} = 3$$

线路 WL2
$$X_5^* = x_0 l_2 \frac{S_d}{U_{d2}^2} = 0.38 \times 1 \times \frac{100}{10.5^2} = 0.345$$

变压器 3T
$$X_6^* = \frac{U_K\%}{100} \frac{S_d}{S_N} = \frac{4.5}{100} \times \frac{100}{0.75} = 6$$

（3）计算 f_1 点三相短路时的短路电流

1）计算短路回路总阻抗标幺值。由图 3-6 短路回路总阻抗标幺值为

$$X_{k1}^* = X_1^* + X_2^* + X_3^* // X_4^* = 0.1 + 0.146 + \frac{3}{2} = 1.746$$

2）计算 f_1 点所在电压级的基准电流。

$$I_d = \frac{S_d}{\sqrt{3}U_d} = \frac{100}{\sqrt{3} \times 10.5}kA = 5.5kA$$

3）计算短路电流各值。

$$I_{k1}^* = \frac{1}{X_{k1}^*} = \frac{1}{1.746} = 0.573$$

$$I_{k1} = I_{k1}^* I_d = 0.573 \times 5.5kA = 3.152kA$$

$$i_{sh.k1} = 2.55 I_{k1} = 2.55 \times 3.152kA = 8.038kA$$

$$S_{k1} = \frac{S_d}{X_{k1}^*} = 100 \times 0.573MV \cdot A = 57.3MV \cdot A$$

（4）计算 f_2 点三相短路时的短路电流

1）计算短路回路总阻抗标幺值。由图 3-6 短路回路总阻抗标幺值为

$$X_{k2}^* = X_{k1}^* + X_5^* + X_6^* = 1.746 + 0.345 + 6 = 8.091$$

2）计算 f_2 点所在电压级的基准电流。

$$I_d = \frac{S_d}{\sqrt{3}U_d} = \frac{100}{\sqrt{3} \times 0.4}kA = 144.3kA$$

3）计算 f_2 点三相短路时短路各量。

$$I_{k2}^* = \frac{1}{X_{k2}^*} = \frac{1}{8.091} = 0.124$$

$$I_{k2} = I_{k2}^* I_d = 0.124 \times 144.3kA = 17.893kA$$

$$i_{sh.k2} = 1.84 I_{k2} = 1.84 \times 17.835kA = 32.816kA$$

$$S_{k2} = \frac{S_d}{X_{k2}^*} = 100 \times 0.124MV \cdot A = 12.4MV \cdot A$$

> **一点讨论：** 根据实际工程需求，选择恰当的计算方法，对于供配电系统分析与设计至关重要。以三相短路电流计算为例，其计算方法包括有名值法和标幺值法两种，其中有名值法凭借其直观性和简洁性，特别适用于低压供电系统短路电流的计算。而标幺值法则因其标准化和灵活性的优势，在高压供电系统的短路电流计算中得到了广泛应用。面对不同的供电系统和计算需求，我们必须学会根据实际情况，进行深入分析，审慎选择最合适的方法。这种根据具体情况灵活选择解决方案的能力，不仅对于技术问题的解决至关重要，也是我们作为工程师必备的专业素养。

3.4 不对称短路电流计算

在电力系统故障分析与继电保护整定计算中，除了需要计算三相短路电流，还需要计算不对称短路电流，以便用于校验保护灵敏度等。这里介绍基于对称分量法的不对称短路电流计算。

微课：不对称短路电流计算

3.4.1 对称分量法的基本原理

对称分量法的原理是，一组不对称的相量，可以分解成为正序、负序和零序三组对称的相量。在线性网络中这三组相量是相互独立的，每组序相量可按分析三相对称系统的方法来处理，然后将三个对称系统的分析计算结果，按照一定的关系组合起来，即可得出求取的不对称相量。下面以图 3-8 所示的三组对称相量为例，说明对称分量法的分解和合成方法。

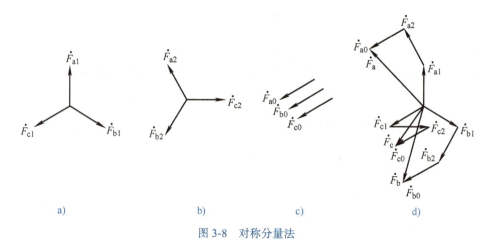

a)　　　　　　　　　　b)　　　　　　　　　　c)　　　　　　　　　　d)

图 3-8 对称分量法

a）正序 b）负序 c）零序 d）正、负、零序合成的相量图

图 3-8d 中 $\dot{F}_a$、$\dot{F}_b$、$\dot{F}_c$ 代表三相不对称量，比如电流、电压、磁链等。由图 3-8a 可见正序分量为三个大小相等、相位彼此相差 120°、相序与正常运行方式一致的一组对称相量。图 3-8b 负序分量为三个大小相等、相位相差 120°、相序与正常运行方式相反的一组对称相量。图 3-8c 中零序分量为三个大小相等、相位相同的一组相量。这三组对称相量合成后组成一组不对称的相量，如图 3-8d 所示。

当选择 a 相作为基准相，并引入旋转相量 $\alpha=e^{j120°}$ 后，三相正、负、零序相量满足以下关系：

正序分量为 $\dot{F}_{b1} = \alpha^2 \dot{F}_{a1}$，$\dot{F}_{c1} = \alpha \dot{F}_{a1}$

负序分量为 $\dot{F}_{b2} = \alpha \dot{F}_{a2}$，$\dot{F}_{c2} = \alpha^2 \dot{F}_{a2}$

零序分量为 $\dot{F}_{b0} = \dot{F}_{c0} = \dot{F}_{a0}$

图 3-8d 中的 $\dot{F}_a$、$\dot{F}_b$、$\dot{F}_c$ 可以表示为

$$\begin{bmatrix} \dot{F}_{\mathrm{a}} \\ \dot{F}_{\mathrm{b}} \\ \dot{F}_{\mathrm{c}} \end{bmatrix} = \begin{bmatrix} 1 & 1 & 1 \\ \alpha^2 & \alpha & 1 \\ \alpha & \alpha^2 & 1 \end{bmatrix} \begin{bmatrix} \dot{F}_{\mathrm{a1}} \\ \dot{F}_{\mathrm{a2}} \\ \dot{F}_{\mathrm{a0}} \end{bmatrix} \tag{3-40}$$

式（3-40）可简写为 $\dot{F}_{\mathrm{P}} = T\dot{F}_{\mathrm{S}}$，其中，$\dot{F}_{\mathrm{P}}$ 为三相相量；$\dot{F}_{\mathrm{S}}$ 为三序相量；T 为系数矩阵，T 矩阵有唯一逆矩阵。式（3-40）两边同时乘以 T^{-1}，可得

$$\begin{bmatrix} \dot{F}_{\mathrm{a1}} \\ \dot{F}_{\mathrm{a2}} \\ \dot{F}_{\mathrm{a0}} \end{bmatrix} = \frac{1}{3} \begin{bmatrix} 1 & \alpha & \alpha^2 \\ 1 & \alpha^2 & \alpha \\ 1 & 1 & 1 \end{bmatrix} \begin{bmatrix} \dot{F}_{\mathrm{a}} \\ \dot{F}_{\mathrm{b}} \\ \dot{F}_{\mathrm{c}} \end{bmatrix} \tag{3-41}$$

式（3-41）可简写为 $\dot{F}_{\mathrm{S}} = T^{-1}\dot{F}_{\mathrm{P}}$，这说明一组不对称相量可以唯一地分解成三组对称相量。

3.4.2　不对称短路电流的计算

（1）单相短路电流的计算

以图 3-9 所示无限大容量系统为例说明对称分量法计算不对称短路的一般原理。一个无穷大电源接于空负荷输电线路，电源中性点接地。线路某处发生单相（例如 a 相）短路，假设 a 相对地阻抗为零（不计电弧等电阻），a 相对地电压 $\dot{U}_{\mathrm{fa}} = 0$，而 b、c 两相的电压 $\dot{U}_{\mathrm{fb}} \neq 0$，$\dot{U}_{\mathrm{fc}} \neq 0$（见图 3-10a）。此时，故障点以外的系统其余部分的参数（指阻抗）仍然是对称的。

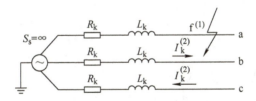

图 3-9　无限大容量系统发生单相短路示意图

在原短路点人为地接入一组三相不对称的电源，电源的各相电动势与上述各相不对称电压大小相等、方向相反，如图 3-10b 所示。这种情况与发生不对称故障是等效的，也就是说，网络中发生的不对称故障，可以用在故障点接入一组不对称的电源来代替。这组不对称电源可以分解成正序、负序和零序三组对称分量，如图 3-10c 所示。根据叠加原理，图 3-10c 所示的状态，可以当作图 3-10d～f 所示状态的叠加。

图 3-10d 的电路称为正序网络，其中只有正序电动势在作用（包括发电机的电势和故障点的正序分量电势），网络中只有正序电流，各元件呈现的阻抗就是正序阻抗，图 3-10e、f 的电路称为负序网络和零序网络。由于发电机只产生正序电动势，因此在负序和零序网络中只有故障点的负序和零序分量电动势在作用，网络中也只有同一序的电流，元件也只呈现同一序的阻抗。

在正序、负序和零序网络中，各序电压方程式可表示为

$$\begin{cases} \dot{E}_{\mathrm{eq}} - Z_{\mathrm{ff}(1)}\dot{I}_{\mathrm{fa}(1)} = \dot{U}_{\mathrm{fa}(1)} \\ 0 - Z_{\mathrm{ff}(2)}\dot{I}_{\mathrm{fa}(2)} = \dot{U}_{\mathrm{fa}(2)} \\ 0 - Z_{\mathrm{ff}(0)}\dot{I}_{\mathrm{fa}(0)} = \dot{U}_{\mathrm{fa}(0)} \end{cases} \tag{3-42}$$

式中，$\dot{E}_{\mathrm{eq}}$ 为正序网络中的相对短路点的戴维南等值电动势；$Z_{\mathrm{ff}(1)}$、$Z_{\mathrm{ff}(2)}$、$Z_{\mathrm{ff}(0)}$ 分别为正序、负序和零序网络中短路点的输入阻抗；$\dot{I}_{\mathrm{fa}(1)}$、$\dot{I}_{\mathrm{fa}(2)}$、$\dot{I}_{\mathrm{fa}(0)}$ 分别为短路点电流的正序、负序和零序分量；$\dot{U}_{\mathrm{fa}(1)}$、$\dot{U}_{\mathrm{fa}(2)}$、$\dot{U}_{\mathrm{fa}(0)}$ 分别为短路点电压的正序、负序和零序分量。

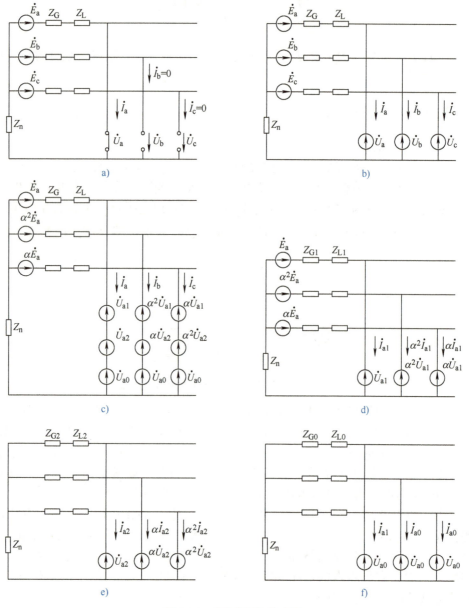

图 3-10　对称分量法的应用

a）a 相短路电路图　b）人为接入三相不对称电源　c）不对称电源的分解　d）正序网络　e）负序网络　f）零序网络

式（3-42）说明不对称短路时短路点的各序电流和同序电压间的相互关系，对各种不对称短路类型都适用。另外，结合不对称故障类型，可以得到说明短路性质的补充条件，通常称为故障条件或边界条件。例如，单相（a 相）接地的故障条件为 $\dot{U}_{fa}=0$、$\dot{I}_{fb}=0$、$\dot{I}_{fc}=0$，用各序对称分量表示可得

$$\begin{cases} \dot{U}_{fa}=\dot{U}_{fa(1)}+\dot{U}_{fa(2)}+\dot{U}_{fa(0)}=0 \\ \dot{I}_{fb}=\alpha^2\dot{I}_{fa(1)}+\alpha\dot{I}_{fa(2)}+\dot{I}_{fa(0)}=0 \\ \dot{I}_{fc}=\alpha\dot{I}_{fa(1)}+\alpha^2\dot{I}_{fa(2)}+\dot{I}_{fa(0)}=0 \end{cases} \quad (3\text{-}43)$$

经过整理，可以得到单相接地短路下的边界条件，即

$$\begin{cases} \dot{U}_{fa}=\dot{U}_{fa(1)}+\dot{U}_{fa(2)}+\dot{U}_{fa(0)}=0 \\ \dot{I}_{fa(1)}=\dot{I}_{fa(2)}=\dot{I}_{fa(0)} \end{cases} \quad (3\text{-}44)$$

联立方程式（3-42），可得

$$\dot{I}_{fa(1)}=\frac{\dot{E}_{eq}}{\sqrt{3}(Z_{ff(1)}+Z_{ff(2)}+Z_{ff(0)})}=\frac{\dot{E}_{eq\cdot\varphi}}{Z_{ff(1)}+Z_{ff(2)}+Z_{ff(0)}} \quad (3\text{-}45)$$

式中，$\dot{E}_{eq\cdot\varphi}$ 为等值电源相电压。

若远离发电机的用户变电所低压侧发生单相短路时，系统等值正序阻抗与负序阻抗近似相等，即 $Z_{1\Sigma}\approx Z_{2\Sigma}$，则

$$\dot{I}_{fa}=\frac{3\dot{E}_{eq\cdot\varphi}}{2Z_{ff(1)}+Z_{ff(0)}} \quad (3\text{-}46)$$

在无限大容量系统中或远离发电机处短路时，单相短路电流比三相短路电流要小。

（2）两相相间短路电流的计算

当 f 点发生 bc 两相相间短路，则该点三相对地电压及流出该点的相电流（短路电流）满足 $\dot{U}_{fb}=\dot{U}_{fc}$、$\dot{I}_{fb}=-\dot{I}_{fc}$、$\dot{I}_{fa}=0$，用各序对称分量表示可得

$$\begin{cases} \dot{U}_{fa(1)}=\dot{U}_{fa(2)} \\ \dot{I}_{fa(1)}=-\dot{I}_{fa(2)} \\ \dot{I}_{fa(0)}=0 \end{cases} \quad (3\text{-}47)$$

结合式（3-42），可得

$$\dot{I}_{fa(1)}=-\dot{I}_{fa(2)}=\frac{\dot{E}_{eq\cdot\varphi}}{Z_{ff(1)}+Z_{ff(2)}} \quad (3\text{-}48)$$

根据式（3-48），故障相短路电流为

$$\dot{I}_{fb}=\alpha^2\dot{I}_{fa(1)}+\alpha\dot{I}_{fa(2)}=(\alpha^2-\alpha)\frac{\dot{E}_{eq\cdot\varphi}}{Z_{ff(1)}+Z_{ff(2)}}$$
$$=-j\sqrt{3}\frac{\dot{E}_{eq\cdot\varphi}}{Z_{ff(1)}+Z_{ff(2)}} \quad (3\text{-}49)$$

$$\dot{I}_{fc} = \alpha\dot{I}_{fa(1)} + \alpha^2\dot{I}_{fa(2)} = (\alpha - \alpha^2)\frac{\dot{E}_{eq\cdot\varphi}}{Z_{ff(1)} + Z_{ff(2)}} = j\sqrt{3}\frac{\dot{E}_{eq\cdot\varphi}}{Z_{ff(1)} + Z_{ff(2)}} \quad (3\text{-}50)$$

由此可见，当 $Z_{ff(1)}=Z_{ff(2)}$ 时，两相短路电流是三相短路电流的 $\sqrt{3}/2$。一般来讲，供配电系统两相短路电流小于三相短路电流。

如果两相通过阻抗 z_f 短路，所对应边界条件为

$$\begin{cases} \dot{U}_{fa(1)} - \dot{U}_{fa(2)} = z_f\dot{I}_{fa(1)} \\ \dot{I}_{fa(1)} = -\dot{I}_{fa(2)} \\ \dot{I}_{fa(0)} = 0 \end{cases} \quad (3\text{-}51)$$

式（3-51）边界条件与网络方程式（3-48）联立求解即得故障处电流，其计算表达式如下：

$$\dot{I}_{fa(1)} = -\dot{I}_{fa(2)} = \frac{\dot{E}_{eq\cdot\varphi}}{Z_{ff(1)} + Z_{ff(2)}} \quad (3\text{-}52)$$

$$\dot{I}_{fb} = -\dot{I}_{fc} = -j\sqrt{3}\frac{\dot{E}_{eq\cdot\varphi}}{Z_{ff(1)} + Z_{ff(2)} + z_f} \quad (3\text{-}53)$$

若无限大容量系统发生两相短路，其短路电流可由下式求得

$$I_k^{(2)} = \frac{U_{av}}{2Z_k} \quad (3\text{-}54)$$

式中，U_{av} 为短路点的平均额定电压；Z_k 为短路回路一相总阻抗。

在无限大容量系统中或远离发电机处发生短路时，两相短路电流和单相短路电流都比三相短路电流小，在后续章节中两相短路电流主要用于相间短路保护灵敏度的校验，而单相短路电流主要用于单相短路保护的整定计算和单相热稳定度的校验。

（3）两相接地短路电流的计算

假设 f 点发生 bc 两相短路接地，故障点三相对地电压及流出该点的相电流（短路电流）满足 $\dot{U}_{fb}=\dot{U}_{fc}=0$、$\dot{U}_{fa}=0$，用各序对称分量表示可得

$$\begin{cases} \dot{U}_{fa(1)}=\dot{U}_{fa(2)}=\dot{U}_{fa(0)} \\ \dot{I}_{fa(1)}+\dot{I}_{fa(2)}+\dot{I}_{fa(0)}=0 \end{cases} \quad (3\text{-}55)$$

式（3-55）与单相接地短路的边界条件类似，只是电压和电流互换。

通过式（3-55）和式（3-42）可进一步得出故障处各序电流为

$$\begin{cases} \dot{I}_{fa(1)} = \dfrac{\dot{E}_{eq\cdot\varphi}}{Z_{ff(1)} + \dfrac{Z_{ff(2)}Z_{ff(0)}}{Z_{ff(2)}+Z_{ff(0)}}} \\[3mm] \dot{I}_{fa(2)} = -\dot{I}_{fa(1)}\dfrac{Z_{ff(0)}}{Z_{ff(2)}+Z_{ff(0)}} \\[3mm] \dot{I}_{fa(0)} = -\dot{I}_{fa(1)}\dfrac{Z_{ff(2)}}{Z_{ff(2)}+Z_{ff(0)}} \end{cases} \quad (3\text{-}56)$$

故障相的短路电流为

$$\begin{cases} \dot{I}_{\mathrm{fb}}=\alpha^2 \dot{I}_{\mathrm{fa}(1)}+\alpha \dot{I}_{\mathrm{fa}(2)}+\dot{I}_{\mathrm{fa}(0)}=\dot{I}_{\mathrm{fa}(1)}\left(\alpha^2-\dfrac{Z_{\mathrm{ff}(2)}+\alpha Z_{\mathrm{ff}(0)}}{Z_{\mathrm{ff}(2)}+Z_{\mathrm{ff}(0)}}\right) \\[4mm] \dot{I}_{\mathrm{fc}}=\alpha \dot{I}_{\mathrm{fa}(1)}+\alpha^2 \dot{I}_{\mathrm{fa}(2)}+\dot{I}_{\mathrm{fa}(0)}=\dot{I}_{\mathrm{fa}(1)}\left(\alpha-\dfrac{Z_{\mathrm{ff}(2)}+\alpha^2 Z_{\mathrm{ff}(0)}}{Z_{\mathrm{ff}(2)}+Z_{\mathrm{ff}(0)}}\right) \end{cases} \tag{3-57}$$

两相短路接地时流入大地中的电流为

$$\dot{I}_{\mathrm{g}}=\dot{I}_{\mathrm{fb}}+\dot{I}_{\mathrm{fc}}=3\dot{I}_{\mathrm{fa}(0)}=-3\dot{I}_{\mathrm{fa}(1)}\frac{Z_{\mathrm{ff}(2)}}{Z_{\mathrm{ff}(2)}+Z_{\mathrm{ff}(0)}} \tag{3-58}$$

3.5　短路电流的效应分析

短路电流通过导体或电气设备，会产生很大的电动力和很高的温度，这称为短路的电动力效应和热效应。一般要求电气设备和导体应能承受该电动力效应和热效应。

微课：短路电流的效应分析

3.5.1　电动力效应和动稳定度

（1）电动力效应

供配电系统发生短路时，短路相导体中将产生很大的短路电流，因为各相导体都处在相邻电流所产生的磁场中，导体将受到巨大的电动力作用，可能对电器和载流导体产生严重的机械性破坏，称为短路电流的电动力效应。

1）两平行载流导体间的电动力。两根平行导体通过电流分别为 i_1 和 i_2，其相互间的作用力 F（单位 N）可用下式计算：

$$F=2k_{\mathrm{f}}i_1 i_2 \frac{l}{a}\times 10^{-7} \tag{3-59}$$

式中，k_{f} 为导体的形状系数，与导体的形状和相对位置有关：对于圆截面取 1；对于矩形截面，则通过查图 3-11 曲线，根据 a、b 及 h 值计算可得，图 3-11 中 b、h 分别为母线截面宽和高，当母线竖放时依次为母线截面的短边、长边，平放时为其长边；l 为导体两相邻支持点间距离，即档距；a 为两导体轴线间的距离。

2）三相平行载流导体间的电动力。三相短路的短路冲击电流为两相短路的 $2/\sqrt{3}$ 倍，当发生三相短路故障时，短路冲击电流通过中间相导体所产生的最大电动力为

$$F_{\max}^{(3)}=\sqrt{3}k_{\mathrm{f}}i_{\mathrm{sh}}^{(3)2}\frac{l}{a}\times 10^{-7} \tag{3-60}$$

由此可见，在无限大容量系统中发生三相短路时，中间相导体所受的电动力比两相短路时导体所受的电动力大，因此校验电器和载流部分的短路动稳定度，一般应采用三相短路冲击电流或短路后第一个周期的三相短路全电流有效值。

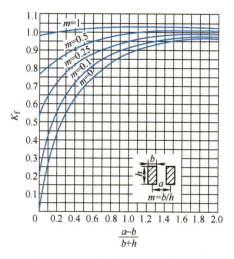

图 3-11　矩形母线的形状系数曲线

（2）短路动稳定度的校验条件

1）一般电气设备的动稳定度校验条件如下：

$$i_{max} \geq i_{sh}^{(3)} \tag{3-61}$$

式中，i_{max} 为电气设备的动稳定电流峰值，可查有关手册或产品样本。二维码 3-1 中列有部分高压断路器的主要技术数据，包括动稳定电流数据，供参考。

2）绝缘子的动稳定度可按下列公式校验：

$$F_{al} \geq F_{c}^{(3)} \tag{3-62}$$

式中，F_{al} 为绝缘子的最大允许载荷，可由有关手册或产品样本查得；如果手册或样本给出的是绝缘子的抗弯破坏载荷值，则可将抗弯破坏载荷值乘以 0.6 作为 F_{al} 值；$F_{c}^{(3)}$ 为三相短路时作用于绝缘子上电动力的计算值。

3）硬母线的动稳定度校验条件为

$$\delta_{al} \geq \delta_{c} \tag{3-63}$$

式中，δ_{al} 为母线材料的最大允许应力（Pa），硬铜母线（TMY 型）$\delta_{al} = 140\text{MPa}$，硬铝母线（LMY 型）$\delta_{al} = 70\text{MPa}$；$\delta_{c}$ 为母线通过 $i_{sh}^{(3)}$ 时所受到的最大计算应力。

根据 GB 50054—2011《低压配电设计规范》规定，当短路点附近所接交流电动机的额定电流之和超过系统短路电流的 1% 时，或者交流电动机总容量超过 100kW 时，应计入交流电动机对短路冲击电流的影响。

3.5.2　热效应和热稳定度

（1）短路电流热效应过程

供配电系统发生短路时，强大的短路电流通过电气设备或载流导体，会产生很大的热量，使电气设备或载流导体的温度急剧升高的现象，称为短路电流的热效应。电气设备和载流导体均有规定的最高允许温度。

由于短路后保护装置很快动作，切除短路故障，所以短路电流通过导体的时间不会很长，一般在 2 ～ 3s。因此在短路过程中，可不考虑导体向周围介质的散热，即近似地认为导体在短路时间内是与周围介质绝热的，短路电流在导体内产生的热量，全部用来使导体温度升高。

图 3-12 为短路前后导体的温度变化情况。正常运行情况下，导体温度为 θ_L。在 $t = t_1$ 时发生短路，导体温度按指数规律迅速升高，而在 $t = t_2$ 时线路的保护装置动作，切除短路故障，这时导体温度已经达到最高值 θ_k。此后导体不再产生热量，而只按指数规律向周围介质散热，直到导体温度等于周围介质温度 θ_0 为止。

（2）最高温度值 θ_k 的确定

1）理论方法。由于实际短路电流幅值变动，用它来计算 θ_k 相当困难，因此一般是采用一个恒定的短路稳态电流 I_∞ 来等效计算实际短路电流所产生的热量。假设在某一短路发热假想时间 t_{ima} 内导体内通过短路稳态电流 I_∞ 所产生的热量，恰好等于实际短路电流 i_k 或 $I_t(t)$ 在实际短路时间 t_k 内在导体内产生的热量 Q_k，如图 3-13 所示，即

$$Q_k = \int_0^{t_k} I_k^2(t)Rdt = I_\infty^2 R t_{ima} \tag{3-64}$$

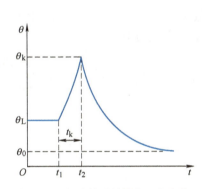

图 3-12　短路前后导体的温度变化

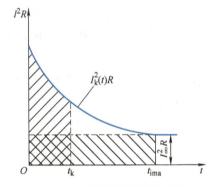

图 3-13　短路发热的假想时间

短路发热假想时间 t_{ima} 可用下式近似地计算：

$$t_{ima} = t_k + 0.05\left(\frac{I''}{I_\infty}\right)^2 \tag{3-65}$$

式中，t_k 为短路保护动作时间，即为短路保护装置实际最长的动作时间 t_{op} 与断路器（开关）的断路时间 t_{oc}（含固有分闸时间和灭弧时间）之和，即

$$t_k = t_{op} + t_{oc} \tag{3-66}$$

对于一般高压断路器（如油断路器），可取 $t_{oc} = 0.2s$；对于高速断路器（如真空断路器、六氟化硫断路器），可取 $t_{oc} = 0.1 \sim 0.15s$。

当 $t_k > 1s$ 时，式（3-65）中 $t_{ima} = t_k$。无限大容量系统中发生短路时，$I'' = I_\infty$，因此

$$t_{ima} = t_k + 0.05s \tag{3-67}$$

2）**工程曲线法**。根据前述方法计算出热量 Q_k，即可得到导体在短路后所达到的最高温度 θ_k，但此方法计算繁复。在实际工程设计中，一般是利用图 3-14 所示曲线（横坐标为导体加热系数 K，纵坐标为导体温度 θ）来确定 θ_k。

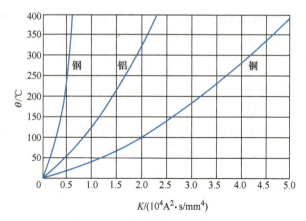

图 3-14　确定导体温度 θ_k 的曲线

利用图 3-15 曲线由 θ_L 查 θ_k 的步骤如下：

① 先从纵坐标轴上找出导体在正常负荷时的温度 θ_L。如果实际负荷时导体的温度不详，可采用二维码 3-4 中所列的额定负荷时的最高允许温度作为 θ_L。

② 由 θ_L 向右查得相应曲线上的 a 点，再由 a 点向下查得横坐标轴上的 K_L。

③ 利用下式计算 K_k，即

$$K_k = K_L + \left(\frac{I_\infty}{S}\right)^2 t_{ima} \tag{3-68}$$

式中，S 为导体截面积（ mm^2 ）；I_∞ 为三相短路稳态电流（kA）；t_{ima} 为短路发热假想时间（s）；K_L 和 K_k 分别为正常负荷时和短路时导体加热系数（ $A^2 \cdot s / mm^4$ ）。

④ 从横坐标轴上找出 K_k 值。

⑤ 由 K_k 向上查得相应曲线上的 b 点，再由 b 点向左查得纵坐标轴上的 θ_k 值。

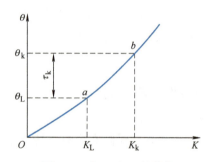

图 3-15　由 θ_L 查 θ_k 的曲线

（3）热稳定度的校验条件

1）一般电气设备的热稳定度校验条件为

$$I_t^2 t \geq I_\infty^{(3)} t_{ima}$$

式中，I_t 为电气设备的热稳定电流；t 为电气设备的热稳定试验时间。以上的 I_t 和 t 可查有关手册或产品样本，见二维码 3-1。

2）母线及绝缘导线和电缆等导体的热稳定度校验条件为

$$\theta_{k.max} \geq \theta_k$$

式中，$\theta_{k.max}$ 为导体短路时的最高允许温度，见二维码 3-4。

例 3-2　某无限大电源容量供电系统如图 3-16 所示，已知发电机 G 的额定容量 $S_{NG} = 100MV \cdot A$，系统电抗（额定）$X_{Gmin}'' = 0$，$X_{Gmax}'' = 1.0$；线路 $l_1 = 10km$，$x_{01} = 0.4\Omega/km$；变压器 T 的参数为 $S_{NT} = 10MV \cdot A$，$U_K\% = 7.5$；电抗器 L 的参数为 $U_{NL} = 6kV$，$X_L\% = 3$，$I_{NL} = 150A$；电缆 $l_2 = 0.8km$，$x_{02} = 0.08\Omega/km$。试计算 f 点的三相短路电流和短路容量（采用标幺值法）。

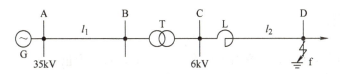

图 3-16　某无限大电源容量供电系统图

解：（1）基准值的选取：$S_d = 100MV \cdot A$；$U_{d1} = 37kV$，$U_{d2} = 6.3kV$；则 $I_{d1} = 1.56kA$，$I_{d2} = 9.16kA$。

（2）等效电路如图 3-17 所示。

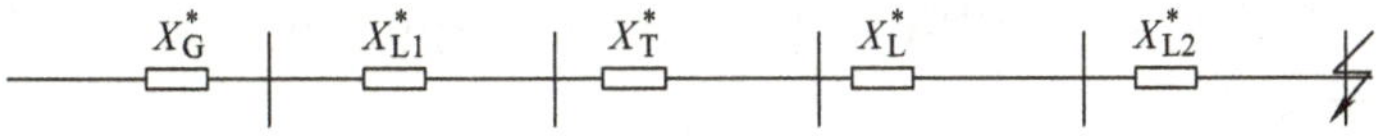

$$X_G^* \quad X_{L1}^* \quad X_T^* \quad X_L^* \quad X_{L2}^*$$

图 3-17　等效电路

（3）各元件标幺值计算如下：

发电机 G 的额定容量与所选的功率基准相同，所以其基准标幺值和额定标幺值相同，即

$$X_T^* = \frac{U_K\%}{100} \frac{S_d}{S_{NT}} = \frac{7.5}{100} \times \frac{100}{10} = 0.75$$

$$X_L^* = \frac{X_L\%}{100} \frac{I_{d2}}{I_{NL}} \frac{U_{NL}}{U_{d2}} = \frac{3}{100} \times \frac{9.16}{0.15} \times \frac{6}{6.3} = 1.745$$

$$X_{l1}^* = x_{01} l_1 \frac{S_d}{U_{d1}^2} = 10 \times 0.4 \times \frac{100}{37^2} = 0.292$$

$$X_{12}^* = x_{02}l_2 \frac{S_d}{U_{d2}^2} = 0.8 \times 0.08 \times \frac{100}{6.3^2} = 0.161$$

（4）最大运行方式下 f 点三相短路的电流为

$$I_{kmax}^{(3)*} = \frac{1}{X_{\Sigma max}^*} = \frac{1}{0.6 + 0.292 + 0.75 + 1.745 + 0.161} = \frac{1}{3.548} = 0.282$$

$$I_{kmax}^{(3)} = I_{d2}I_{kmax}^{(3)*} = 0.282 \times 9.16\text{kA} = 2583\,\text{A}$$

最小运行方式下 f 点三相短路的电流为

$$I_{kmax}^{(2)*} = \frac{1}{X_{\Sigma min}^*} = \frac{1}{1 + 0.292 + 0.75 + 1.745 + 0.161} = \frac{1}{3.948} = 0.253$$

$$I_{kmax}^{(2)} = I_{d2}I_{kmax}^{(2)*} = 0.253 \times 9.16\text{kA} = 2317\,\text{A}$$

f 点短路容量的为

$$S_k = S_d I_{kmax}^{(3)*} = 100 \times 0.282\,\text{MV} \cdot \text{A} = 28.2\,\text{MV} \cdot \text{A}$$

3.6 本章小结

本章简述了短路的种类、原因和危害，分析了无限大容量系统三相短路的暂态过程，着重讲述了用有名值法和标幺值法计算短路回路元件阻抗和三相短路电流的方法，在此基础上阐述了如何利用对称分量法计算不对称短路电流的思路，并讨论了短路电流的电动力效应和热效应。

1）短路包括三相短路、两相短路、单相短路和两相接地短路。除三相短路外，其他短路均属不对称短路。

2）为简化短路计算，提出无限大容量系统的概念，即电源容量为无穷大、系统阻抗为零和系统的端电压在短路过程中维持不变。分析供配电系统短路时，为简化计算可将电力系统视为无限大容量系统。

3）无限大容量系统发生三相短路，短路电流由周期分量和非周期分量组成。短路电流周期分量在短路过程中保持不变，而非周期分量在故障初始阶段最大，但在故障稳态期间衰减为零。

4）有名值法计算的基本原理是先求短路回路总阻抗，结合线路电压，根据欧姆定律求短路电流，一般适用于低压电网短路电流的计算。标幺值法计算三相短路电流，可在计算得出短路总阻抗标幺值的基础上，利用短路总阻抗标幺值的倒数得到短路电流标幺值，再进一步转换为实际短路电流。标幺值法可避免多级电压系统中的阻抗转换，一般用于高压电网短路电流的计算。

5）三相短路时，中间相电流产生的电动力最大，以此作为校验短路动稳定的依据。短路发热计算复杂，通常采用稳态短路电流和短路假想时间计算短路发热，确定短路发热温度，以此作为校验短路热稳定的依据。

3.7　习题与思考题

3-1　什么叫短路？哪种短路形式发生的概率最大？哪种短路形式的危害最为严重？

3-2　什么叫无限大容量电力系统？它有什么主要特征？突然短路时，系统中的短路电流将如何变化？

3-3　短路电流周期分量和非周期分量各是如何产生的？

3-4　短路冲击电流 i_{sh}、冲击电流有效值 I_{sh}、次暂态短路电流 I'' 和稳态短路电流 I_∞ 各是什么含义？

3-5　什么叫短路计算电压？它与线路额定电压有什么关系？

3-6　在无限大容量系统中，两相短路电流与三相短路电流有什么关系？单相短路电流又如何计算？

3-7　什么叫短路电流的电动效应？为什么采用短路冲击电流来计算？什么情况下应考虑短路点附近大容量交流电动机的反馈电流？

3-8　什么叫短路电流的热效应？为什么采用短路稳态电流来计算？什么叫短路发热假想时间？如何计算？

3-9　某供电系统如图 3-18 所示。已知电力系统出口处的短路容量 S_k=200MV·A。试求用户变电所高压母线 f_1 点和低压母线 f_2 点的三相、两相短路电流和短路容量。

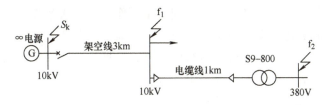

图 3-18　习题 3-9 题图

3-10　试确定习题 3-9 所示用户变电所 380V 侧母线 LMY-3（100×10）+1（80×10）的短路热效应。已知此母线的短路保护实际动作时间为 0.5s，低压断路器的断路时间为 0.05s。

第 4 章　工厂变配电所及其一次系统

变配电所是工厂供配电系统的枢纽，承担了变换、输送和分配电能的任务。本章首先介绍变配电所中一次设备的基础知识，然后逐一介绍变压器、电流互感器、电压互感器、高低压一次开关设备的基本功能、原理及结构特点，最后针对供配电系统中常见主接线方式的优缺点及适用范围，重点分析工厂总降压变电所、车间变电所的典型接线方式的优缺点。

4.1　变配电所一次设备基本概念

变配电所由一次系统和二次系统构成。一次（接线）系统是由一次设备相互连接构成输送、分配电能的电气主回路，又称为一次回路，它在供配电系统中较为关键，对供配电系统安全、可靠、优质、灵活和经济运行起着重要作用。一次系统中的各类电气设备称为一次设备，即接收和分配电能的设备，如电力变压器、断路器、互感器等。二次系统是用来控制、指示、监测和保护一次设备运行的电路，又称为二次回路，二次系统中电气设备称为二次设备，如仪表、继电器、操作电源等。

（1）一次设备分类

1）按工作电压分类。按工作电压可分为高压和低压一次设备。高压一次设备有高压断路器、高压互感器、高压隔离开关、变压器等，其工作电压一般高于 1.0kV；低压一次设备有低压断路器、隔离开关等，工作电压低于 1.0kV。

2）按功能分类。

变换设备：通过改变电压或电流以满足电力系统实际运行需求，如变压器；或实现电压、电流测量的设备，如电压互感器、电流互感器等。

控制设备：控制一次回路通、断的开关设备，如隔离开关、负荷开关、断路器等。

保护设备：对系统可能出现的过电压、过电流、漏电流等进行保护的设备，如熔断器、避雷器、剩余电流保护装置等。

补偿设备：补偿电力系统无功功率、提高系统功率因数的设备，如电力电容器。

成套设备：能够将一次设备和二次设备按照设计的电路方案组合为一体，方便于变电、配电、控电的一体化设备，其保护性好、独立性好、便于运输和安装，如高低压开关柜、动力箱、控制箱等。

变配电所一次设备的常用文字符号和图形符号见表 4-1。

表 4-1　变配电所一次设备的常用文字符号和图形符号

序号	1	2	3	4	5	6	7	8	9	10	11
名称	高、低压熔断器	跌落式熔断器	高低压断路器	高压隔离开关	高压负荷开关	避雷器	低压刀开关	熔断式刀开关	变压器	电流互感器	电压互感器
文字符号	FU	FD	QF	QS	QL	F	QK	QU	T	TA	TV
图形符号											

（2）一次设备功能要求

1）**安全可靠的绝缘**。设备长期耐受最高工作电压、短时耐受大气过电压和操作过电压时，电气触头断口间、相间以及导电回路对地之间均不应发生闪络或击穿。其表征参数有额定电压、最高工作电压、工频试验电压和冲击试验电压等。

2）**必要的载流能力**。设备的载流能力是指在长期通过额定电流或短时通过故障电流时，既不致因热效应使温度超过标准规定的极限值，又不致因电动力效应使其遭到机械损伤。其相应的表征参数有额定电流、短时额定耐受电流即热稳定电流、额定峰值耐受电流即动稳定电流等。

3）**较高的通断能力**。除隔离开关外，一般的开关电器均应能可靠地接通与分断额定电流、一定倍数的过负荷电流。其中，断路器还应能可靠地接通和分断短路电流，并具有重合闸功能。其相应表征参数有额定开断电流和额定关合电流等。

4）**良好的机械性能**。电气设备触头在分合时应满足同期性要求，运动部件应能经受规定的通断次数而不致发生机械故障或损坏。其相应的表征参数有机械寿命等。

5）**必要的电气寿命**。在规定的条件下，开关设备电气触头应能承受规定次数的通断循环而不致损坏。其相应参数有电气寿命等。

6）**完善的保护性能**。凡是具有保护功能的电气设备，必须能准确地检测出故障状态，及时地做出判断并可靠且有选择性地切除故障，即满足选择性、速动性、灵敏性、可靠性等要求。

随着科学技术的进步，新技术、新材料、新工艺的不断出现，高低压电气设备不断更新换代，目前正向着高性能、高可靠性、小型化、多功能、模块化、组合化以及电子化和智能化方向发展。

4.2　电力变压器

微课：电力变压器

4.2.1　变压器的型号及分类

电力变压器是变电所中最关键的一次设备，利用电磁感应原理变换电压，包括一次绕组、二次绕组和铁心（磁心），主要功能是升高或降低电压，从而便于电能的合理输送、分配和使用。

变压器全型号的表示和含义如图 4-1 所示。

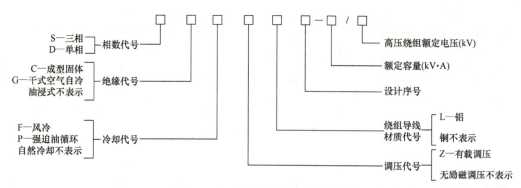

图 4-1 变压器全型号的表示和含义

按用途不同，变压器可分为升压变压器和降压变压器；按相数不同，可分为单相和三相变压器。目前供配电系统中大都采用三相变压器。按绕组形式不同，变压器可分为双绕组、三绕组和自耦变压器；按调压方式不同，可分为无励磁调压变压器和有载调压变压器。能够在不停电的情况下带负荷完成分接电压切换的称为有载调压变压器，而无励磁调压变压器需停电后手动调整电压。有载调压变压器相对无励磁调压变压器的价格较高，一般大型变压器选用有载调压型，而小型配电变压器多选用无励磁调压型，近年来供配电系统更多使用有载调压型变压器。按冷却方式不同，变压器可分为干式变压器和油浸式变压器。干式变压器依靠空气对流进行自然冷却或增加风机冷却，多用于高层建筑、高速收费站等用电。油浸式变压器利用油作冷却介质，如油浸自冷、油浸风冷、油浸水冷、强迫油循环等。

油浸式变压器在供配电系统中大量使用，其结构如图 4-2 所示。

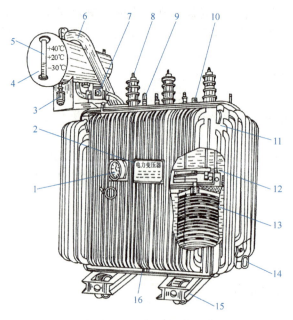

图 4-2 油浸式变压器

1—信号温度计 2—铭牌 3—吸湿器 4—油枕（储油柜）5—油位指示器（油标）6—防爆管 7—瓦斯继电器
8—高压套管 9—低压套管 10—分接开关 11—油箱 12—铁心 13—绕组及绝缘 14—放油阀
15—小车 16—接地端子

一般油浸式变压器由铁心、绕组、油箱、高压套管及附件组成。与干式变压器的区别在于，油浸式变压器器身浸于油箱内的变压器油中，变压器油起散热和绝缘作用。二维码 4-1 为常见油浸变压器的实物图片和相关参数。

4-1
油浸变压器

目前国家大力推广采用各类绿色、高效、节能类变压器，或通过采用低损耗的超微晶（非晶合金、纳米晶）合金类铁心、卷绕制铁心、优化产品结构、控制绝缘油用量、使用干式变压器等各种方案，以减少变压器在运行过程中的综合消耗，实现供电系统也要达到绿色、节能、减排目的，以确保"碳达峰、碳中和"的国家战略目标按期达到。

4.2.2　变压器台数及容量选择

（1）台数选择

1）总降压变电所。为保证供电可靠性，一般应装两台主变压器；若只有一条电源进线，或变电所可由低压侧电网取得备用电源时，可装一台主变压器；若绝大部分负荷为三级负荷，其余少量的二级负荷可由邻近低压电力网取得备用电源时，可装一台主变压器。

2）车间变电所。对有大量一、二级负荷的变电所，为满足电力负荷对供电可靠性的要求，应采用两台变压器；对只有二级负荷而无一级负荷的变电所，且能从邻近车间变电所取得低压备用电源时，可采用一台变压器；对于季节性负荷或昼夜负荷变化较大时，应使变压器在经济状态下运行，可用两台变压器；除上述情况外，车间变电所可采用一台变压器。

（2）容量选择

1）总降压变电所。装有单台变压器时，其额定容量 S_N 应能满足全部用电设备的计算负荷 S_C，考虑负荷发展应留一定的容量裕度，并考虑变压器的经济运行，即

$$S_N \geqslant (1.15\sim1.4)S_C \qquad (4\text{-}1)$$

装有两台变压器时，其中任意一台主变压器容量 S_N 应同时满足下列两个条件：
任一台主变压器单独运行时，应满足总计算负荷的 60% ～ 70% 的要求，即

$$S_N \geqslant (0.6\sim0.7)S_C \qquad (4\text{-}2)$$

同时，还应能满足全部一、二级负荷 $S_{C\,(I+II)}$ 的需要，即

$$S_N \geqslant S_{C(I+II)} \qquad (4\text{-}3)$$

2）车间变电所。装一台变压器时，其容量可根据计算负荷确定。装两台变压器时，其容量确定方法和总降压变电所相同。车间变电所中，单台变压器容量不宜超过 1000kV·A，但是若车间负荷容量较大、负荷集中且运行合理时，可选用单台容量为 1250 ～ 2000kV·A 的配电变压器。对装设在二层楼以上的干式变压器，其容量不宜大于 630kV·A。

4.2.3 变压器的联结组标号及并列运行条件

（1）联结组标号

电力变压器联结组标号是指变压器一、二次（或一、二、三次）绕组因采取不同的联结方式而形成变压器一、二次（或一、二、三次）侧对应线电压之间的不同相位关系。

1）主降压变压器。中、小容量高压为 10～35kV 的总降压变压器一般采用 Yd11 联结。大容量的 35kV 及电压为 110kV 及以上电压等级的变压器多采用 YNd11 联结，当变压器高压绕组中性点经消弧电抗器（35kV 侧）接地或直接接地（110kV 及以上）时，必须将中性点引出。

2）配电变压器。6～10kV 配电变压器（二次侧电压为 220V/380V）有 Yyn0 和 Dyn11 两种常见的联结组标号。变压器 Yyn0 联结示意如图 4-3 所示，其一次线电压与对应的二次线电压之间的相位关系，如同零点时的分针与时针（图中一、二次绕组标"•"的端子为对应的"同名端"）。

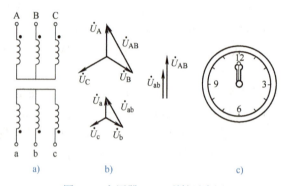

图 4-3　变压器 Yyn0 联结示意图

a）一、二次绕组接线　b）一、二次电压相量　c）时钟关系

变压器 Dyn11 联结示意如图 4-4 所示，其一次线电压与对应的二次线电压之间的相位关系，如同时钟在 11 点时的分针与时针的相互关系一样。

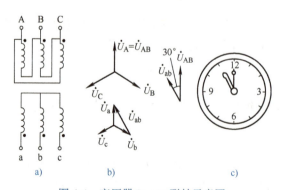

图 4-4　变压器 Dyn11 联结示意图

（2）两台或多台变压器并列运行条件

1）所有并列变压器的额定一次电压及二次电压必须对应相等。这也就是说所有并列变压器的电压比必须相同，允许差值不得超过 ±5%。如果并列变压器的电压比不同，则

并列变压器二次绕组的回路内将出现环流，即二次电压较高的绕组将向二次电压较低的绕组供给电流，引起电能损耗，导致绕组过热或烧毁。

2）所有并列变压器的阻抗电压（即短路电压）必须相等。由于并列运行变压器的负荷是按其阻抗电压值成反比分配的，所以其阻抗电压必须相等，允许差值不得超过 ±10%。如果阻抗电压差值过大，可能导致阻抗电压较小的变压器发生过负荷现象。

3）所有并列变压器的联结组标号必须相同，即所有并列变压器的一次电压和二次电压的相序和相位都应分别对应相同，否则不能并列运行。

此外，并列运行的变压器容量应尽量相同或相近，其最大容量与最小容量之比一般不能超过 3∶1。如果容量相差悬殊，一旦变压器特性稍有差异，变压器间环流十分显著，特别容易造成容量小的变压器过负荷。

微课：电流互感器

4.3　互感器

互感器是用于测量或保护系统的特殊变压器，可分为电流互感器和电压互感器。在供配电系统中，互感器将高电压或大电流按比例变换成标准的低电压（如 100V 等）或小电流（5A 或 1A，均指额定值），以便于使测量仪表、继电器等二次设备与主电路隔离。

4.3.1　电磁式电流互感器

电磁式电流互感器（CT）由闭合的铁心和绕组组成。电流互感器一次绕组匝数很少，需串联在被测量的电力线路中；二次绕组匝数比较多，将与测量仪表、保护回路等串联。由于电流互感器电流绕组的阻抗很小，因此其工作时二次回路接近于短路状态，二次绕组的额定电流一般为 5A 或 1A。

（1）结构原理与接线方式

图 4-5 为电磁式电流互感器的原理接线图，电流互感器的一次电流 I_1 与二次电流 I_2 之间的关系为

$$I_1 \approx \frac{N_2}{N_1} I_2 \approx K_i I_2 \qquad (4\text{-}4)$$

式中，$K_i = I_1 / I_2$，为互感器电流比；I_1 为互感器一次电流；I_2 为二次电流。

电流互感器常见的接线方式包括一相式接线、两相三继电器接线、两相一继电器接线和三相三继电器接线，如图 4-6 所示。

一相式接线电流互感器用于负荷平衡的三相电路中，供测量电流、电能或过负荷保护装置使用。两相两继电器接线电流互感器用于中性点不接地的三相三线制系统中，广泛用于测量三相电流、电能，供过电流继电保护使用。两相一继电器接线电流互感器用于中性点不接地的三相三线制系统中，供过电流保护使用。三相三

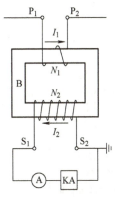

图 4-5　电磁式电流互感器原理接线图

B—铁心　N_1—一次绕组　N_2—二次绕组
A—电流　KA—继电保护装置

继电器接线电流互感器用于三相四线制或三相三线制系统中，测量三相电流和电能，供过电流继电保护使用。

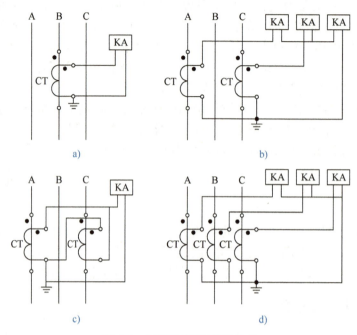

图 4-6　电流互感器的接线方式

a）一相式接线　b）两相三继电器接线　c）两相一继电器接线　d）三相三继电器接线

（2）型号与类型

电流互感器全型号的表示和含义如图 4-7 所示。

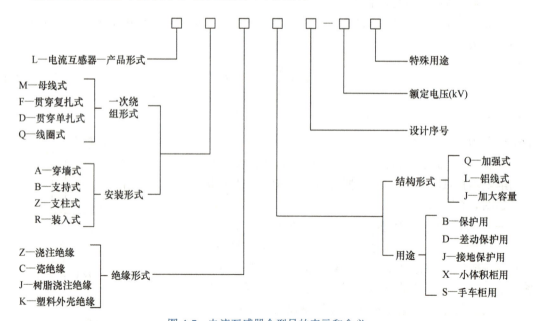

图 4-7　电流互感器全型号的表示和含义

按一次电压等级不同，电流互感器可分为高压电流互感器和低压电流互感器；按一次线圈匝数不同，可分为单匝和多匝互感器；按照安装形式不同，分为穿墙式、支持式、支柱式和装入式等；按照绝缘形式不同，分为固体绝缘（例如环氧浇注绝缘或环氧＋硅橡胶组合绝缘）、油纸绝缘、气体绝缘等；按照用途不同，分为保护用、测量等；按准确度等级不同，测量用的电流互感器有 0.2、0.5、1、3、5 五个等级，保护用电流互感器有 5P、10P 两个等级。环氧树脂（或不饱和环氧树脂）浇注式电流互感器尺寸小，性能好，安全可靠，所以在供配电系统的高低压成套配电装置中广泛使用。图 4-8 和图 4-9 为 LQZZBJ9-10A1 型户内高压电流互感器（图 4-8）和 LMZJ1-0.5 型户内低压电流互感器（图 4-9）外形结构图。

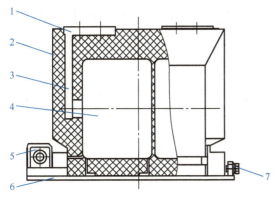

图 4-8　LQZZBJ9-10A1 型户内高压电流互感器
结构示意图

1——一次出线端子　2——环氧树脂混合料　3——一次绕组
4——二次绕组（包含铁心）　5——二次接线罩　6——安装底板
7——接地螺栓

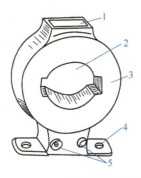

图 4-9　LMZJ1-0.5 型户内低压电流互感器
外形结构图

1——铭牌　2——一次母线穿孔　3——铁心
4——安装板　5——二次接线端子

LQZZBJ9-10A1 型全封闭电流互感器目前测量准确级有 0.2、0.5 级等，保护级有 10P10、10P20 等。在额定频率为 50Hz、额定电压为 10kV 及以下的电力线路及其设备中，常利用该电流互感器进行电流、电能测量和继电保护。二维码 4-2 为 LQZZBJ9-10A1 型电流互感器的主要技术参数，供参考。LMZJ1-0.5 型户内低压电流互感器属于单匝式电流互感器，铁心为环形（5 ～ 800A）或矩形卷铁心（1000 ～ 3000A），它没有专门的一次绕组，穿过其铁心的母线就是其一次绕组。该种互感器测量方便、便于携带，所以广泛用于 500V 及以下配电系统中。

4-2
LQZZBJ9-10A1
型电流互感器

（3）使用注意事项

1）电流互感器工作时二次绕组绝不允许开路。因为二次侧一旦开路，一次电流励磁电流数值很小，这种情况下二次电压远超过正常值，会危及人身和设备安全。

2）电流互感器使用时每个二次绕组有一端接地（一般 S_2 端接地），以防止其一、二次绕组间绝缘击穿时一次侧高电压窜入二次侧，危及人身和设备安全。

3）连接电流互感器时，需注意其端子的极性。按照规定采用"减极性"标号法。所谓"减极性"原则即在一次绕组和二次绕组的同名端同时加入某一同相位电流时，两个绕组产生的磁通在铁心中同方向。

4.3.2 电磁式电压互感器

微课：电压互感器

电磁式电压互感器（VT）主要由一、二次线圈，铁心和绝缘介质组成，其本质相当于一个实现电压准确测量功能的特殊变压器。电压互感器一次侧接一次系统，二次侧接测量仪表、继电保护装置等，可将高电压与电气工作人员隔离。电压互感器将高电压按比例转换成标准的低电压（100/3V、100/$\sqrt{3}$V、100V）。

（1）结构原理与接线方式

图 4-10 为电压互感器的原理接线图，当在一次绕组上施加一个电压 U_1 时，在铁心中就产生一个磁通 ϕ，根据电磁感应定律，在二次绕组中就会产生一个二次电压 U_2。电压互感器的一次电压 U_1 与二次电压 U_2 之间的关系为

$$U_1 \approx \frac{N_1}{N_2}U_2 \approx K_u u_2 \tag{4-5}$$

式中，$K_u = U_1/U_2$，为电压互感器的电压比。

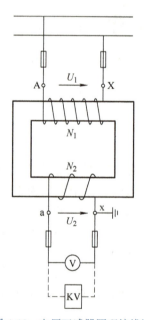

图 4-10　电压互感器原理接线图

电压互感器主要接线方式如图 4-11 所示。单相式接线的电压互感器用于仪表、继电器测量一个线电压；V/V 接线电压互感器用于仪表、继电器测量三相三线制电路的三个线电压，广泛用于供配电系统 6～10kV 高压配电装置中；Y_0/Y_0 接线电压互感器可测量电网的线电压，可供电给接相电压的绝缘监视电压表。$Y_0/Y_0/\bigtriangleup$（开口三角形）接线电压互感器，当二次绕组接成 Y_0 时，供仪表继电器测量三个相电压和三个线电压；接成开口三

角形的辅助二次绕组，构成零序电压过滤器，供电给监察线路绝缘的电压继电器。三相电路正常工作时，开口三角形两端的电压接近于零，当某一相接地时，开口三角形两端将出现近 100V 的零序电压，使电压继电器动作，发出信号。

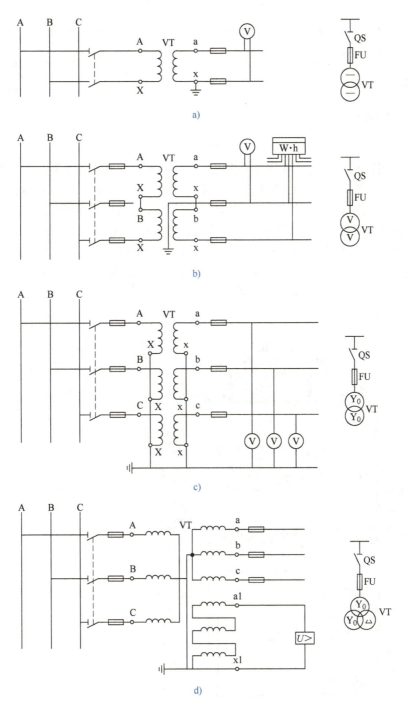

图 4-11　电压互感器主要接线方式

a）单相式接线　b）V/V 接线　c）Y_0/Y_0 接线　d）$Y_0/Y_0/\triangle$（开口三角形）接线

（2）型号与类型

电压互感器全型号的表示和含义如图 4-12 所示。

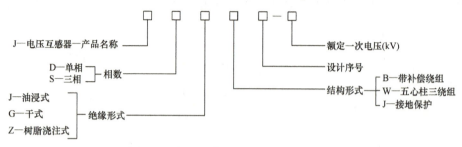

图 4-12 电压互感器全型号的表示和含义

电压互感器按相数不同，可分为单相电压互感器和三相电压互感器；按安装场所不同，可分为户内式和户外式；按绝缘介质不同，可分为油浸式和干式（含环氧树脂浇注式）；按准确度等级可分为 0.2、0.5、1、3、3P、6P 六个等级。例如，广泛使用的 JDZX9-10 型全封闭电压互感器，其结构示意图如图 4-13 所示，为单相双线圈全封闭结构，一次和二次绕组均缠绕在铁心上，测量准确级有 0.2、0.5 级等，保护级有 3P、6P。在额定频率 50Hz 或 60Hz、额定电压为 35kV 的电力系统中，常用于电压、电能测量及继电保护。二维码 4-3 为 JDZX9-10 型电压互感器的主要技术参数，供参考。

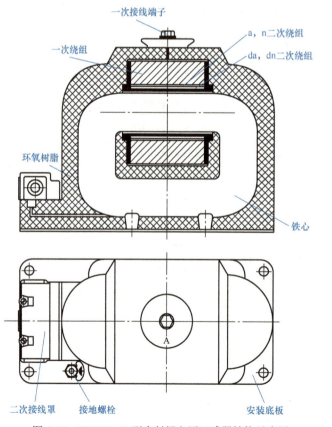

4-3
JDZX9-10 型
电压互感器

图 4-13 JDZX9-10 型全封闭电压互感器结构示意图

（3）使用注意事项

1）电压互感器二次侧不允许短路。若二次回路短路，由于电压互感器内阻抗很小，会出现很大的电流，将损坏电压互感器及二次设备甚至会危及人身安全。

2）电压互感器二次绕组必须有一点接地。接地后，当一次和二次绕组间的绝缘损坏时，可防止仪表和继电器出现高电压，避免危及人身安全。

3）电压互感器连接时应注意其端子的极性，通常采用"减极性"标号法。

4.4　高低压一次开关设备

4.4.1　高压一次开关设备

（1）高压断路器

高压断路器又称高压开关，具有完善的灭弧结构和足够的断流能力，不仅能断开或接通电路，而且当系统故障时在继电器保护装置作用下能切断短路故障电流。

高压断路器全型号的表示及其含义如图 4-14 所示。

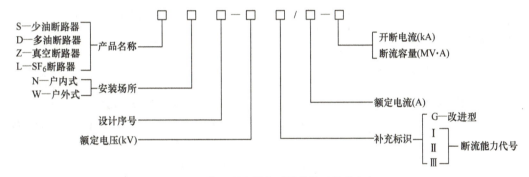

图 4-14　高压断路器全型号的表示及其含义

按灭弧介质的不同，断路器可分为油断路器、六氟化硫断路器（SF_6断路器）、真空断路器等。SF_6断路器和真空断路器目前应用较为广泛，油断路器已基本被淘汰。绿色环保气体（C_4F_7N、$C_6F_{12}O$、C_3F_7CN 等其他类似的气体）断路器被逐渐开发并使用。

SF_6断路器采用惰性气体六氟化硫（SF_6）来灭弧，主要采用 SF_6 气体的高绝缘性能来增强触头间的绝缘。SF_6断路器具有开断能力强、断口耐压高、可连续多次开断、可频繁操作、噪声小、无火灾危险、机电磨损小等优点。它是一种性能优异的"无维修"断路器，近年来在高压电路中应用越来越多。

真空断路器的灭弧介质和灭弧后电气触头间隙的绝缘介质都是高真空。它利用高真空中电流流过零点时，等离子体的迅速扩散熄灭电弧。真空断路器主要包含真空灭弧室、电磁或弹簧操作机构、支架及其他部件。它具有体积小、重量轻、适用于频繁操作、灭弧不用检修等优点。同时，它也存在一定缺点，如灭弧太快容易产生操作过电压；开断感性电流时，会出现电流截断现象造成较高的过电压。目前，真空断路器在供配电系统中应用较为广泛。

（2）高压隔离开关

高压隔离开关是供配电系统中重要的开关设备，断开后有明显的绝缘间隙，主要功能是隔离高压电源，以保证其他设备和线路的安全检修。由于它不具有灭弧功能，单独使用时不允许带负荷操作。在供配电系统中，高压隔离开关一般与高压断路器配套使用，使用时先断开断路器后断开隔离开关，合闸时顺序相反。

高压隔离开关全型号的表示和含义如图 4-15 所示。

按安装场所不同，高压隔离开关主要分为户内式和户外式；按绝缘支柱数目不同，也可分为单柱式、双柱式和三柱式；按极数不同，分为单极式和双极式；按结构不同，可分为刀闸式和转动式；按刀闸的运行方式不同，可分为水平旋转式、垂直旋转式、摆动式和插入式；按有无接地，可分为不接地式和单接地式。户内式高压隔离开关通常使用 CS6 型操作机构进行操作，而户外式高压隔离开关大多采用高压绝缘操作棒手工操作，高压隔离开关也可配装电动操作机构。GN8 系列户内高压隔离开关常用于户内 10kV 三相交流 50Hz 的供配电系统中。GN8-10 型隔离开关外形结构如图 4-16 所示。

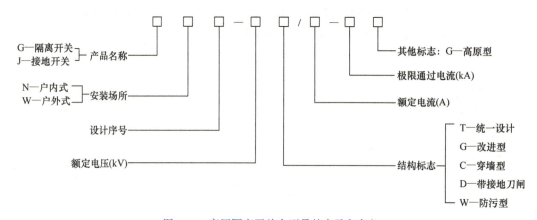

图 4-15　高压隔离开关全型号的表示和含义

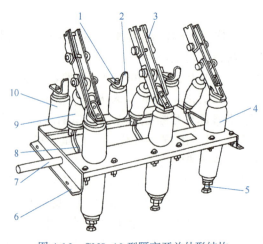

图 4-16　GN8-10 型隔离开关外形结构

1—上接线端子　2—静触头　3—闸刀　4—套管绝缘子　5—下接线端子
6—框架　7—转轴　8—拐臂　9—升降绝缘子　10—支持绝缘子

（3）高压熔断器

高压熔断器主要应用于电路和设备的短路或过负荷保护，当流过其熔体的电流超过规定值一定时间后，以自身产生的热量使熔体熔断，从而分断电流、断开电路。因其结构简单、使用方便、分断能力较强、价格低廉，高压熔断器被广泛应用于 35kV 以下小容量电网中。

高压熔断器全型号的表示和含义如图 4-17 所示。

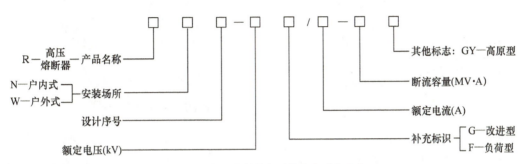

图 4-17　高压熔断器全型号的表示和含义

高压熔断器分为户内和户外式。供配电系统中室内广泛采用 RN1、RN2 等管式熔断器，室外则较多使用 RW4、RW10（F）等跌落式熔断器。图 4-18 所示为 RN1 和 RN2 型户内高压熔断器的外形结构，它们结构基本相同，主要由瓷熔管、弹性触座、熔断指示器、瓷绝缘子和底座构成。RN1 和 RN2 型户内式熔断器灭弧能力强，灭弧速度较快，可在短路故障电流未达到最大瞬时值之前完全熄灭电弧，属于"限流"式熔断器。RN1 型熔断器主要对电力变压器和电力线路的短路进行保护，兼具有过负荷保护作用，其熔体将流过主电路的大电流，因此体积比 RN2 大。而 RN2 型熔断器用于电压互感器一次侧的短路保护，其通过的一次电流较小，故体积较小。

RW4 和 RW10（F）型户外高压跌落式熔断器广泛应用于室外配电变压器或电力线路的短路保护和过负荷保护中，其灭弧能力相对较弱，灭弧速度较慢，在短路电流达到最大瞬时值之前电弧不能熄灭，属于"非限流"式熔断器。RW4 型户外高压跌落式熔断器适用于无负荷操作，只能通断小容量的空负荷变压器和空负荷线路，其外形结构如图 4-19 所示。RW10（F）型户外高压跌落式熔断器在上静触头上面加装一个简单的灭弧室，可带负荷操作，操作要求和高压负荷开关相同。两种熔断器均主要由上静触头、上动触头、熔管、铜熔丝、下静触头、下动触头、固定安装板等组成。

（4）高压负荷开关

高压负荷开关是一种功能介于高压断路器和高压隔离开关之间的电气设备，有简单的灭弧装置，能通断一定的负荷电流和过负荷电流，但是不能断开短路电流，所以常与高压熔断器串联配合使用。负荷开关与隔离开关均在电路中起明显断点的作用，能够保证系统安全检修时人员的安全。而两者的区别在于高压负荷开关有自灭弧功能，虽然其开断容量有限，但可带负荷操作。

高压负荷开关全型号的表示和含义如图 4-20 所示。

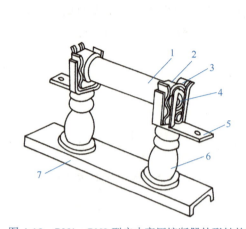

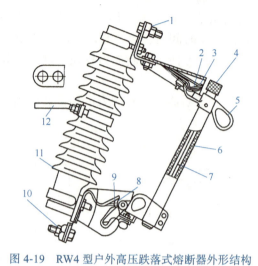

图 4-18　RN1、RN2 型户内高压熔断器外形结构

1—瓷熔管　2—金属管帽　3—弹性触座　4—熔断指示器
5—接线端子　6—瓷绝缘子　7—底座

图 4-19　RW4 型户外高压跌落式熔断器外形结构

1—上接线端子　2—上静触头　3—上动触头　4—管帽
5—操作环　6—熔管　7—铜熔丝　8—下动触头　9—下静触头
10—下接线端子　11—绝缘瓷瓶　12—固定安装板

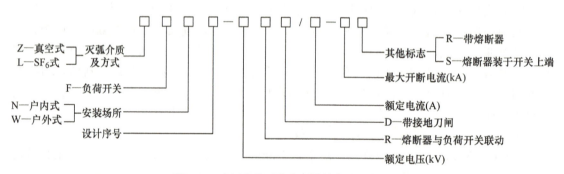

图 4-20　高压负荷开关全型号的表示和含义

　　按安装场所不同，高压负荷开关可分为户内式和户外式；按结构不同，高压负荷开关也可分为油负荷开关、真空负荷开关、SF_6 负荷开关、产气式负荷开关和压气式负荷开关。目前，供配电系统中常用的高压负荷开关有真空负荷开关、SF_6 负荷开关、产气式负荷开关和压气式负荷开关，它们多用于中压电网。

　　图 4-21 为 FN3–10 型户内压气式高压负荷开关结构图，一般应用于额定电压为 10kV 的电网中，作为正常情况下分、合电路之用。因为其带有 RN 型高压熔断器，可开断短路电流，所以可用来分断过负荷和短路电流。负荷开关与熔断器配合使用时，短路电流使熔断器熔断并由联动装置使负荷开关跳闸。

　　（5）高压开关柜

　　高压开关柜多用于 3 ～ 35kV 供配电系统中，是将一、二次设备组装在一起的一种高压成套配电装置，其全型号的表示和含义如图 4-22 所示。

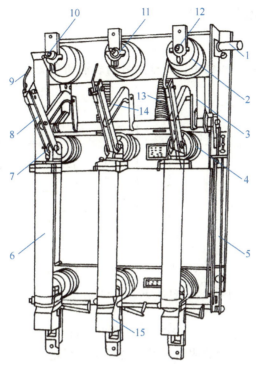

图 4-21 FN3–10 型户内压气式高压负荷开关结构

1—主轴 2—上绝缘子 3—连杆 4—下绝缘子 5—框架 6—熔断器
7—下触座 8—闸刀 9—弧动触头 10—绝缘喷嘴（内有弧静触头）
11—主静触头 12—上触座 13—断路弹簧 14—绝缘拉杆 15—热脱扣器

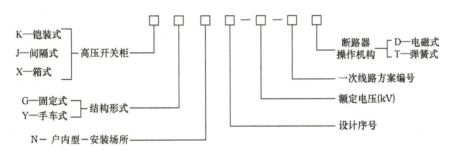

图 4-22 高压开关柜全型号的表示和含义

按柜体的结构特点不同，高压开关柜可分为开启式和封闭式两种。其中，开启式开关柜的柜体结构简单、造价低，柜中的元件之间一般不隔开，且母线外露；封闭式开关柜则将元件用隔板分隔成不同的小室，比开启式开关柜更安全，可防止事故扩大，但造价相对较高。

按结构形式不同，高压开关柜也分为固定式和手车式，其中前者柜体内安装的高压断路器等主要电气设备是固定的，后者则是装在可以拉出和推入开关柜的手车上。手车式高压开关柜具有检修安全方便、供电可靠性高的优点，但由于其价格较贵，实际应用相对较少。因此，在一般供配电系统中，常用的是较为经济的固定式高压开关柜。

4.4.2 低压一次开关设备

（1）低压熔断器

低压熔断器串联在低压回路中，其全型号的表示和含义如图 4-23 所示。

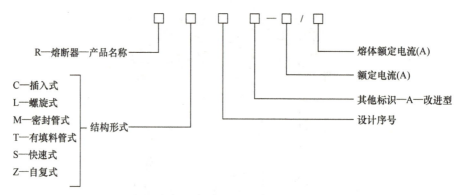

图 4-23　低压熔断器全型号的表示和含义

低压熔断器主要分为插入式（RC）、螺旋式（RL）、密封管式（RM）、有填料管式（RT）等。RC 型插入式多用于照明电路及小容量电动机电路；RL 型螺旋式多用于额定电压 500V、额定电流 200A 以下的交流电动机控制回路；RM 型密封管式多用于低压电力网络和成套配电装置的电路和过负荷保护中；RT 型有填料管式多用于短路电流大的电力网络或配电装置中。

（2）低压刀开关

低压刀开关是一种简单的手动操作电气设备，用于非频繁接通和开断小输送容量低压供电线路，并兼作电源隔离开关，其全型号的表示和含义如图 4-24 所示。

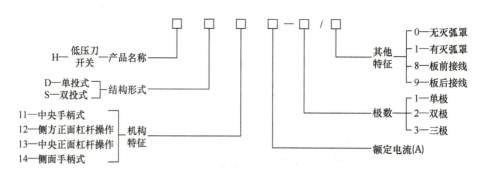

图 4-24　低压刀开关全型号的表示和含义

按照结构形式不同，刀开关分为单投式和双投式；按照极数不同，分为单极式、双极式和三极式；按操作方式不同，分为直接手柄操作和杠杆操作；按灭弧结构不同，分为无灭弧罩式和有灭弧罩式。无灭弧罩的刀开关只能在无负荷下操作，作为低压隔离开关使用；有灭弧罩的刀开关能通断一定的负荷电流。低压刀开关最大的特点是有一个刀形动触头（闸刀），其主要构成包括闸刀（动触头）、刀座（静触头）和底板。

（3）低压熔断式刀开关

低压熔断式刀开关由低压熔断器和低压刀开关组合而成，其全型号的表示和含义如图4-25所示。

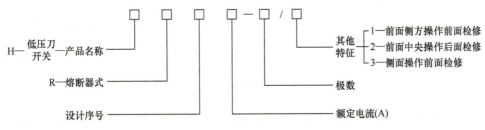

图4-25 低压熔断式刀开关全型号的表示和含义

低压熔断式刀开关具有刀开关和熔断器双重功能，正常馈电的情况下，接通和切断电源由刀开关来担任。当线路或用电设备过负荷或短路时，熔体熔断，及时切断故障电流。低压熔断式刀开关可以用来代替各种低压配电装置中刀开关和熔断器的一种组合电器，常用于工业企业配电网络中作为电缆导线及用电设备的过负荷和短路保护，以及在网络正常馈电情况下接通和切断电源。

（4）低压负荷开关

低压负荷开关属于特殊的低压熔断式刀开关，由低压刀开关与低压熔断器串联组合而成，具有带灭弧罩的刀开关和熔断器的双重功能，既可以带负荷操作，又能进行短路保护，其全型号的表示和含义如图4-26所示。

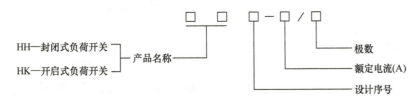

图4-26 低压负荷开关全型号的表示和含义

低压负荷开关主要分为封闭式（HH）和开启式（HK）。封闭式负荷开关将刀开关与熔断器串联，安装在铁壳内，俗称铁壳开关，常用于手动低频率接通和分断电路，适合安装在较高级的抽出式低压成套装置中，在一定条件下可起过负荷保护的作用。开启式负荷开关，外装瓷质胶盖，俗称胶壳开关，常用于一般的照明电路和功率小于5.5kW的电动机控制电路。

（5）低压断路器

低压断路器俗称低压空气开关或自动空气开关，具有良好的灭弧性能，能带负荷通断电路，可用于电路的不频繁操作，又能在短路、过负荷和失电压跳闸时对电路进行保护。

低压断路器全型号的表示和含义如图4-27所示。

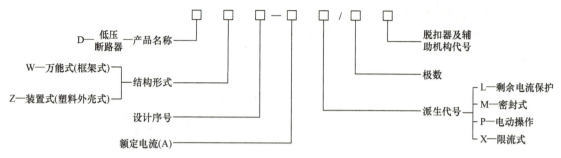

图 4-27　低压断路器全型号的表示和含义

低压断路器主触点靠手动操作或电动合闸。主触点闭合后，自由脱扣机构将主触点锁在合闸位置上。过电流脱扣器的线圈和热脱扣器的热元件与主电路串联，欠电压脱扣器的线圈和电路并联。当线路出现故障时，其过电流脱扣器动作，使开关跳闸；当线路出现过负荷时，串联在一次线路上的加热电阻加热，热脱扣器上双金属片弯曲，开关跳闸；当线路电压严重下降或电压消失时，失电压脱扣器动作，开关跳闸；分励脱扣器作为远距离控制，在正常工作时其线圈是断电的，若需要距离控制时，按下起动按钮，线圈通电，衔铁带动自由脱扣机构动作，主触点将断开。

按结构形式不同，低压断路器主要分为装置式（DZ）和万能式（DW）；按灭弧介质不同，分为空气断路器、真空断路器等；按操作方式不同，分为手动操作、电磁铁操作和电动机储能操作。低压断路器的形式、种类虽然很多，但结构和工作原理基本相同，主要由触点系统、灭弧系统、脱扣器、操作机构和自由脱扣机构等构成。二维码 4-4 列出了部分常用低压断路器的主要技术参数。

4-4
部分常用低压断路器的主要技术参数

（6）低压配电柜

低压配电柜又叫低压配电屏，已按一定的接线方案将有关低压一、二次设备组装在一起，用于低压配电系统中动力、照明用电的成套装置。低压配电柜可分为固定式和手车式（抽屉式）两大类。常用的低压配电柜有 PGL、GGD、GLL 系列固定式低压配电柜，GCL、GCS、GCK 系列抽屉式低压配电柜。按用途不同，低压配电箱可分为动力配电箱和照明配电箱；按照结构不同，可分为板式、箱式、台式和落地式；按照安装场所不同，可分为户内式和户外式。

目前的 DYX（R）型多用途低压配电箱［其中，DY 指多用途；X 指配电箱；R 指嵌入式（无 R，则为明装式）］，广泛应用于工业和民用建筑中的低压动力和照明配电。

4.5　高低压一次开关设备的选择

微课：高低压一次开关设备的选择

4.5.1　开关设备选择的一般原则

供配电系统中电气设备是在一定的电压、电流、频率和工作环境条件下工作的，电气设备的选择除了应满足在正常工作时能安全可靠运行，适应所处的环境条件（户内或户外）、环境温度、海拔，以及防尘、防火、防腐、防爆等要求，还应满足在短路故障时不致损坏。开关电气设备还必须具有足够的断流能力。电气设备的选择应遵循：

1）按工作要求和环境条件选择电气设备的型号。

2）按正常工作条件选择电气设备的额定电压和额定电流。

GB/T 11022—2020《高压交流开关设备和控制设备标准的共用技术要求》规定：额定电压等于开关设备和控制设备所在系统的最高电压。它表示设备用于电网的"系统最高电压"的最大值，见表 4-2。

表 4-2　高压开关设备的额定电压　　　　　　　　　（单位：kV）

系统标称电压	3	6	10	20	35	110	220	330	500	750	1000
设备最高电压	3.6	7.2	12	24	40.5	126	252	363	550	800	1100

① 电气设备的额定电压 U_N 应不低于设备所在的系统标称电压 $U_{N.S}$。例如，在 10kV 系统中，应选择额定电压为 12kV（10kV）的电气设备，在 380V 系统中，应选择额定电压为 380V 或 500V 的电气设备。

② 按最大负荷电流选择电气设备的额定电流。电气设备的额定电流应不小于实际通过它的最大负荷电流 I_{max}（或计算电流 I_c）。

3）按短路条件校验电气设备的动稳定和热稳定。为了保证电气设备在短路故障时不致损坏，必须按最大短路电流校验电气设备的动稳定和热稳定。

4）开关电气设备断流能力校验。断路器和熔断器等电气设备担负着切断短路电流的任务，必须可靠地切断通过的最大短路电流，因此，开关电器还必须校验其断流能力，其额定短路开断电流不小于安装处的最大三相短路电流。

4.5.2　高压开关设备的选择

高压开关设备主要包括高压断路器、高压熔断器、高压隔离开关和高压负荷开关。高压开关设备的选择和校验项目见表 4-3。

表 4-3　高压开关设备的选择和校验项目

开关设备名称	额定电压 /kV	额定电流 /A	短路校验		
			动稳定度	热稳定度	断流能力 /kA
高压断路器	√	√	√	√	√
高压隔离开关	√	√	√	√	
高压负荷开关	√	√	√	√	√（附熔断器）
高压熔断器	√	√	—	—	√

注：表中"√"表示必须校验，"—"表示无须校验。

高压开关电气设备选择的一般性原则如下：

1）根据使用环境和安装条件来选择设备的型号。

2）在正常条件下，选择设备的额定电压和额定电流。

3）短路条件下的稳定度校验包括动稳定度校验和热稳定度校验。

其中，**动稳定度校验**主要指电气设备的额定峰值耐受电流 i_{max} 应不小于设备安装处的最大冲击短路电流 $i_{sh}^{(3)}$。额定峰值耐受电流是指在规定的使用和性能条件下，开关设备在合闸位置能够承载的额定短时耐受电流，即第一个大半波的电流峰值。

热稳定校验是指电气设备允许的短时发热应不小于设备安装处的最大短路发热，即

$$I_{th}^2 t_{th} = I_\infty^{(3)2} t_{ima} \tag{4-6}$$

式中，I_{th} 为电气设备在 t_{th} 内允许通过的额定短时耐受电流有效值，是指在规定的使用和性能条件下，在规定的短时间内，开关设备在合闸位置能够承载的电流的有效值；t_{th} 为电气设备的额定短路持续时间，其标准值为 2s，推荐值为 0.5s、1s、3s 和 4s。

4）**开关电气设备断流能力校验**。对具有断流能力的开关电器需校验其断流能力。其额定短路分断电流（有效值）I_{cs} 应不小于安装处的最大三相短路电流 $I_{k.max}^{(3)}$。

（1）高压断路器的选择

采用成套配电装置，断路器应选择户内型；如果是户外型变电所，则应选择户外型断路器。35kV 及以下电压等级的断路器宜选用真空断路器或 SF_6 断路器，66kV 和 110kV 电压等级的断路器宜选用 SF_6 断路器。

例 4-1 试选择某 35kV 户内型变电所主变压器二次侧高压开关柜的高压断路器，已知变压器 35kV/10.5kV，5000kV·A，安装处的三相最大短路电流为 3.35kA，冲击短路电流为 8.54kA，三相短路容量为 60.9MV·A，继电保护动作时间为 1.1s。

解：因为是户内型变电所，故选择户内真空断路器。根据变压器二次侧的额定电流来选择断路器的额定电流为

$$I_{2N} = \frac{S_N}{\sqrt{3} U_N} = \frac{5000}{\sqrt{3} \times 10.5} A = 275A$$

查二维码 4-5 得，选择 ZN28–12/630 型真空断路器，有关技术参数及安装处的电气条件和计算选择结果见表 4-4，从中可以看出断路器的参数均大于安装处的电气条件，故所选断路器合格。

4-5
常用高压断路器的技术参数

表 4-4 例 4-1 高压断路器选择校验表

序号	ZN28–12/630		选择要求	安装处的电气条件		结 论
	项 目	数 据		项 目	数 据	
1	U_N	12kV	≥	$U_{N.S}$	10kV	合格
2	I_N	630A	≥	I_c	275A	合格
3	i_{max}	63kA	≥	$i_{sh}^{(3)}$	8.54kA	合格
4	$I_{th}^2 t_{th}$	$25^2 \times 4 kA^2 \cdot s = 2500 kA^2 \cdot s$	≥	$I_\infty^{(3)2} t_{imn}$	$3.35^2 \times (1.1+0.1)$ $kA^2 \cdot s = 13.5 kA^2 \cdot s$	合格
5	I_{cs}	25kA	≥	$I_{kmax}^{(3)}$	3.35kA	合格

（2）高压隔离开关的选择

高压隔离开关需要选择额定电压和额定电流，并校验动稳定和热稳定。对于成套开关柜内的隔离开关，一般根据成套开关柜生产厂商提供开关柜的方案号以及柜内设备型号

进行选择，也可以自行指定设备型号。开关柜柜内高压隔离开关有的带接地刀，有的不带接地刀。

例 4-2 按例 4-1 所给的电气条件，选择变压器二次侧柜内高压隔离开关。

解：查二维码 4-6，选择 GN19–12/630 型高压隔离开关，选择计算结果见表 4-5。

表 4-5 例 4-2 高压隔离开关选择校验表

序号	GN19-12		选择要求	安装处的电气条件		结　论
	项　目	数　据		项　目	数　据	
1	U_N	12kV	≥	$U_{N.S}$	10kV	合格
2	I_N	630A	≥	I_c	275A	合格
3	i_{max}	50kA	≥	$i_{sh}^{(3)}$	8.54kA	合格
4	$I_{th}^2 t_{th}$	$20^2 \times 4kA^2 \cdot s=1600kA^2 \cdot s$	≥	$I_\infty^{(3)2} t_{imn}$	$3.35^2 \times (1.1+0.1)$ $kA^2 \cdot s=13.5kA^2 \cdot s$	合格

（3）高压熔断器的选择

熔断器没有触头，而且分断短路电流后熔体熔断，故不必校验动稳定和热稳定，仅需校验断流能力。选择高压熔断器时，要注意除了选择熔断器的额定电流，还要选择熔体的额定电流。户外型跌开式熔断器需校验断流能力上下限值，应使被保护线路的三相短路的冲击电流小于其上限值，而两相短路电流大于其下限值。

1）保护线路熔断器的选择。

① 熔断器的额定电压应不低于其所在系统的额定电压。

② 熔体的额定电流不小于线路的计算电流。

③ 熔断器的额定电流不小于熔体的额定电流。

④ 熔断器断流能力校验。

a）对限流式熔断器（如 RN1），断开的短路电流是 $I''^{(3)}$，其额定短路分断电流（有效值）I_{cs} 应满足：

$$I_{cs} \geq I''^{(3)} \tag{4-7}$$

式中，$I''^{(3)}$ 为熔断器安装处的次暂态短路电流有效值，无限大容量系统中 $I''^{(3)} = I_\infty^{(3)}$。

b）对非限流式熔断器（如 RW 系列跌开式熔断器），可能断开的短路电流是短路冲击电流，其额定短路分断电流上限值 $I_{cs.max}$ 应不小于三相短路冲击电流有效值 $I_{sh}^{(3)}$，即

$$I_{cs.max} \geq I_{sh}^{(3)} \tag{4-8}$$

熔断器额定短路分断电流下限值应不大于线路末端两相短路电流 $I_k^{(2)}$，即

$$I_{cs.min} \geq I_k^{(2)} \tag{4-9}$$

2）保护电力变压器（高压侧）熔断器熔体额定电流的选择。考虑到变压器的正常过

负荷能力（20%左右）、变压器低压侧尖峰电流以及变压器空负荷合闸时的励磁涌流，熔断器熔体额定电流应满足

$$I_{N.FE} \geq (1.5\sim2.0)I_{IN.T} \tag{4-10}$$

式中，$I_{N.FE}$ 为熔断器熔体额定电流；$I_{IN.T}$ 为变压器一次侧的额定电流。

3）保护电压互感器的熔断器熔体额定电流的选择。一般选择 XRNP、RN2 专用熔断器作电压互感器短路保护，其熔体额定电流为 0.5A。

（4）高压开关柜的选择

高压开关柜属于成套设备，柜内有断路器、隔离开关、互感器等设备。高压开关柜主要选择开关柜的型号和回路方案号。开关柜的回路方案号应按主接线方案选择，并保持一致。对柜内设备的选择，应按装设地点的电气条件来选择，具体方法如前所述。开关柜生产商会提供开关柜型号、方案号、技术参数和柜内设备的配置。

1）型号选择。型号主要依据负荷等级选择。一、二级负荷应选择金属封闭户内手车式，如 KYN-12、KYN-40.5 等系列开关柜。三级负荷可选用金属封闭户内固定式，如 KGN 12、XGN-12 等系列开关柜，也可选择手车式开关柜。

2）回路方案号选择。根据主接线方案，选择与主接线方案一致的开关柜回路方案号，然后选择柜内设备型号规格。每种型号的开关柜主要有电缆进出线柜、架空线进出线柜、母线联络柜、计量柜、电压互感器以及避雷器柜、所用变柜等，但各型号开关柜的方案号可能不同。

4.5.3　低压一次开关设备的选择

低压一次开关设备的选择与高压一次开关设备的选择一样，必须满足在正常条件下和短路故障下工作的要求，同时设备应工作安全可靠，运行维护方便，投资经济合理。

低压一次开关设备选型的一般原则：

1）低压一次开关设备的额定电压应不小于回路的工作电压。

2）低压一次开关设备的额定电流应不小于回路的计算工作电流。

3）一次开关设备的遮断电流应不小于短路电流。

4）热稳定保证值应不小于计算值。

5）按回路起动情况选择低压一次开关设备。

常见低压一次设备的选择校验项目见表 4-6。

表 4-6　常见低压一次设备的选择校验项目

开关设备名称	额定电压 /kV	额定电流 /A	短路校验		
			动稳定度	热稳定度	断流能力 /kA
低压断路器	√	√	—	—	√
低压刀开关	√	√	—	—	√
低压负荷开关	√	√	—	—	√
低压熔断器	√	√	—	—	√

注：表中 "√" 表示必须校验，"—" 表示无须校验。

低压断路器和低压熔断器的选择将在后文第 6 章中详细介绍，接下来主要阐述低压刀开关和低压负荷开关的选择。

1. 低压刀开关的选择

（1）结构形式的选择

刀开关结构形式的选择可据其在线路中的作用和在成套配电装置中的安装位置来确定。仅用来隔离电源时，则只需选用不带灭弧罩的产品；如用来分断负载时，就应选用带灭弧罩的。此外，还应根据是正面操作还是侧面操作，是直接操作还是杠杆传动，是板前接线还是板后接线来选择刀开关的结构形式。

（2）额定电流的选择

刀开关的额定电流一般应等于或大于所分断电路中各个负载额定电流的总和。对于电动机负载，考虑其起动电流应选用刀开关的额定电流不小于电动机额定电流的 3 倍，并考虑电路中可能出现的最大短路峰值电流是否在该额定电流等级所对应的电动稳定性峰值电流以下，超过则选用额定电流更大一级的刀开关。

这里所谓电动稳定性峰值电流是指当发生短路事故时，如果刀开关能通以某一最大短路电流并不因其所产生的巨大电动力的作用而发生变形、损坏或触刀自动弹出的现象。

（3）额定电压的选择

刀开关的额定电压一般应等于或大于电路中的额定电压。

（4）型号的选择

HD11、HS11 用于磁力站中，不切断带有负载的电路，仅起隔离电流作用；HD12、HS12 用于正面侧方操作前面维修的开关柜中，其中有灭弧装置的刀开关可以切断带有额定电流以下的负载电路；HD13、HS13 用于正面后方操作前面维修的开关柜中，其中有灭弧装置的刀开关可以切断带有额定电流以下的负载电路；HD14 用于配电柜中，其中有灭弧装置的刀开关可以带负载操作。

另外，在选用刀开关时，还应考虑所需极数、使用场合、电源种类等。

2. 低压负荷开关的选择

（1）额定电压的选择

负荷开关的额定电压应与电力系统的额定电压相一致，否则会影响设备的正常使用。

（2）额定电流的选择

负荷开关的额定电流应比负载电流大一些，一方面可以保证设备不会过载，另一方面也可以保证负荷开关在过载情况下不会因过热而损坏。

（3）断流能力的选择

负荷开关的断流能力应与电力系统的短路电流相匹配，即满足足够切断电力系统的短路电流，避免短路时设备过载或烧毁。

（4）操作方式的选择

负荷开关的操作方式应根据实际使用情况来选择。手动操作比较适用于少量的、分散的设备，而电动操作适用于大量的、集中的设备。

（5）型号的选择

根据负荷开关的使用条件与环境不同，应考虑选择对应的型号。使用环境主要考虑环境温度、湿度、高度等因素，特别是在潮湿、腐蚀、易爆等环境中更应选择防爆、防腐蚀、可靠密封的负荷开关。

目前常用负荷开关有开启式负荷开关和封闭式负荷开关。其中，开启式负荷开关主要有 HK1 和 HK2 系列，如表 4-7 为 HK2 系列开启式负荷开关的主要技术参数。HK2 系列开启式负荷开关选用时主要从以下两个方面考虑：

1）用于照明和电热负载时，选用额定电压 220V（或 250V），额定电流不小于电路所有负载额定电流之和的两极开关。

2）用于控制电动机负载时，考虑电动机的起动电流，选用额定电压 380V（或 500V），额定电流不小于电动机额定电流 3 倍的三极开关。

表 4-7 HK2 系列开启式负荷开关的主要技术参数

额定电压 /V	极数	额定电流 /A	控制交流电动机最大容量 /kW	熔丝规格	
				含铜量不少于 (%)	线径不大于 /mm
220	2	6	0.5	99	0.17
		10	1.1		0.25
		16	1.5		0.41
		32	3.0		0.55
		63	4.5		0.81
380	3	16	2.2		0.44
		32	4.0		0.72
		63	5.5		1.12
		100	7.6		1.15

常见的封闭式负荷开关有 HH3、HH4、HH10、HH11 等系列。HH4 系列封闭式负荷开关的主要技术参数见表 4-8。封闭式负荷开关选用时其额定电压应不小于线路的工作电压，额定电流根据控制负载不同确定方法也不同。一般控制照明电热负载时，额定电流应不小于负载额定电流之和；控制电动机负载时，考虑电动机的起动电流，其额定电流应不小于电动机额定电流的 3 倍。

表 4-8 HH4 系列封闭式负荷开关的主要技术参数

额定电流 /A	刀开关极限通断能力			熔断器极限通断能力			控制电动机最大功率 /kW	熔体额定电流 /A	熔体（纯铜丝）直径 /mm
	通断电流 /A	功率因数	通断次数 / 次	分段电流 /A	功率因数	分断次数 / 次			
15	60	0.5	10	750	0.8	2	3.0	6	0.26
								10	0.35
								15	0.46
30	120			1500	0.7		7.5	20	0.65
								25	0.71
								30	0.81
60	240	0.4		3000	0.6		13	40	0.92
								50	1.07
								60	1.20

4.6　供配电系统的主接线方式

微课：供配电系统的主接线方式

4.6.1　基本概念

变配电所的电气主接线是将主要电气设备按一定顺序连接而成，实现电能输送和分配，亦称为一次电路图。变配电所的主接线形式包括系统式主接线和配置式主接线两种，其中系统式主接线仅表示电能输送和分配的次序和相互连接，不反映相互位置，主要用于原理图中；配置式主接线按高压开关柜或低压开关柜的相互连接和部署位置绘制，常用于变配电所的施工图中。

变配电所主接线的基本要求可概括如下：

1）安全。包括人身和设备安全，应符合国家标准的有关技术规范，正确选择电气设备及其监视、保护系统，并采用各类安全技术措施。

2）可靠。应符合不同级别负荷对供电可靠性的要求。

3）优质。应使电能用户满足对电压和频率等电能质量的要求。

4）灵活。在实现各种切换操作时，在操作步骤尽可能少的情况下，同时满足不同的系统运行方式。如变压器经济运行方式、电源线路备用方式等。

5）经济。基建投资、年运行费用和年电能损耗，尽量做到接线简化、占地少、总成本最小。

在确定电气主接线时要结合电网和用电单位的基本要求，注意变配电所在系统中的地位、出线回路数、设备特点以及负荷性质等条件，同时也要考虑施工、检修和运行管理是否方便。

4.6.2　供配电系统常见主接线类型

变配电所主接线的基本环节是进线和出线，连接二者的中间环节是母线，又称汇流排，起汇集和分配电能的作用。采用母线可使接线简单清晰，运行方便，有利于安装和扩建，但配电装置占地面大，使用的开关电器多，而无汇流母线的接线使用开关电器少，占地面积小，适用于进出线回路少的场所。因此，按照有无母线，变配电所电气主接线分为两大类：有母线和无母线的接线形式。

（1）常见有母线主接线方式

按照母线的数量不同，有母线接线可分为单母线和双母线接线。

1）单母线接线。图 4-28 所示为单母线接线，紧靠母线 WB 的隔离开关 2QS 称作母线隔离开关，靠近线路侧的隔离开关 3QS 为线路隔离开关，2QF 为断路器。由于断路器有灭弧装置，可以开断负荷和短路电流，所以用来接通或切断电路。而隔离开关没有灭弧装置，不能投切负荷电流，更不能切断短路电流，只能在停电检修设备时断开电路，起着隔离电压的作用。

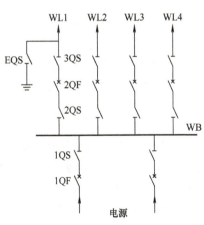

图 4-28　单母线接线图

EQS 为接地开关（又称接地刀闸），当检修电路和设备时闭合，取代安全接地线的作用。对 35kV 及以上母线，每段母线上亦装设 1 ~ 2 组接地开关或接地器以保证电器和母线检修时的安全；当电压在 110kV 及以上时，断路器两侧的隔离开关和线路开关的线路侧均应装设接地开关。

现以馈线 WL1 为例说明运行操作时需严格遵守的操作顺序：对馈线 WL1 送电时，应先闭合 2QS 和 3QS 再投入 2QF；对馈线 WL1 断电时，应先断开 2QF，再断开 3QS 和 2QS。为防止误操作，除严格按操作规程实行操作票制度外，还应在隔离开关和相应的断路器之间，加装电磁闭锁、机械闭锁或计算机钥匙。

> **一点讨论：** 在断路器与隔离开关的合闸送电、分闸断电时必须遵循一定操作顺序，合闸送电时，先闭合隔离开关，再闭合断路器；断闸断电时，先断开断路器，再断开隔离开关。利用此专业知识，明确在实际电力操作中一定严格遵守规章制度，严格执行"两票三制"，两票是指工作票、操作票；而三制是指交接班制、巡回检查制、设备定期试验轮换制。"两票三制"是电业安全生产保证体系中最基本的制度之一，是我国电力行业多年运行实践中总结出来的经验，对任何人为责任事故的分析，均可以在其"两票三制"的执行问题上找到原因。据此，也告诫我们在实际电力系统操作时必须时刻严格遵章守纪，不断加强安全规范意识。

单母线接线的主要优点是，接线简单、清晰；设备少，操作方便；隔离开关仅在检修设备时起隔离电压作用，使之误操作的可能性减少。此外，投资少，便于扩建。

其主要缺点是，由于电源和引出线都接在同一母线上，当母线或母线隔离开关故障或检修时，必须断开接在母线上的全部电源，与之相接的整个电力装置在检修期间全部停止工作。同时，检修断路器时，该回路必须停止工作。

为了提高单母线供电可靠性，可采取以下措施：

① 母线分段。如图 4-29 所示，分段断路器 QF 将母线分为两段。母线分段的优点是，当母线发生故障或检修时，停电的范围可缩小一半；当其中一段故障或检修时，另一段母线可正常工作。对重要用户，可以从不同段用两回线供电，当一段母线发生故障时，仍可由另一段母线继续供电。

母线数分段得越多，停电的范围越小，但将增多断路器等设备的数量，使配电装置复杂。通常分段的数目取决于电源的数量和容量，一般以 2 ~ 3 段为宜。这种接线广泛用于中小容量发电厂的 6 ~ l0kV 接线和 6 ~ 220kV 变电所中。

② 加设旁路母线。如要求检修断路器时不中断回路的供电，可以再装设旁路母线 WB2，如图 4-30 所示。断路器 2QF 为旁路断路器，3QS、4QS、7QS、10QS、13QS 为旁路隔离开关。正常运行时，旁路母线不带电，

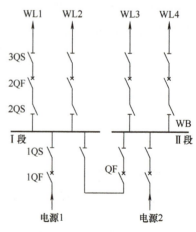

图 4-29　分段单母线接线

所有旁路隔离开关和旁路断路器均断开，以单母线方式运行。当检修某一出线短路器时，可用旁路断路器 2QF 代替出线断路器工作，继续给用户供电。这种接线广泛用于出线较

多的 110kV 及以上的高压配电装置中。

2）双母线接线。图 4-31 所示为双母线接线，其中一组为工作母线，另一组为备用母线。每回线路经一个断路器和两个隔离开关连接到两组母线上，两组母线间有母线联络断路器（简称母联断路器）TQF。

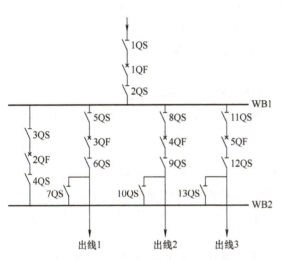

图 4-30　加设旁路母线的单母线接线　　　　图 4-31　双母线接线

BW—旁路母线　BQF—旁路断路器　BQS—旁路隔离开关

两组母线就可以做到轮流检修任一组母线而不中断供电；当工作母线发生故障时，可经倒闸操作将全部回路倒换到备用母线上，能迅速恢复供电；检修任一回路的母线隔离开关时，只断开这一条回路，其他回路可倒换到另一组母线上继续运行；各个电源和各回路负荷可以任意分配到某一组母线上，能灵活地适应电力系统中不同运行方式调度和潮流变化的需要。当母线联络断路器闭合时，两组母线同时运行，电源和负荷平均分配在两组母线上，称为固定连接方式运行；当母联断路器断开时，一组母线运行，另一组母线备用，全部进出线均接在运行母线上，即相当于单母线运行。

双母线接线具有供电可靠、调度灵活、便于扩建等优点，在大中型发电厂和变电所中广为采用。但这种接线使用设备较多、配电装置复杂、经济性较差，在运行中隔离开关作为操作电器，易导致误操作；当母线回路发生故障时，需短时切除较多电源和负荷；当检修出线断路器时，该回路停电。采用母线分段和增设旁路母线等措施可部分消除上述缺点。目前双母线主要应用于我国大容量的重要发电厂和变电所中。

（2）常见无母线主接线方式

1）线路—变压器组接线。当只有一路电源进线与一台变压器，且再无扩建的情况下，可采用线路—变压器组接线，如图 4-32 所示。根据变压器高压侧情况的不同，可以选择图中的 4 种开关电气设备，各自要求分别如下：

① 总降压变电所出线继电保护装置可保护变压器，且灵敏度满足要求时，变压器高压侧可只装隔离开关。

② 当采用高压熔断器保护变压器，且变压器高压侧短路容量不超过高压熔断器断流容量时，变压器高压侧可装跌落式熔断器或负荷开关—熔断器。

③ 一般情况下变压器高压侧装设隔离开关和断路器。

若变压器容量低于 630kV·A 时，其高压侧装隔离开关或跌落式熔断器；当变压器容量不大于 1250kV·A 时，高压侧装负荷开关。

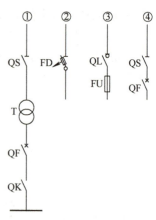

图 4-32　线路—变压器组接线方式示意图

该方式的优点是接线简单、所用电气设备少、操作简便、易于扩建；缺点是可靠性不高，当任一电气设备发生故障或检修时，变电所将全部停电，多用于车间变电所、小容量三级负荷、小型企业或非生产性用户。

2）桥式接线。当只有两台变压器和两条线路时，可考虑采用桥式接线。桥式接线方式是单母线分段接线方式中进出线回路数相同，且取消进线或出线断路器时的特殊情况。根据断路器的位置不同，桥式接线可分为内桥式接线方式和外桥式接线方式，分别如图 4-33 和图 4-34 所示。

内桥式接线方式中线路的投切比较方便，但变压器投切比较复杂。所以内桥式接线适用于进线线路较长、负荷比较平稳、变压器不需要经常投切的场合。与内桥式接线方式相反，外桥式接线则适用于进线线路较短、负荷变化较大、变压器需要经常切换的场合。总体而言，桥式接线方式具有较强可靠性、灵活性，且所使用电气设备较少，建设费用低等优点，因此广泛应用于 220kV 及以下的变电所中。

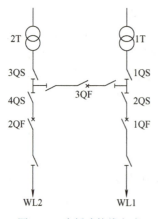

图 4-33　内桥式接线方式

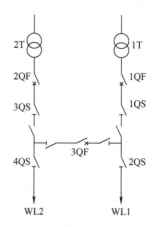

图 4-34　外桥式接线方式

桥式接线清晰简单，所用设备少，但可靠性不高，且隔离开关又用作操作电器，只适用于小容量发电厂和变电所，以及作为最终将发展为单母分段或双母线的过渡接线方式。

一点讨论：自主创新与技术突破是推动我国电力工业高质量发展的关键动力。2022 年 11 月，我国在天津成功建设了首个拥有完全自主知识产权的 10kV "雪花网"

配电网试点工程，这标志着我国配电网建设进入了追求高质量发展和打造国际领先型城市配电网的新阶段。天津电力的 10kV "雪花网" 以其安全可靠、经济高效、绿色低碳、服务优质和友好互动五大特点，成为配电网建设的新标杆。该网络采用环网箱作为组网单元，通过有规律的联络方式，将变电所的 10kV 线路连接成八边形或六边形的 "雪花网"，形成了一个结构类似于雪花的电缆主干网。这种创新的网架结构，使得供电可靠率显著提升至 99.99965%，即 "五个 9"，超越了目前世界发达国家主要城市的供电可靠率（约为 99.99%）。"雪花网" 的建成和运行，不仅极大提高了供电的可靠性和安全性，也为我们树立了追求卓越、勇于创新的职业精神。

4.6.3　工厂总降压变电所的主接线

　　一般大中型企业采用 35 ～ 110kV 电源进线时都设置总降压变电所，将电压降至 6 ～ 10kV 后分配给各车间变电所和高压用电设备。下面介绍总降压变电所常采用的主接线。

　　（1）只装有一台主变压器的总降压变电所主接线

　　总降压变电所为单电源进线一台变压器时，主接线采用一次侧线路变压器组、二次侧单母线不分段接线，如图 4-35 所示。这种主接线经济简单，可靠性不高，适用于三级负荷的工厂。

　　（2）只装有两台主变压器的总降压变电所主接线

　　1）一次侧采用内桥式接线、二次侧采用单母线分段的总降压变电所主接线（见图 4-36）。一次侧的高压断路器 10QF 跨接在两路电源进线之间，犹如一座桥梁，而处在线路断路器 11QF 和 12QF 的内侧，靠近变压器，因此称为内桥式接线。这种接线方式的运行灵活性较好，供电可靠性较高，适用于一、二级负荷的工厂。如果某路电源，例如 WL1 线路停电检修或发生故障时，则断开 11QF，投入 10QF（其两侧 QS 先闭合），即可由 WL2 恢复对变压器 1T 的供电。这种主接线多用于电源线路较长因而发生故障和停电检修的机会较多，并且变电所的变压器不需要经常切换的总降压变电所。

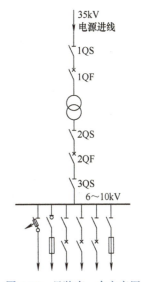

35kV
电源进线
1QS
1QF
2QS
2QF
3QS
6～10kV

图 4-35　只装有一台主变压器的总降压变电所主接线图

微课：工厂供配电系统的主接线方案

　　2）一次侧采用外桥式接线、二次侧采用单母线分段的总降压变电所主接线（见图 4-37）。一次侧的高压断路器 10QF 也跨接在两路电源进线之间，但处在线路断路器 11QF 和 12QF 的外侧，靠近电源方向，因此称为外桥式接线。这种主接线的运行灵活性也较好，供电可靠性同样较高，适用于一、二级负荷的工厂。但与内桥式接线适用的场合不同，如果某台变压器，例如 1T 停电检修或发生故障时，则断开 11QF，投入 10QF（其两侧 QS 先闭合），使两路电源进线又恢复并列运行。这种外桥式接线适用于电源线路较短而变电所负荷变动较大、经济运行需经常切换的总降压变电所。

　　（3）一次侧单母线不分段、二次侧单母线分段主接线

　　总降压变电所为单电源进线两台变压器时，主接线采用一次侧单母线不分段、二次

侧单母线分段接线，如图 4-38 所示。轻负荷时可停用一台，当其中一台变压器因故障或需停运检修时，接于该段母线上的负荷，可通过闭合母线联络（分段）开关 6QF 来获得电源，提高了供电可靠性，但单电源供电的可靠性不高，因此，这种接线只适用于三级负荷及部分二级负荷。

（4）一、二次侧均采用单母线分段的总降压变电所主接线

其主接线如图 4-39 所示，由于进线开关和母线分段开关均采用了断路器控制，操作十分灵活，供电可靠性高，适用于大中型企业的一、二级负荷供电。

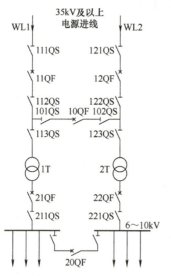

图 4-36　一次侧采用内桥式接线、二次侧采用
单母线分段的总降压变电所主接线图

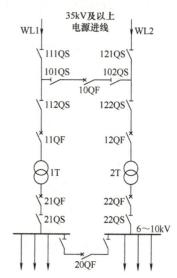

图 4-37　一次侧采用外桥式接线、二次侧采用
单母线分段的总降压变电所主接线图

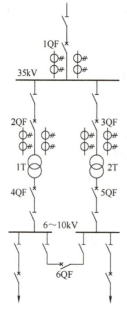

图 4-38　一次侧单母线不分段、二次侧单母线分段的
总降压变电所主接线图

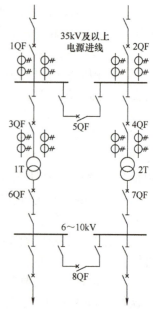

图 4-39　一、二次侧均采用单母线分段的
总降压变电所主接线图

4.6.4 车间变电所和小型工厂变电所的主接线

车间变电所及小型工厂变电所是供电系统中将高压（6～10kV）降为一般用电设备所需低压（如220V/380V）的终端变电所。

（1）车间变电所的主接线

1）有工厂总降压变电所或高压配电所的车间变电所主接线。高压侧的开关电器、保护装置和测量仪表等一般都安装在高压配电线路的首端，即总变配电所的高压配电室内，而车间变电所只设变压器室（室外为变压器台）和低压配电室，其高压侧多数不装开关，或只装简单的隔离开关、熔断器（室外为跌开式熔断器）、避雷器等，如图 4-40 所示。由图 4-40 可以看出，凡是高压架空进线，无论变电所是户内式还是户外式，均须装设避雷器以防雷电波沿架空线侵入变电所击毁电力变压器及其他设备的绝缘。

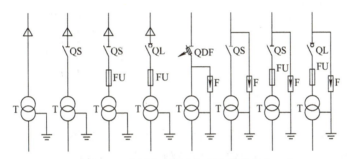

图 4-40 车间变电所高压侧主接线方案

2）工厂无总降压变配电所的车间变电所主接线。车间变电所往往就是工厂的降压变电所，其高压侧的开关电器、保护装置和测量仪表等，都必须配备齐全，所以一般要设置高压配电室。在变压器容量较小、供电可靠性要求较低的情况下，也可不设高压配电室，其高压熔断器、隔离开关、负荷开关或跌开式熔断器等，就装设在变压器室（室外为变压器台）的墙上或杆上，而在低压侧计量电能；或者其高压开关柜（不多于 6 台时）就装在低压配电室内，在高压侧计量电能。

（2）小型工厂变电所主接线

1）只装有一台主变压器的小型变电所主接线。高压侧一般采用无母线的接线。根据其高压侧采用的开关电器不同，可分为以下几种：

① 高压侧采用隔离开关—熔断器或户外跌开式熔断器的变电所主接线，如图 4-41 所示。这种主接线受隔离开关和跌开式熔断器切断空负荷变压器容量的限制，一般只用于 500kV·A 及以下容量的变电所中。该接线方式简单经济，但供电可靠性不高，当主变压器或高压侧停电检修或发生故障时，整个变电所要停电。由于隔离开关和跌开式熔断器不能带负荷操作，变电所停电和送电操作的程序比较烦琐，如果稍有疏忽，容易引发带负荷拉闸的严重事故。这种主接线适用于三级负荷的小容量变电所。

② 高压侧采用负荷开关—熔断器的变电所主接线，如图 4-42 所示。由于负荷开关能带负荷操作，使变电所停电和送电的操作比上述主接线要简便灵活得多，也不存在带负荷

拉闸的危险。在发生过负荷时，负荷开关可由热脱扣器进行保护，使开关跳闸，但在发生短路故障时，只能是熔断器熔断，因此这种主接线仍然存在着在排除短路故障后恢复供电的时间较长的缺点。该主接线也比较简单经济，虽能带负荷操作，但供电可靠性仍然不高，一般也只用于三级负荷的变电所。

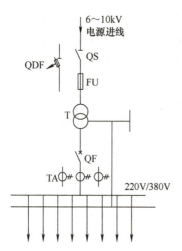

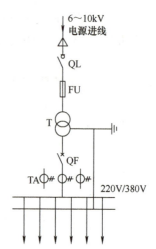

图 4-41 高压侧采用隔离开关—熔断器或户外跌开式   图 4-42 高压侧采用负荷开关—熔断器的
熔断器的变电所主接线图   变电所主接线图

③ 高压侧采用隔离开关—断路器的变电所主接线，如图 4-43 和图 4-44 所示。主接线由于采用了高压断路器，变电所停、送电操作十分灵活方便，同时高压断路器都配有继电保护装置，在变电所发生短路和过负荷时均能自动跳闸，而且在短路故障和过负荷情况消除后，又可直接迅速合闸，从而使恢复供电的时间大大缩短。如果配备自动重合闸装置，则供电可靠性更可进一步提高。但是如果变电所只此一路电源进线时，一般只用于三级负荷。如果变电所低压侧有联络线与其他变电所相连时，则可用于二级负荷。如图 4-44 所示变电所有两路电源进线，供电可靠性可得到提高，可供二级负荷或少量一级负荷。

2）装有两台主变压器的小型变电所主接线。

① 高压无母线、低压单母线分段的变电所主接线如图 4-45 所示。该接线方式供电可靠性相对较高，当任一主变压器或任一电源线停电检修或发生故障时，该变电所通过闭合低压母线分段开关，即可迅速恢复对整个变电所的供电。如果两台主变压器低压侧主开关（采用电磁或电动机合闸操作的万能式低压断路器）都装设互为备用的备用电源自动投入装置（APD），则任一主变压器低压主开关因电源断电（失电压）而跳闸时，另一主变压器低压侧的主开关和低压母线分段开关将在 APD 作用下自动合闸，恢复整个变电所的正常供电。该主接线可为一、二级负荷供电。

② 高压采用单母线、低压采用单母线分段的变电所主接线如图 4-46 所示。此主接线方式适用于装有两台及以上主变压器或具有多路高压出线的变电所，其供电可靠性也较高。任一主变压器检修或发生故障时，通过切换操作，即可迅速恢复对整个变电所的供电。但在高压母线或电源进线进行检修或发生故障时，整个变电所仍要停电。这时只能供电给三级负荷。如果有与其他变电所相连的高压或低压联络线时，则可供电给一、二级负荷。

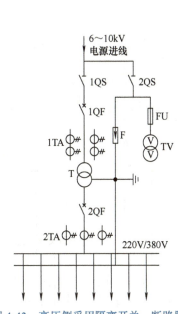

图 4-43 高压侧采用隔离开关—断路器的
变电所主接线图

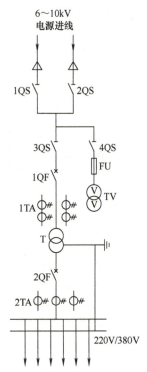

图 4-44 高压双回路进线的一台
主变压器主接线图

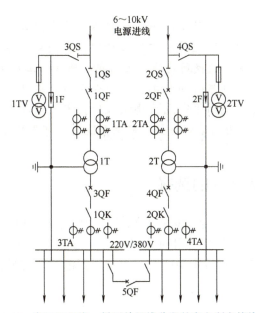

图 4-45 高压无母线、低压单母线分段的变电所主接线图

③ **高低压侧均为单母线分段**的变电所主接线如图 4-47 所示。这种变电所的两段高压母线，在正常时可以接通运行，也可以分段运行。一台主变压器或一路电源进线停电检修或发生故障时，通过切换操作，可迅速恢复整个变电所的供电，因此供电可靠性相当高，

可为一、二级负荷供电。

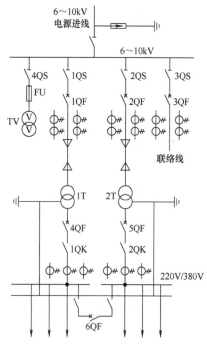

图 4-46　高压采用单母线、低压采用单母线分段的
　　　　　变电所主接线图

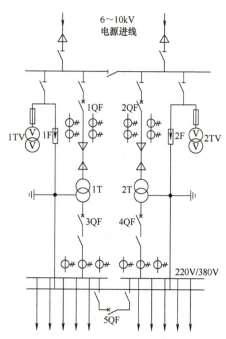

图 4-47　高低压侧均为单母线分段的
　　　　　变电所主接线图

> **一点讨论：** 在电气工程设计实践中，权衡不同技术因素以寻求最优方案是一项基本技能要求。在工厂变配电所主接线方案设计中，我们需要综合考虑可靠性、灵活性和经济性之间的相互关系，以找到最佳的平衡点。为保障工厂生产的连续性和安全性，在优先确保供电可靠性和灵活性的基础上，合理考虑经济性，以达到成本效益的最优化。综合考虑这些因素，找到平衡点需要深入的技术理解和丰富的实践经验。这样才能在复杂的工程环境中做出明智的决策，确保系统安全可靠且经济高效。

4.7　工厂变配电所所址的选择

微课：工厂变
配电所所址的
选择

变配电所是接收和分配电能、变换电压等级的供配电场所，担负着从电力系统受电，变换电压和配电的任务，在工业与民用配电环节中占有重要地位。广义的变配电所是指具有特定功能的一系列供配电装置的组合及其建（构）筑物构成的整体。

4.7.1　变配电所的类型

按照供配电系统电压等级及其用途不同，变配电所可分为以下三类。

（1）35 ～ 110kV 变电所

其包括 35 ～ 110kV/10（6）kV 总降压变电所和 35kV/0.38kV 直降压变电所。在大中型企业中，由于负荷较大，往往采用 35 ～ 110kV 电源进线，降压至 10kV 或 6kV 后再向车间变电所、小区变电所或高压用电设备配电，这种降压变电所称为总降压变电所。随着工业用电负荷增大，有些企业内部已设有 110kV 甚至 220kV 电压等级的用户终端变电所。

（2）10（6）kV 变电所

在工业企业内 10（6）kV/0.38kV 变电所又称为车间变电所。

（3）10（6）kV 配电所

配电所仅能对电能进行接收、分配、控制与保护，而并不能够对电能进行变电压，故又称为开闭所或开闭站。用户配电所常与 10（6）kV/0.38kV 变电所合建。

另外，在炼钢、电解、铁路等行业中，还有特殊用途的电炉变电所、整流变电所等。

根据变配电所与其供电建筑的位置关系，变配电所可分为独立式、附设式、露天式和户内式等。35 ～ 110kV/10（6）kV 总降压变电所一般为全户内或半户内独立式结构，即 35 ～ 110kV 和 10（6）kV 开关柜放置在户内，主变压器放置在户内或户外。配电所一般为独立式结构，也可与所带 10（6）kV 变电所一起附设于负荷较大的厂房或建筑物。10（6）kV 变电所的类型一般根据用电负荷状况和周围环境综合考虑确定。具体参见表 4-9。

表 4-9　变配电所的类型、特点及其适用范围

类型		特点	适用范围
独立变电所		1. 变电所为一座独立建筑物，与其他建筑有一定距离，不受其他建筑及其生产影响 2. 基建投资大，占地面积宽 3. 运行维护条件较好，安全可靠性较高	适用于工厂总降压变电所、高压配电所及负荷小而分散或需远离易燃易爆场所的变电所
车间变电所		1. 整个变电所在车间内，处于负荷中心，低压配电线路较短，可减少能耗和电压损失，节约有色金属 2. 变压器室的门向车间内开，防火安全要求提高，相应投资较大	适用于车间建筑面积大、负荷重，且车间内设备布置相当稳定的变电所
附设式变电所	内附式	1. 整个变电所位于建筑物内侧，投资较小 2. 不妨碍整个建筑外观整齐和美观 3. 安全可靠性较好 4. 便于运行维护 5. 要占据车间一定的生产面积	适用于车间建筑面积较小且其中设备布置可能经常变动的车间变电所，在工业企业中应用比较普遍
	外附式	1. 变电所位于建筑物外墙的两侧或其外侧，其主变压器装设在墙外的变压器室内，投资较小 2. 对建筑的外观有一定影响 3. 占据车间生产面积比内附式少 4. 其余与内附式同	同内附式，但在工业企业中不如内附式应用普遍
楼层变电所		1. 整个变电所位于楼层之中，对楼层承重及防火安全要求高 2. 接近负荷中心，减少能耗和电压损失，节约有色金属	适用于超高层建筑及地面面积有限的场所
杆上式变电所		1. 变压器安装在户外一根或多根电杆或高台上，简单经济 2. 易受户外环境及气候条件影响，运行维护条件较差	适用于容量 400kV·A 及以下、负荷不重要的变电所，主要供生活用电
地下变电所		1. 一般位于楼层楼座底部，方便进出线与维护 2. 接近负荷中心，可减少能耗和电压损失，节约有色金属	适用于高层民用建筑

4.7.2　变配电所位置的选择

（1）一般性原则

综合分析和比较技术、经济等因素后，变电所位置的选择由下列要求考虑确定：①接近负荷中心；②接近电源侧；③方便进出线；④方便设备运输；⑤不宜设在有剧烈振动或高温的场所；⑥不宜设在多尘或有腐蚀性气体的场所，若无法远离，不应设在污染源盛行风的下风向侧；⑦不设在厕所、浴室或其他经常积水场所的正下方处，也不宜设在上述场所相贴邻的地方；⑧不设在地势低洼的场所；⑨不设在对防电磁干扰有较高要求的设备机房的正上方、正下方或与其贴邻的场所。

（2）位置具体选择方法

1）按负荷指示图确定负荷中心。负荷指示图是将电力负荷按一定比例用负荷圆的形式，标示在企业或车间的平面图上。各车间的负荷圆的圆心位于车间的负荷"重心"（负荷中心）。在负荷均匀分布的车间，负荷中心就是车间的中心，在负荷分布不均匀的车间内，负荷中心应偏向负荷集中的一侧。由车间计算负荷 P_{30} 可得到负荷圆半径：

$$r = \sqrt{\frac{P_{30}}{K\pi}}$$

式中，K 为负荷圆的比例（kW/mm^2）。

图 4-48 所示为某企业变配电所位置和负荷指示图。由负荷指示图近似确定负荷中心，并结合变电所所址选择的其他条件，最后择其最佳方案，确定变配电所的位置。

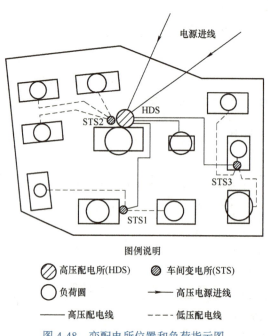

图 4-48　变配电所位置和负荷指示图

2）负荷功率矩法确定负荷中心。设有负荷 P_1、P_2、P_3，分布如图 4-49 所示。它们在任选直角坐标系中的坐标分别为 $P_1（x_1，y_1）$、$P_2（x_2，y_2）$、$P_3（x_3，y_3）$。现假设总负荷

$P=P_1+P_2+P_3$ 的负荷中心位于坐标 $P(x, y)$ 处，则负荷中心的坐标为

$$\begin{cases} x = \dfrac{\sum(P_i x_i)}{\sum P_i} \\[2mm] y = \dfrac{\sum(P_i y_i)}{\sum P_i} \end{cases}$$

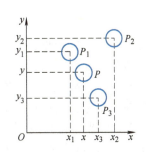

按负荷功率矩法确定负荷中心，只考虑了各负荷的功率和位置，而未考虑各负荷的工作时间，因而负荷中心被认为是固定不变的。

图 4-49　负荷功率矩法确定负荷中心

根据负荷指示图和负荷功率矩法确定的负荷中心位置，综合考虑变电所位置选择的原则，确定变电所的位置，包括总降压变电所、独立变电所、车间变电所或建筑物变电所的位置。需要指出的是，由于负荷中心原则并不是确定变电所位置的唯一因素，且负荷中心也是会随机变动的，因此大多数变电所的位置都是靠近负荷中心且偏向电源侧。

4.7.3　变配电所电压的选择

工厂变配电所电压的选择包括供电电压和配电电压的确定。其中供电电压是指供配电系统从电力系统所取得的电源电压。究竟采用哪一级供电电压，主要取决于以下 3 个方面的因素。

1）电力部门所能提供的电源电压。如某一中小型企业，可采用 10kV 供电电压，但附近只有 35kV 电源线路，而要取得远处的 10kV 供电电压，则投资较大，因此只有采用 35kV 供电电压。

2）企业负荷大小及距离电源线路远近。每级供电电压都有其合理的输送功率和输送距离，当负荷较大时，相应的供电距离就会减小，如果企业距离供电电源较远，为了减少能量损耗，可采用较高的供电电压。

3）企业大型设备的额定电压决定了企业的供电电压。例如，某些制药厂或化工厂的大型设备，其额定电压为 6kV，则必须采用 6kV 电源电压供电。当然，也可采用 35kV 或 10kV 电源进线，再降为 6kV 厂内配电电压供电。

影响供电电压的因素还有很多，比如供电能力的高低、接线方式的布局、接线工艺的确保、管理手段的实施等。在选择供电电压时，必须进行技术、经济比较，才能确定应该采用的供电电压。

配电电压是指用户内部向用电设备配电的电压等级。由用户总降压变电所或高压配电所向高压用电设备配电的电压称为高压配电电压，由用户车间变电所或建筑物变电所向低压用电设备配电的电压称为低压配电电压。

供电电压大于或等于 35kV 时，用户的一级配电电压宜采用 10kV，当能减少配变电级数、简化接线及技术经济合理时，配电电压宜采用 35kV 或相应等级电压；当 6kV 用电设备的总容量较大，选用 6kV 经济合理时，宜采用 6kV；低压配电电压宜采用 220V/380V，工矿企业亦可采用 660V，这主要是考虑到在这些场合变电所距离负荷中心较远，供电距离又较长；当安全需要时，应采用小于 50V。

4.8 本章小结

本章主要介绍了变配电所常见一次设备的主要功能、工作原理与结构，阐述了一次开关设备选择的依据，并针对变配电所不同主接线方式各自特点，重点讨论了工厂总降压变电所和车间变电所常见主接线方式的优缺点与适用范围。

1）电力变压器是变电所中最关键的一次设备，主要功能是变换电压，其台数和容量的选择主要考虑所接负荷的性质和其计算负荷的大小。

2）互感器将高电压或大电流按比例变换成标准低电压（100V）或标准小电流（5A或1A，均指额定值），以便实现测量仪表、保护设备及自动控制设备的标准化、小型化。它主要分为电压互感器和电流互感器两大类。

3）高压一次开关设备包括高压熔断器、高压断路器、高压隔离开关、高压负荷开关、高压开关柜等；低压一次开关设备主要有低压熔断器、低压刀开关、低压负荷开关、低压断路器、低压配电屏、低压配电箱、低压配电柜等。

4）供配电系统主接线的基本要求为安全、可靠、优质、灵活、经济。常用的接线方式有单母线、双母线和无母线三种。根据负荷性质、电源进线和变压器台数可确定变配电所主接线方式。

5）变电所所址的选择应根据负荷指示图或功率矩法确定负荷中心，并结合其他条件，最后选择最佳方案，从而确定变配电所的位置。

4.9 习题与思考题

4-1 电力变压器按绝缘及冷却方式分有哪几种形式？

4-2 高压断路器有何功能？常用灭弧介质有哪些？

4-3 熔断器的主要功能是什么？熔体熔断大致可分为哪些阶段？

4-4 高压隔离开关有何功能？它为什么可用来隔离电源保证安全检修？它为什么不能带负荷操作？

4-5 高压负荷开关有何功能？它可装设什么保护装置？在什么情况下可自动跳闸？在采用负荷开关的高压电路中，采取什么措施来做短路保护？

4-6 电流互感器和电压互感器具有什么功能？各有何结构特点？

4-7 低压断路器有何功能？配电用低压断路器按结构形式分为哪两大类？各有何结构特点？

4-8 变配电所电气主接线有哪些基本形式？各有什么优缺点？各适用于什么场合？

4-9 在进行变配电所电气主接线设计时一般应遵循哪些原则和步骤？

4-10 主接线中母线在什么情况下分段？分段的目的是什么？

第5章 电力线路的选择与敷设

电力线路是电力系统的重要组成部分，是电力系统的"血管"，承担着输送和分配电能的任务。本章首先讲述供配电系统中常用架空线路、电力电缆和车间线路的结构及其接线方式，在此基础上阐述电力线路截面积选择的一般原则与计算方法，并进一步讨论常见不同电力线路的敷设方式，为供配电线路设计选择提供指导。

微课：工厂电力线路的结构和型号

5.1 常见电力线路的结构

在供配电网中，按电压高低可以分为 1kV 及以上的高压电力线路和 1kV 以下的低压线路。按结构形式划分，电力线路可以分为架空线路、电缆线路和室内（车间）线路等。架空线路和电缆线路是应用最普遍的两大类室外供电线路。架空线路在室外线路尤其是城区外应用广泛，具有成本低、安装维护方便、便于发现和排除故障等优点，但是架空线路占地面积大，影响环境美化，且易遭雷击、鸟害和机械碰伤。而电缆线路一般埋设在土壤、室内、沟道或隧道中，在城市（特别是大中城市）应用较为广泛，占地少，整齐美观，并且受气候条件和周围环境的影响小，传输性能稳定，故障少，安全可靠，维护工作量小，但是投资大，线路不易变动，寻测故障困难，检修费用大，终端的制作工艺要求也很复杂。室内（车间）线路通常应用于工厂车间内，大多采用绝缘导线和裸导线，少数采用电缆。

5.1.1 架空线路的结构

如图 5-1 所示，供配电系统中的架空电力线路是由电杆、导线、横担、绝缘子、拉线金具等构成的，为了平衡电杆各方向的拉力，增强电杆稳定性，有的电杆上还装有拉线。为防雷击，有的架空线路上还架有避雷线。

（1）电杆

电杆是架空线路的重要组成部分，是支持导线的支柱。通常对电杆的要求主要是有足够的机械强度，要经久耐用、价格低廉、便于搬运和安装。

电杆按其在架空线路中的功能可分为直线杆、耐张杆、终端杆、转角杆、分支杆和特种杆等，各种杆型在低压架空线路上的应用如图 5-2 所示，图中 1、5、11、14 为终端杆，2、9 为分支杆，3 为转角杆，4、6、7、10 为直线杆（中间杆），8 为分段杆（耐张杆），12、13 为跨越杆。

1）直线杆：又称中间杆，是架空线路使用最多的电杆，大约占全部电杆的 80%。直线杆只承受导线本身的重量和拉力，顶部比较简单，一般不装拉线。

2）耐张杆：又称承力杆或锚杆，是为了防止线路某处断线，使整个线路拉力不平衡以致倾倒而设的。通常在耐张杆的前后方各装一根拉线，用来平衡这种拉力。

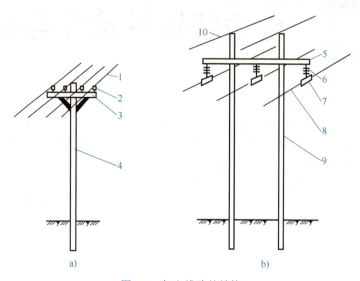

图 5-1　架空线路的结构

a）低压架空线路　b）高压架空线路

1—低压导线　2—针式绝缘子　3，5—横担　4—低压电杆　6—高压悬式绝缘子串　7—线夹
8—高压导线　9—高压电杆　10—避雷线

3）**终端杆**：终端杆是安装在线路起点和终点的耐张杆。终端杆只有一侧有导线，为了平衡单方向导线的拉力，需要在导线的对面装拉线。

4）**转角杆**：转角杆用在线路改变方向的地方，通过转角可以实现线路转弯。

5）**分支杆**：分支杆用于线路的分支处，是一种特殊的耐张杆，受外力作用较多，承受顺线路方向的拉力、导线的重力、水平方向的风力及分支线路方向的导线拉力、重力等。

6）**特种杆**：用于跨越铁路、公路、河流、山谷的跨越杆塔。线路中导线需要换位处的换位杆塔及其他电力线路所采用的特殊形式的杆塔，统称为特种杆。

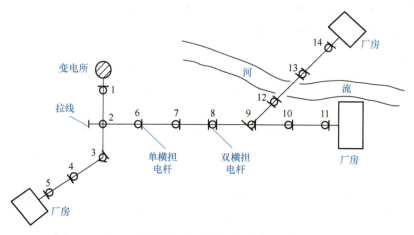

图 5-2　各种杆型在低压架空线路上的应用

（2）导线

导线是电力线路的主体，承担输送电能的功能，架设在电杆上。为了确保能够承受自重和外力的作用，及大气中各种有害物质的侵蚀，导线必须具有良好的导电性、机械强度和耐腐蚀性，尽可能质轻而价廉。

导线常见的材料包括铝、铜和钢，而工厂供电系统中一般采用多股绞线，绞线可分为铜绞线、铝绞线和钢芯铝绞线。其中，铜绞线的优点是导电性能最好（电导率为53MS/m），机械强度也高（抗拉强度约为380MPa），抗腐蚀性能好，但密度大，价格贵；铝绞线的优点是重量轻、价格低、导电性较好（电导率为32MS/m），缺点是导电性能比铜差，机械强度低（抗拉强度约为160MPa），运行中表面易形成氧化铝薄膜，使接头的接触电阻增大。钢的机械强度很高，但其导电性差（电导率为7.52MS/m），功率损耗大（对交流电流还有铁磁损耗），且易锈蚀，因此仅用作避雷线。

在能以铝代铜的场合，尽量采用铝导线。架空线路上一般采用铝绞线。在机械强度要求较高和35kV及以上的架空线路上，多采用钢芯铝绞线。这是因为钢芯铝绞线的芯线是钢线，用以增强导线的抗拉强度，弥补铝绞线机械强度较差的缺点，而其外围为铝线，用以传导电流，取其导电性较好的优点，钢芯铝绞线截面如图5-3所示。由于交流电流在导线中的集肤效应，交流电流实际上只从铝线通过，从而弥补了钢线导电性差的缺点。钢芯铝绞线型号中表示的截面积就是导电的铝线部分的截面积。

常见钢芯铝绞线架空线路的型号及其代表意义如图5-4所示。

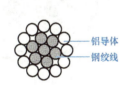

图 5-3 钢芯铝绞线截面

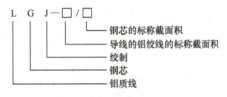

图 5-4 钢芯铝绞线架空线路的型号及其代表意义

例如LGJ—185，185表示钢芯铝线（LGJ）中铝线（L）的额定截面积为185mm²。对于工厂和城市10kV及以下的架空线路，当安全距离难以满足要求时，或者邻近高层建筑及在人口密集地区、空气严重污秽地段和建筑施工现场，按GB 50061—2010《66kV及以下架空电力线路设计规范》规定，可采用绝缘导线。

（3）横担

横担安装在电杆上部，用以安装绝缘子来架设导线。常用的横担有铁横担、木横担以及低压瓷横担。铁横担的机械强度高，应用广泛。瓷横担为我国独创，兼有横担和绝缘子的作用，但机械强度低，一般仅用于较小截面积导线的架空线路。

（4）绝缘子

绝缘子又称瓷瓶，用来支承架空导线，使导线与大地保持足够的绝缘，同时还承受着导线的重量与其他作用力。图5-5是几种常见绝缘子。

（5）拉线

拉线通常设置在终端杆、转角杆、分段杆等处，主要用于平衡电杆各方面的作用力，并抵抗风压，防止电杆倾倒。按形状不同，拉线分为普通拉线、水平拉线，以及Y形、V形及弓形拉线。

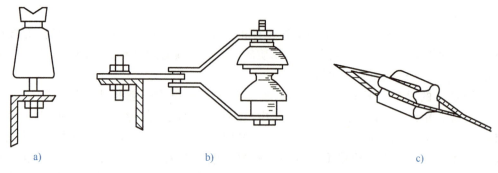

图 5-5　几种常见绝缘子

a）针式绝缘子　b）蝴蝶式绝缘子　c）拉线绝缘子

（6）金具

金具是架空线路上用来连接导线、安装横担和绝缘子等所用到的金属部件。金具的种类有悬垂线夹、耐张金具、联结金具、接续金具、保护金具和拉线金具。

5.1.2　电力电缆的结构

按电压不同，电力电缆可分为高压电缆和低压电缆；按线芯数可分为单芯、双芯、三芯和四芯等；按其缆芯材质分，有铜芯和铝芯两大类；按绝缘材料可分为油浸纸绝缘电缆、塑料绝缘电缆两大类。电缆由线芯、绝缘层和保护层三部分组成，其结构如图 5-6 所示。

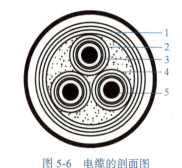

图 5-6　电缆的剖面图

1—缆铅皮　2—皮缠带绝缘　3—绝芯线绝缘
4—线填充物　5—导体

（1）线芯

为减少输电时线路上能量的损失，线芯要求有好的导电性，一般由多股铜线或铝线绞合而成。线芯采用扇形，可减小电缆外径。

（2）绝缘层

绝缘层的作用是将线芯导体间及保护层相隔离，因此必须具有良好的绝缘性能、耐热性能。油浸纸绝缘电缆以油浸纸作为绝缘层，塑料电缆以聚氯乙烯或交联聚乙烯为绝缘层。

（3）保护层

保护层可分为内、外护层两部分，内护层用来保护绝缘层，常用的材料有铅、铝和塑料等。外护层保护内护层免受机械损伤和腐蚀，为钢丝或钢带构成的钢铠，外覆沥青或塑料护套。

（4）电缆头

电缆头指两条电缆的中间接头和电缆终端的封端头。按使用的绝缘材料或填充材料分，电缆头包括填充电缆胶的、环氧树脂浇注的、缠包式的和热缩材料的等。热缩材料的电缆头具有施工简便、价廉和性能良好等优点，在现代电缆工程中得到了推广。下面为 10kV 交联聚乙烯绝缘电缆头实际工程应用中安装示例，图 5-7 和图 5-8 为电缆热缩中间头和终端头的剥切尺寸和安装示意图。

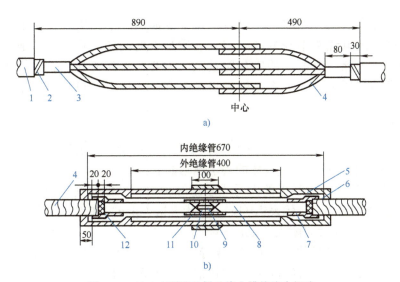

图 5-7　10kV 交联聚乙烯绝缘电缆热缩中间头

a）中间头剥切尺寸示意图　b）每相接头安装示意图

1—聚氯乙烯外护套　2—钢铠　3—内护套　4—铜屏蔽层（内缆芯绝缘）　5—半导管　6—半导层
7—应力管　8—缆芯绝缘　9—压接管　10—填充胶　11—四氟带　12—应力疏散胶

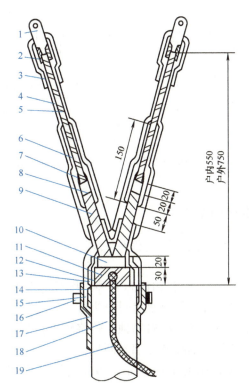

图 5-8　10kV 交联聚乙烯绝缘电缆热缩终端头

1—缆芯接线端子　2—密封胶　3—热缩密封管　4—热缩绝缘管　5—缆芯绝缘层　6—应力控制管
7—应力疏散胶　8—半导体层　9—铜屏蔽层　10—热缩内护层　11—钢铠　12—填充胶　13—热缩环　14—密封胶
15—热缩三芯手套　16—喉箍　17—热缩密封套　18—PVC 外护套　19—接地线

实际运行经验表明，电缆头是电缆线路中的薄弱环节，电缆的大部分故障都发生在电缆接头处。因电缆头本身的缺陷或安装质量上的问题，往往易造成短路故障，引起电缆头爆炸。为此，电缆头的安装质量至关重要，密封要好，其绝缘耐压强度不应低于电缆本身的耐压强度，要有足够的机械强度，且体积尽可能小，结构简单，安装方便。

（5）电缆的型号

35kV 及以下电力电缆型号一般表示方式如图 5-9 所示，一般依排列次序为绝缘材料、导体材料、内护层和外护层。其具体的表示规则如下：

1）用汉语拼音第一个字母的大写表示绝缘种类、导体材料、内护层材料和结构特点。如用 Z 代表纸（zhi）；L 代表铝（lv）；Q 代表铅（qian）；F 代表分相（fenxiang）；ZR 代表阻燃（zuran）；NH 代表耐火（naihuo）。

2）用数字表示外护层构成，有二位数字。无数字代表无铠装层，无外被层。第一位数字表示铠装，第二位数字表示外被，如粗钢丝铠装纤维外被表示为 41。

3）用型号、额定电压和规格表示电缆产品，其方法是在型号后再加上说明额定电压、芯数和标称截面积的阿拉伯数字。如 VV42-10 3×50 表示铜芯、聚氯乙烯绝缘、粗钢线铠装、聚氯乙烯护套、额定电压 10kV、3 芯、标称截面积 50mm² 的电力电缆。

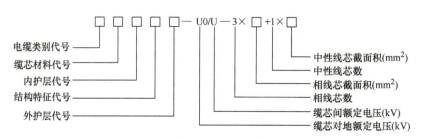

图 5-9　35kV 及以下电力电缆型号一般表示方式

5.1.3 室内（车间）线路的结构

室内（车间）线路一般采用绝缘导线和裸导线。

（1）绝缘导线

按芯线材质分，绝缘导线有铜芯和铝芯两种；按线芯股数分为单股和多股两类；按照结构分为单芯、双芯、多芯等；按绝缘材料分为橡皮绝缘导线和塑料绝缘导线两种。塑料绝缘导线的绝缘性能好，耐油和抗酸碱腐蚀，价格较低，且可节约大量橡胶和棉纱，而橡皮绝缘导线的外防护层又分为棉纱和玻璃丝两种。

绝缘导线型号的表示方式如图 5-10 所示。橡皮绝缘导线和塑料绝缘导线型号的具体表示含义如下。

1）橡皮绝缘导线型号含义：BX（BLX）铜（铝）芯橡皮绝缘棉纱或其他纤维编织导线；BXR 铜芯橡皮绝缘棉纱或其他纤维编织软导线；BXS 铜芯橡皮绝缘双股软导线。

2）聚氯乙烯绝缘导线型号含义：BV（BLV）铜（铝）芯聚氯乙烯绝缘导线；BVV

（BLVV）铜（铝）芯聚氯乙烯绝缘聚氯乙烯护套圆形导线；BVVB（BLVVB）铜（铝）芯聚氯乙烯绝缘聚氯乙烯护套扁形导线；BVR 铜芯聚氯乙烯绝缘软导线。

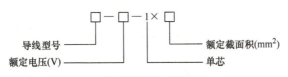

图 5-10　绝缘导线型号的表示方式

（2）裸导线

车间内配电的裸导线大多数采用裸母线的结构，其截面形状有矩形、槽形和管形等，材质有铜、铝和钢。车间内以采用 LMY 型硬铝母线最为普遍。

矩形母线是较常用的母线，也称母线排，其优点是施工安装方便，在运行中变化小，载流量大，但造价高。矩形母线平装与竖装时的额定电流是不同的，因此其散热也不同。竖装放母线的散热条件较好，平装母线散热条件较差，所以平装母线比竖装母线的额定电流少 5% ～ 8%，但是竖装母线受电动力的机械稳定性差些。槽形母线使用在大电流的母线桥及对热、动稳定配合要求较高的场合。管形母线通常和插销隔离开关配合使用。目前采用的多为钢管母线，施工方便但载流容量较小。

微课：工厂电力线路及其接线方式

5.2　工厂电力线路接线方式

电力线路的接线方式是指由电源端（变配电所）向负荷端（电能用户或用电设备）输送电能采用的网络形式。常用的接线方式有放射式、树干式和环式三种。

5.2.1　放射式

放射式自源头放射性分散，采取一对一的方式，每条线路只向一个用户点直接供电，中间不接任何其他的负荷，各用户之间也没有任何电气联系。放射式接线方式供电可靠性较高，但所用的开关设备较多。

为了进一步提高供电可靠性，对于 1kV 以上高压线路来说，可在各车间变电所高压侧之间或低压侧之间敷设联络线，还可采用来自两个电源的两路高压进线，然后经分段母线，由两段母线用双回路对用户交叉供电；而对于 1kV 以下低压线路来说，放射式接线方式多用于用电设备容量大、负荷性质重要、车间内负荷排列不整齐及有爆炸危险的厂房等情况。

高压放射式接线有三种典型接法：图 5-11a 为典型接法（高压单回路放射式），其余为派生形式。图 5-11b 为高压双回路放射式（双电源），以放射式分别向各负荷供电，该接线方式比图 5-11a 所示接线方式可靠性高。图 5-11c 为具有公共备用干线的放射式（单电源）向各用户放射式供电，以一条备用线路供各用户公共备用，该接线方式比图 5-11b 接线方式可靠性高，可供一、二级负荷。低压放射式接线实例如图 5-12 所示。

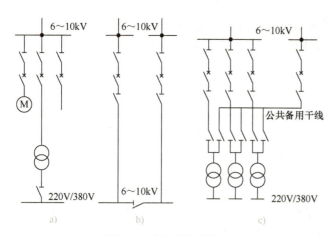

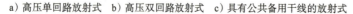

图 5-11　高压放射式接线

a）高压单回路放射式　b）高压双回路放射式　c）具有公共备用干线的放射式

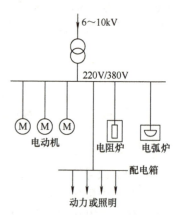

图 5-12　低压放射式接线实例

5.2.2　树干式

高压树干式接线是指由变配电所高压母线上引出的每路高压配电干线上，沿线分接了几个负荷点的接线方式，如图 5-13 所示。该接线方式从变配电所引出配电干线少，高压开关设备应用少，可以节约有色金属，但供电可靠性差，一旦干线故障或检修将引起干线上的全部用户停电。因此，一般干线上连接的变压器不得超过 5 台，总容量不应大于 3000kV·A。要提高其供电可靠性，可采用双干线供电（见图 5-14a）和两端供电的接线方式（见图 5-14b）。

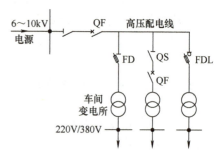

图 5-13　高压树干式接线 1

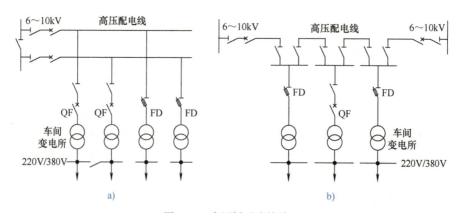

图 5-14　高压树干式接线 2

a）双干线　b）两端供电

图 5-15 所示为低压树干式接线，与放射性接线相比，该接线方式引出的配电干线较少，采用的开关设备较少，但是干线出现故障就会使所连接的用电设备均受到影响，供电

可靠性较差。图 5-15a 所示放射式接线在机械加工车间、工具车间和机修车间中应用比较普遍，而且多采用成套的封闭型母线，该接线方式灵活方便，也相当安全，很适于供电给容量较小且分布较均匀的用电设备，如机床、小型加热炉等。图 5-15b 所示的"变压器—干线组"接线方式省去了变电所低压侧整套低压配电装置，从而使变电所结构大为简化，投资大为降低。

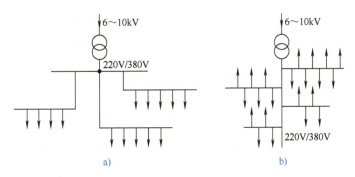

图 5-15　低压树干式接线

a）低压母线放射式接线　b）"变压器—干线组"接线

图 5-16 所示为一种变形的树干式接线，通常称为链式接线。链式接线的特点与树干式基本相同，适于用电设备彼此相距很近而容量均较小的次要用电设备。链式相连的设备一般不超过 5 台；链式相连的配电箱不宜超过 3 台，且总容量不宜超过 10kW。

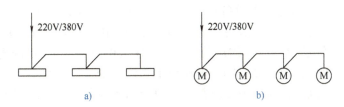

图 5-16　链式接线

a）连接配电箱　b）连接电动机

5.2.3　环式

环式是电源引入用户后，又从用户引出，各用户的电源线彼此串接，闭合成环网。

高压环式接线是两端供电的树干式接线的改进，如图 5-17 所示，这种接线在现代化城市电网中应用很广。为了避免环式线路上发生故障时影响整个电网，也为了实现环式线路保护的选择性，绝大多数环式线路都采取"开口"运行的方式，即环式线路中间有一处的开关是断开的。

图 5-18 所示为由一台变压器供电的低压环式接线方式。环式接线实质上是两端供电的树干式接线方式的改进型。工厂车间变电所低压侧也可以通过低压联络线相互连接成环式。环式接线供电可靠性较高，任一线路发生故障或检修时，都不致供电中断，或只短时停电，一旦切换电源的操作完成，即能恢复供电。环式接线可使电能损耗和电压损耗减

少，既能节约电能，又能提高电压水平。但是环式系统的保护装置及其整定配合比较复杂，如配合不当，容易发生误动作，反而会扩大故障停电范围。

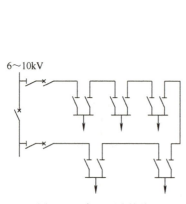

图 5-17　高压环式接线

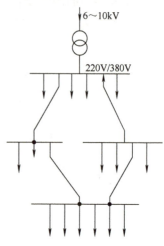

图 5-18　低压环式接线

实际上，工厂的高压配电线路往往是几种接线方式的组合，依具体情况而定。对大中型工厂，其高压配电系统多优先选用放射式，因为放射式接线的供电可靠性较高，且便于运行管理。但放射式接线采用的高压开关设备较多，投资较大，因此对于供电可靠性要求不高的辅助生产区和生活住宅区，则多采用比较经济的树干式或环式配电。在正常环境的车间或建筑内，若大部分用电设备功率不是很大且无特殊要求时，宜采用树干式配电。一方面是由于树干式配电较放射式更经济，另一方面是由于我国各工厂的供电技术人员对采用树干式配电积累了相当成熟的运行经验。GB 50052—2009《供配电系统设计规范》中规定：供配电系统应简单可靠，同一电压供电系统的变配电级数不宜多于两级；低压不宜多于三级。此外，高、低压配电线路都应尽可能深入负荷中心，以减少线路的电能损耗和有色金属消耗量，提高电压水平。

5.3　导线和电缆截面积的选择

微课：导线和电缆截面选择的一般原则

5.3.1　一般性选择原则

为了保证供配电系统线路的安全、可靠、优质、经济运行，导线和电缆的选择应符合下列条件。

（1）发热条件（允许温升条件）

导线和电缆上通过正常最大负荷电流即计算电流时产生的发热温度，不应超过正常运行时最高允许温度。特别是对于负荷电流较大的低压动力线路，导线发热是线路运行中的主要影响因素，所以在选择导线截面积时，需考虑发热条件。

（2）机械强度条件

正常工作状态下，裸导线和绝缘导线截面积不应小于其最小允许截面积，以保证导线和电缆具有足够的机械强度，防止发生断线。如铜导体不宜小于 2.5mm²，铝导体不宜小于 4mm²。该条件一般主要作为导线截面积选择的校验条件。

此外，低压导线和电缆导体的截面积还应满足过负荷保护配合的要求；TN 系统中导体截面积大小还应保证间接接触防护电器能可靠断开电路。架空裸导线的最小允许截面积参见二维码 5-1。绝缘导线芯线的最小允许截面积参见二维码 5-2。

5-1
架空裸导线的最小允许截面积

（3）允许电压损耗条件

导线和电缆在通过正常最大负荷电流即计算电流时产生的电压损耗不应超过其正常运行时允许的电压损耗。通常电压损耗大小与线路长度有关，一般短线路不需要进行电压损耗校验。

5-2
绝缘导线芯线的最小允许截面积

（4）经济电流密度条件

导线截面积与线路投资和电能损耗有关，导线截面积较小时可节省投资，但会增大电能损耗；导线截面积较大时，可降低电能损耗，但投资则增大。因此，确定一个比较合理的导线截面积十分必要，该导线截面积称为经济截面积，与其对应的电流密度称为经济电流密度。经济电流密度的选取通常与线路类型、导线材质、年最大负荷利用小时数相关。

综上所述，对于电压等级高、传输容量大且距离长的电力线路来说，建设初投资、运行费用和有色金属损耗是主要影响因素，在选择导线截面积时，应首先考虑经济电流密度条件，然后校验发热条件、电压损失条件、机械强度条件等。对于 35kV 及 110kV 高压供电线路，其截面积主要按照经济电流密度来选择，但应按允许载流量来校验。而对于工厂内电流并不大、线路较长的低压照明线路来说，线路电压降过大则光源光效应会降低，线路电压损失是主要影响因素，在选择导线截面积时，应按电压损失条件来选择，再校验发热和机械强度条件。车间内动力线路一般按照允许载流量来选择截面积，照明线路一般按照电压损耗来选择。

> **一点讨论**：在选择线路截面积时，需要根据不同情况着重考虑不同因素。举例来说，对于低压动力线路，由于电压较低、负荷电流较大，导线发热是线路运行中的主要矛盾。因此，在选择导线截面积时，应当优先考虑发热条件。对于低压照明线路，虽然电流并不大，但是线路较长，导致线路电压降过大，光源的光效会明显降低，因此电压损失成为主要矛盾。在这种情况下，选择导线截面积时应重点考虑电压损失条件。这个例子也提醒我们，面对不同情况，需要具体问题具体分析，抓住事物的主要矛盾及其主要方面，同时兼顾次要矛盾。只有统一"两点论"与"重点论"，避免一概而论，才能更好地解决不同问题。

5.3.2　按发热条件（允许温升条件）选择

（1）三相交流系统相线截面积的选择

电流通过导线时会产生电能损耗，使导线发热。裸导线温度过高时，会使接头处氧化加剧，增大接触电阻，并使之

微课：按发热条件选择导线和电缆截面

进一步氧化，如此恶性循环，最终可导致断线。绝缘导线和电缆的温度过高时，可使其绝缘加速老化甚至烧毁，或引发火灾事故。因此导线的正常发热温度一般不得超过额定负荷时的最高允许温度（导体在正常和短路时的最高允许温度及热稳定系数参见二维码3-4）。

为保证导线和电缆的正常发热温度不能超过其允许值，通过导线的计算电流或正常运行方式下的最大负荷电流 I_{max} 应当小于它的允许载流量，即

$$I_{al} > I_{max} \tag{5-1}$$

式中，I_{al} 为导线允许载流量；I_{max} 为线路最大长期工作电流，即最大负荷电流。

导体的允许载流量不仅与导体的截面积、散热条件有关，还与周围的环境温度有关。这里所说的"环境温度"，是按发热条件选择电线电缆导体截面积的一种特定温度。若电线电缆敷设地点的环境温度与电线电缆允许载流量所采用的环境温度不同时，或当有多根电线电缆并列敷设时，导体的散热将会受到影响，此时电线电缆的实际载流量应乘以一个修正系数 K_t，其计算公式为

$$K_t = \sqrt{\frac{\theta_{al} - \theta_0'}{\theta_{al} - \theta_0}} \tag{5-2}$$

式中，θ_{al} 为导体正常工作时的最高允许温度；θ_0 为导体允许载流量所采用的环境温度；θ_0' 为导体敷设地点实际的环境温度。

二维码5-3列出了 LJ 型铝绞线和 LGJ 型钢芯铝绞线的允许载流量，二维码5-4列出了 LMY 型矩形硬铝母线的允许载流量，二维码5-5列出了 10kV 常用三芯电缆的允许载流量及其校正系数，二维码5-6列出了绝缘导线明敷、穿钢管和穿塑料管时的允许载流量，供参考。

（2）中性线和保护线截面积的选择

1）中性线（N线）截面积的选择。

① 一般要求中性线截面积应不小于相线截面积的一半，即

$$S_0 \geq 0.5S_\varphi \tag{5-3}$$

② 对三相系统分出的单相线路或两相线路，中性线电流与相线电流相等。因此，中性线截面积取为

$$S_0 = S_\varphi \tag{5-4}$$

③ 对三次谐波电流突出的线路，中性线电流可能会超过相线电流，因此中性线截面积应不小于相线截面积，即

$$S_0 \geq S_\varphi \tag{5-5}$$

2）保护线（PE 线）截面积的选择。

① 当相线截面积小于或等于 16mm² 时，保护线的截面积应为

$$S_{PE} = S_{\varphi} \qquad (5-6)$$

② 当相线截面积大于 16mm² 且小于或等于 35mm² 时，保护线的截面积应为

$$S_{\varphi} \geqslant 16mm^2 \qquad (5-7)$$

③ 当相线截面积大于 35mm² 时，保护线的截面积应为

$$S_{PE} \geqslant 0.5S_{\varphi} \qquad (5-8)$$

3）保护中性线（PEN 线）截面积的选择。在三相四线制系统中，保护中性线兼有中性线和保护线的双重功能，所以选择的时候稍显不同。截面积选择应同时满足上述二者的要求，并取其中较大者作为保护中性线截面积。

例 5-1 有一条采用 BV-500 型铜芯塑料线明敷的 220V/380V 的 TN-S 线路，计算电流为 140A，当地最热月平均最高气温为 30℃。试按发热条件选择此线路的导线截面积。

解：TN-S 线路为含有 N 线和 PE 线的三相四线制线路，因此除选择相线外，还要选择 N 线和 PE 线。

（1）相线截面积的选择

查相关手册得到环境温度为 30℃时明敷的 BV-500 型铜芯塑料线截面积为 35mm²，则

$$I_{al} = 156A > I_{30} = 140A$$

满足发热条件，因此相线截面积选 35mm²。

（2）N 线截面的选择

$$A_0 \geqslant 0.5A_{\varphi} \qquad A_0 = 25mm^2$$

（3）PE 线截面的选择

$$A_{\varphi} = 35mm^2$$

$$A_{PE} \geqslant 16mm^2 \qquad A_{PE} \geqslant 0.5A_{\varphi} \qquad A_{PE} = 25mm^2$$

所选导线型号规格可表示为 BV-500-3 × 35+1 × 25+PE25。

例 5-2 例 5-1 所述 TN-S 线路，如果采用 BV-500 型铜芯塑料线穿硬塑料管埋地敷设，当地最热月平均气温为 25℃。试按发热条件选择此线路的导线截面积和穿线管内径。

解：查相关手册得 25℃时 5 根单芯线穿硬塑料管的 BV-500 型铜芯塑料线截面积为 70mm²，则

$$I_{al} = 148A > I_{30} = 140A$$

因此按发热条件，相线截面积可选 70mm²。N 线截面积按

$$A_0 \geqslant 0.5A_{\varphi}$$

选择，选为 35mm²。

PE 线截面积也选为 35mm²。硬塑料管内径选 75mm。

所选结果可表示为 BV–500–（3×70+1×35+PE35）–PC75。此处 PC 为硬塑料管代号。

5.3.3 按经济电流密度选择

微课：按经济电流密度选择导线和电缆截面

选择导体和电缆截面积除了要满足技术条件，还要满足经济条件。导体和电缆截面积的大小直接影响到线路的投资和年运行费用。因此从经济方面考虑，导体和电缆应选择一个比较合理的截面积，其选择原则从两方面考虑：

1）选择截面积越大，电能损耗就越小，但线路投资、有色金属消耗量及维修管理费用就越高。

2）虽然截面积选择得小，线路投资、有色金属消耗量及维修管理费用低，但电能损耗大。

因此，按经济电流条件选择时，不仅需考虑线路建设的初始投资，还要考虑经济寿命期内导体电能损耗费用，应使两者之和（即电缆线路总费用）最少。在一定的敷设条件下，每一线芯截面积都有一个经济电流范围。与经济电流对应的截面积，称为经济截面积，用 A_{ec} 表示。对应于经济截面积的电流密度称为经济电流密度，用 J_{ec} 表示。按经济电流密度选择导线或电缆经济截面积的公式为

$$A_{ec} = \frac{I_{30}}{J_{ec}} \tag{5-9}$$

式中，I_{30} 为线路计算电流。

经济电流密度 J_{ec} 与年最大负荷利用小时数有关，年最大负荷利用小时数越大，负荷越平稳，损耗越大，经济截面积因而也越大，经济电流密度就会越小。图 5-19 是线路年运行费用 C 与导线截面积 A 的关系曲线。图 5-19 中曲线 1 表示线路的年折旧费（即线路投资除以折旧年限之值）和线路的年维修管理费之和与导线截面积的关系曲线；曲线 2 表示线路的年电能损耗费与导线截面积的关系曲线；曲线 3 为曲线 1 与曲线 2 的叠加，表示线路的年运行费用（包括线路的年折旧费、维修管理费和电能损耗费）与导线截面积的关系曲线。由曲线 3 可以看出，与年运行费用最小值 C_a（曲线 3 上 a 点）相对应的导线截面积 A_a 不一定是经济合理的截面积，因为 a 点附近，曲线 3 比较平坦。如果将导线截面积再选小一些，例如选为 A_b（b 点），年运行费用 C_b 增加不多，而导线截面积即有色金属消耗量却显著减少。因此从全面的经济效益来考虑，导线截面积选为 A_b 比 A_a 更为经济合理。这种从全面经济效益考虑，即使线路的年运行费用接近于最小，又适当考虑有色金属节约的导线截面积，称为经济截面积。

根据式（5-9）计算出截面积后，从手册中选取一种与该值最接近（可稍小）的标准截面积，再校验其他条件即可。导线和电缆的经济电流密度见表 5-1。

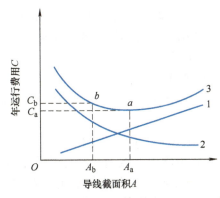

图 5-19　线路年运行费用 C 与导线截面积 A 的关系曲线

表 5-1　导线和电缆的经济电流密度　　　　　　　　　　（单位：A/m^2）

线路类型	导线材质	年最大负荷利用小时		
		3000h 以下	3000 ～ 5000h	5000h 以上
架空线路	铜	3.00	2.25	1.75
	铝	1.65	1.15	0.90
电缆线路	铜	2.50	2.25	2.00
	铝	1.92	1.73	1.54

例 5-3　有一条用 LJ 型铝绞线架设的长 5km 的 35kV 架空线路，计算负荷为 4830kW，$\cos\varphi=0.7$，$T_{max} = 4800h$。试选择其经济截面积。

解：

$$I_{30} = \frac{P_{30}}{\sqrt{3}U_N\cos\varphi} = \frac{4830kW}{\sqrt{3}\times 35kV \times 0.7} = 114A$$

由表查得

$$J_{ec} = 1.15A/mm^2$$

因此

$$A_{ec} = \frac{114A}{1.15A/mm^2} = 99mm^2$$

我国常用导线标称截面积（mm^2）按大小顺序排列如下：1，1.5，2.5，4，6，10，16，25，35，50，70，95，120，150，185，…

选最接近的标准截面积 95mm^2，即选 LJ-95 型铝绞线。

5.3.4　按电压损失选择

电压损失指线路始端电压与末端电压的代数差值。对于不同的情况，电压损耗的允许值有所不同，具体的要求如下：

微课：按电压损失选择导线和电缆截面

1）高压配电线路的电压损耗一般不会超过额定线路电压的 5%。

2）从变压器低压侧母线到用电设备端子处的低压配电线路的电压损耗，一般也不超过线路额定电压的 5%（以满足用电设备要求为限）。

3）对于视觉要求较高的照明线路，则为 2% ~ 3%。

4）如果线路电压损耗超过了允许值，应适当加大导线截面积，使之小于允许电压损耗。

（1）接有一个集中负荷时线路的电压损失计算

以图 5-20 所示的三相负荷为例说明接有一个集中负荷时线路的电压损失计算。在三相交流电路中，当各相负荷平衡时，三相电流、电压对称，电流与电压间的相位差也相等，故可按单相画出其相量图，计算其电压损失后，再换算到线电压。如图 5-20 可以看出，电压损失实际上是 ac 段，由于 ac 段计算比较复杂，工程计算中，往往以 ad 代替 ac。

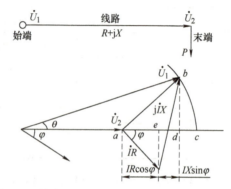

图 5-20　接有一个集中负荷时线路的电压损失计算

因此，图 5-20 中电压损失的百分值为

$$\Delta U_{\varphi}(\%) = \frac{\Delta U_{\varphi}}{U_{N\varphi}} \times 100\% = \frac{IR\cos\varphi + IX\sin\varphi}{U_{N\varphi}} \times 100\% \tag{5-10}$$

（2）接有多个三相对称集中负荷线路的电压损失计算

若在线路多个点处接有负荷，每个负荷的功率已知，各线路段的电阻及电抗也已知，接下来讨论如何求出各段线路的电压损失。图 5-21 是带有两个集中负荷的三相线路分析图，由两个负荷可以推广到多个负荷。从图中可以看出，线路首末端间总电压损失等于各段线路电压损失代数之和，其表达式为

$$
\begin{aligned}
\Delta U_{\varphi} &= \overline{ab'} + \overline{b'c'} + \overline{c'd'} + \overline{d'e'} + \overline{e'f'} + \overline{f'g'} \\
&= i_2 r_2 \cos\varphi_2 + i_2 x_2 \sin\varphi_2 + i_2 r_1 \cos\varphi_2 + i_2 x_1 \sin\varphi_2 + i_1 r_1 \cos\varphi_1 + i_1 x_1 \sin\varphi_1 \\
&= i_2(r_1 + r_2)\cos\varphi_2 + i_2(x_1 + x_2)\sin\varphi_2 + i_1 r_1 \cos\varphi_1 + i_1 x_1 \sin\varphi_1 \\
&= i_2 R_2 \cos\varphi_2 + i_2 X_2 \sin\varphi_2 + i_1 R_1 \cos\varphi_1 + i_1 X_1 \sin\varphi_1
\end{aligned}
\tag{5-11}
$$

推广至线路上带任意个集中负荷的情况，式（5-11）中的 ΔU_{φ} 用 ΔU 代替，其表达式为

$$\Delta U = \frac{1}{U_N} \sum_{i=1}^{n} (p_i R_i + q_i X_i) \qquad (5\text{-}12)$$

式中，p_i 和 q_i 分别表示线路所接负荷的有功和无功功率。

若利用线段有功功率 P_i 和无功功率 Q_i 来计算线路首末端间总电压损失，则可表示为

$$\Delta U = \sum_{i=1}^{n} \Delta U_i = \frac{1}{U_N} \sum_{i=1}^{n} (P_i r_i + Q_i x_i) \qquad (5\text{-}13)$$

电压损失百分数为

$$\Delta U\% = \frac{1}{U_N^2} \sum_{i=1}^{n} (P_i r_i + Q_i x_i) \qquad (5\text{-}14)$$

或者

$$\Delta U\% = \frac{1}{U_N^2} \sum_{i=1}^{n} (p_i R_i + q_i X_i) \qquad (5\text{-}15)$$

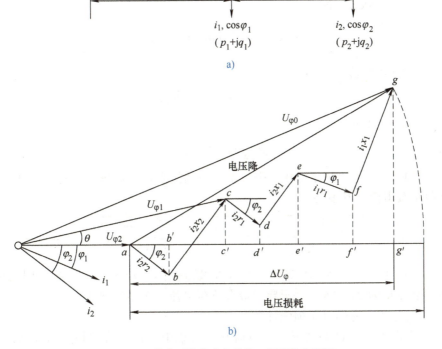

图 5-21　带有两个集中负荷的三相线路分析图

a）单线电路图　b）电压电流相量图

例 5-4　设有一回 10kV 的 LJ 型架空线路向两个负荷点供电，线路长度和负荷情况如图 5-22 所示。已知架空线线间距为 1m，空气中最高温度为 37℃，允许电压损耗 $\Delta U_{al}\% = 5$，试选择导线截面积。

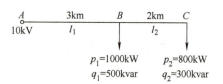

图 5-22　例 5-4 的线路

解：设线路 AB 段和 BC 段选取同一截面积 LJ 型铝绞线，先取

$$X_0 = 0.4\Omega / km$$

则对 AB 段（l_1 段）来说，$P_1 = p_1 + p_2$，$Q_1 = q_1 + q_2$；对 BC 段（l_2 段）来说，$P_2 = p_2$，$Q_2 = q_2$。因此

$$
\begin{aligned}
\Delta U_{AC}\% &= \frac{[R_0 l_1(p_1 + p_2) + X_0 l_1(q_1 + q_2)] + (R_0 l_2 p_2 + X_0 l_2 q_2)}{10 U_N^2} \\
&= \frac{R_0[3 \times (1000 + 800) + 2 \times 800] + 0.4 \times [3 \times (500 + 300) + 2 \times 300]}{10 \times 10^2} \\
&= 5
\end{aligned}
$$

假定 $R_0 = 0.54\Omega/km$，有

$$A \geqslant \frac{\rho}{R_0} = \frac{31.7}{0.54}\,mm^2 = 58.4mm^2$$

选取 LJ-70 铝绞线，查表可得

$$R_0 = 0.46\Omega / km，\quad X_0 = 0.34\Omega / km$$

将参数代入校验公式可得

$$\Delta U_{AC}\% = 4.252 \leqslant 5$$

可见，LJ-70 型导线满足电压损失要求，下面按发热条件进行校验。导线最大负荷电流为 AB 段承载电流，其值为

$$I_{AB} = \frac{\sqrt{(p_1 + p_2)^2 + (q_1 + q_2)^2}}{\sqrt{3}U_N} = \frac{\sqrt{(1000 + 800)^2 + (500 + 300)^2}}{\sqrt{3} \times 10}\,A = 114A$$

查表，得 LJ-70 型导线在 25℃条件下的载流量为 265A，乘以 40℃时的修正系数 0.82，可得载流量为 217.3A，大于导线最大负荷电流，满足发热条件。

（3）均匀分布负荷的电压损失计算

在实际电路中，有许多情况下，负荷并不是集中负荷，特别是照明线路，它们往往是均匀分布负荷。如图 5-23 所示，若线路上接有均匀分布的负荷时，可以将分散的负荷等效成一个接在这段线路中点上的集中负荷，该负荷功率为分散负荷功率之和。

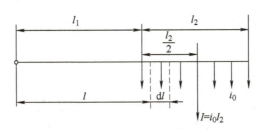

图 5-23　有一段均匀分布负荷的线路

等效为集中负荷后，所对应的线路电阻和电抗的计算表达式为

$$R = r_0(l_1 + 0.5l_2)　　　　　　　　（5-16）$$

$$X = x_0(l_1 + 0.5l_2)　　　　　　　　（5-17）$$

以上分析仅为一根导线上的电压损失，而对于单相回路来说，电流通过一根相线和中性线向负荷供电，形成回路，因而线路的电压损失应是相线和中性线上电压损失之和，当中性线和相线等截面积时，线路的电压损失为上述结果的两倍。

当利用电压损失条件计算导线截面积时，因导线的电阻和电抗均为未知数，其中电抗变化幅度不大，可先假定一个值，去求电阻，进而求出导线截面积 A；再将所确定的截面积的导线的实际电阻和电抗参数代入电压损失计算公式中，检验电压损失是否满足条件。若计算电压损失小于线路允许电压损失，则说明该导线截面积符合要求，否则需重新进行选择及校验。具体步骤如下：

1）先取导线或电缆的电抗平均值，求出无功负荷在电抗上引起的电压损失：

$$\Delta U_X\% = \frac{x_0}{10U_N^2}\sum_{i=1}^{n}q_iL_i　　　　　　　　（5-18）$$

2）再求有功负荷在电阻上引起的电压损失 $\Delta U_R\% = \Delta U_{al}\% - \Delta U_X\%$，$\Delta U_{al}\%$ 为线路的允许电压损失。

3）由 $\Delta U_R\% = \frac{r_0}{10U_N^2}\sum_{i=1}^{n}p_iL_i$，将 $r_0 = \frac{1}{\gamma S}$（式中，γ 为导线的电导率）代入，可算出导线或电缆截面积，即

$$S = \frac{\sum_{i=1}^{n}p_iL_i}{10\gamma U_N^2 \Delta U_R\%}　　　　　　　　（5-19）$$

并根据此值选出相应的标准截面积。

4）根据所选的标准截面积及敷设方式，查出 r_0 和 x_0，计算线路实际的电压损失，与允许电压损失比较。若不大于允许电压损失则满足要求，否则加大导线或电缆截面积，重新校验，直到截面积满足允许电压损失要求。

5.4 电力线路的敷设

微课：工厂电力线路的敷设

5.4.1 架空线路的敷设

架空线路敷设要严格遵守有关规程的规定，敷设路径的选择，应认真进行调查研究，综合考虑运行、施工、交通条件和路径长度等因素，统筹兼顾，全面安排，进行多方案的比较，做到经济合理、安全适用。工厂架空线路的选择应符合下列要求：

1）路径要短，转角要少，尽量减少与其他设施交叉。当与其他架空电力线路或弱电线路交叉时，其间的间距及交叉点（或交叉角）应符合 GB 50061—2010《66kV 及以下架空电力线路设计规范》的有关规定。

2）尽量避开水洼和雨水冲刷地带、不良地质地区及易燃、易爆等危险场所。

3）不应引起机耕、交通和人行困难。

4）不宜跨越房屋，应与建筑物保持一定的安全距离。

5）应与工厂和城镇的总体规划协调配合，并适当考虑今后的发展。

三相四线制低压架空线路的导线，一般水平排列，如图 5-24a 所示。由于中性线（N线或 PEN 线）电位在三相对称时为零，而且其截面积也较小，机械强度较差，所以中性线一般架设在靠近电杆的位置。

三相三线制架空线路的导线，可三角形排列，如图 5-24b、c 所示；也可水平排列，如图 5-24f 所示。多回路导线同杆架设时，可三角形和水平混合排列，如图 5-24d 所示；还可全部垂直排列，如图 5-24e 所示。不同电压线路同杆架设时，较高电压线路应架设在上面，较低电压线路架设在下面。实际架设架空线路时，特别要注意档距和弧垂距离，如图 5-25 所示。

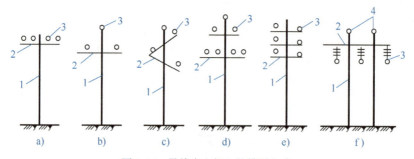

图 5-24　导线在电杆上的排列方式

a）三相四线制导线水平排列　b）、c）三相三线制导线三角形排列　d）混合排列
e）垂直排列　f）三相三线制导线水平排列

1—电杆　2—横担　3—导线　4—避雷线

1）档距：架空线路的档距，又称跨距，是指同一线路上相邻两根电杆之间的水平距离。表 5-2 是 10kV 及以下架空线路的档距（据 GB 50061—2010）。

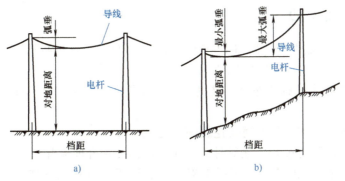

图 5-25　架空线路的档距和弧垂距离

a）平地上　b）坡地上

表 5-2　10kV 及以下架空线路的档距　　　　（单位：m）

区　域	线路电压	
	3 ～ 10kV	3kV 以下
市区	45 ～ 50	40 ～ 50
郊区	50 ～ 100	40 ～ 60

10kV 及以下杆塔的最小线间距离，按 GB 50061—2010 规定，见表 5-3。如果采用绝缘导线，则线距可结合当地运行经验确定。

表 5-3　10kV 及以下杆塔最小线间距离　　　　（单位：m）

线路电压	档　距								
	40 及以下	50	60	70	80	90	100	110	120
3 ～ 10kV	0.60	0.65	0.70	0.75	0.85	0.90	1.00	1.05	1.15
3kV 以下	0.30	0.40	0.45	0.50	—	—	—	—	—

注：3kV 以下架空线路靠近电杆的两导线间的水平距离不应小于 0.5m。

2）弧垂：架空线路导线的弧垂，又称弛垂，是指其一个档距内导线的最低点与两端电杆上导线悬挂点间的垂直距离。导线的弧垂是由于导线存在着荷重所形成的。弧垂不宜过大，也不宜过小：过大则在导线摆动时容易引起相间短路，而且可造成导线对地或对其他物体的安全距离不够；过小则使导线的内应力增大，天冷时可能使导线收缩而绷断。

设计和安装时必须遵循架空线路的导线与建筑物之间的垂直距离，按 GB 50061—2010 规定，见表 5-4。

表 5-4　架空线路的导线与建筑物之间的垂直距离

线路电压	3kV 以下	3 ～ 10kV	35kV	66kV
距离 /m	3.0	3.0	4.0	5.0

5.4.2　电缆线路的敷设

电力电缆线路的敷设应遵循 GB 50217—2018《电力工程电缆设计规范》中相关规定。电缆线路敷设路径选择需要满足以下原则：

1）避免电缆遭受机械性外力、过热、腐蚀等危害；满足安全条件下，应保证电缆路径最短。

2）便于敷设和维护；避开将要挖掘施工之地。

3）充油电缆线路通过起伏地形时，应保证供油装置合理配置。

电缆线路敷设方式的选择，应视工程条件、环境特点和电缆类型、数量等因素，满足可靠运行、便于维修和技术经济合理的要求。常见的敷设方式有以下几种：直接埋地敷设、电缆沟敷设、电缆多孔导管敷设、电缆沿墙敷设和电缆桥架敷设。

（1）直接埋地敷设

直接埋地敷设方式是首先挖好壕沟，然后沟底敷砂土、放电缆，再填以砂土，上加保护板，再回填砂土。直接埋地敷设适用于电缆数量少、敷设途径较长的场合。此敷设方式施工简单，散热效果好，且投资少；但检修不便，易受机械损伤和土壤中酸性物质的腐蚀，如果土壤有腐蚀性，须经过处理后再敷设。

（2）电缆沟敷设

电缆沟敷设方式是将电缆敷设在电缆沟的电缆支架上。电缆沟由砖砌成或混凝土浇筑而成，加盖板，内侧有电缆架，其投资稍高，但检修方便，占地面积少，所以在配电系统中应用很广泛。对于一般土质的电缆沟沟顶应比沟底大 200mm，电缆沟的深度，应使电缆表面距地面不小于 0.7m；穿越农田时，不小于 1m。在寒冷地区电缆应埋于冻土层以下。直埋深度超过 1.1m 时，可以不考虑上部压力的机械损伤。在进入建筑物、与地下建筑物交叉及绕过地下建筑物处，可浅埋，但应采取保护措施（一般采用穿保护管的措施）。电缆沟的宽度应满足表 5-5 的规定。

表 5-5　电缆沟的宽度要求　　　　　　　　　　（单位：mm）

控制电缆 10kV 及其以下电缆根数	0	1	2	3	4	5	6
0	—	350	380	510	640	770	900
1	350	450	580	710	840	970	1100
2	550	600	780	860	990	1120	1125
3	650	750	880	1010	1140	1270	1400
4	800	900	1030	1160	1290	1420	1550
5	950	1050	1180	1310	1440	1570	1800
6	1120	1200	1330	1460	1590	1720	1850

（3）电缆多孔导管敷设

电缆多孔导管敷设方式适用于电缆数量不多（一般不超过 12 根），而道路交叉较多，路径拥挤，又不宜采用直埋或电缆沟敷设的地段。电缆多孔导管可采用石棉水泥管或混凝土管或 PVC 管。

（4）电缆沿墙敷设

电缆沿墙敷设方式要在墙上预埋铁件，预设固定支架，电缆沿墙敷设在支架上，其结构简单，维修方便，但积灰严重，易受热力管道影响，且不够美观。

（5）电缆桥架敷设

电缆敷设在电缆桥架内，电缆桥架装置由支架、盖板、支臂和线槽等组成。电缆桥架敷设克服了电缆沟敷设电缆时存在的积水、积灰、易损坏电缆等多种弊病，改善了运行条件，且具有占用空间少、投资少、建设周期短、便于采用全塑电缆和工厂系列化生产等优点，因此在国内已广泛应用。

5.4.3　车间线路的敷设

车间线路一般分为绝缘导线和裸导线。

（1）绝缘导线的敷设

绝缘导线的敷设分为明敷和暗敷两种，其中明敷是指导线直接敷设，或者在穿线管、线槽等保护体内，敷设于墙壁、顶棚的表面及支架等处；暗敷则指导线在穿线管、线槽内，敷设于墙壁、顶棚、地坪及楼板等内部，或在混凝土板孔内敷设。绝缘导线的敷设要求见 GB 50217—2018《电力工程电缆设计规范》。

（2）裸导线的敷设

车间内配电的裸导线多采用裸母线的结构，车间内以采用 LMY 型硬铝母线最为普遍。现代化的车间大多采用封闭式母线，即母线槽的方式敷设。母线槽的敷设方式如图 5-26 所示，这种方法安全、美观，但耗用钢材较多，投资较大。

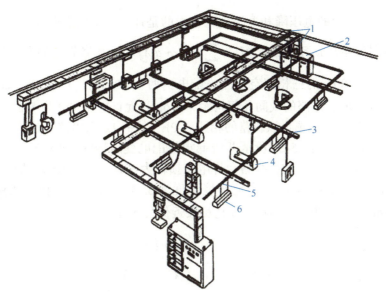

图 5-26　母线槽敷设方式示意图

1—配电母线槽　2—配电装置　3—插接式母线　4—机床　5—照明母线槽　6—灯具

5.5　本章小结

电力线路将变配电站与各电能用户或用电设备连接起来，是由电源端（变配电站）向负荷端（电能用户或用电设备）输送电能的导体回路。本章主要内容如下：

1）高、低压电力线路的基本接线方式有三种类型：放射式、树干式和环式；对于低压线路还有链式。

2）架空线路和电缆线路是应用最普遍的两大类室外供电线路。在决定供电线路是使用架空线路，还是使用电缆线路时，要全面统筹考虑，综合各方面的因素来决定。

3）电力线路截面积的选择方法主要有按发热条件（允许温升条件）选择、按经济电流密度选择和按电压损失选择等几种方法。对于三相四线制系统，保护中性线兼有中性线和保护线的双重功能，所以选择的时候稍显不同。截面积选择应同时满足保护线和中性线的要求，并取其中较大者作为保护中性线截面积。

4）电力线路的敷设需要按照有关规程进行。

5.6　习题与思考题

5-1　试比较放射式接线、树干式接线和环式接线的优缺点。

5-2　试比较架空线路和电缆线路的优缺点。

5-3　导线和电缆截面积的选择应考虑哪些条件？它们在哪些方面有所不同？低压动力线路的导线截面积一般先按什么条件选择，再校验哪些条件？照明线路的导线截面积一般先按什么条件选择，再校验哪些条件？

5-4　低压配电系统的保护线（PE 线）和保护中性线（PEN 线）的截面积各如何选择？

5-5　交流线路中的电压降和电压损耗各指的是什么？工厂供电系统中一般用电压降的哪一分量来计算电压损耗？公式 $\Delta U = \sum_{i=1}^{n}(p_i R_i + q_i X_i)/U_N$ 中各符号的含义是什么？

5-6　有一条 380V 的三相架空线路，配电给两台 40kW，$\eta = 0.85$，$\cos\varphi = 0.8$ 的电动机。此线路长 70m，线路的线间几何均距为 0.6m，允许电压损耗为 5%，该地区最热月平均最高气温为 30℃。试选择该线路的相线和 PEN 线的 LJ 型铝绞线截面积。

5-7　试选择一条如图 5-27 所示两台低损耗配电变压器的 10kV 架空线路的 LJ 型铝绞线截面积，全线截面积一致，线路允许电压损耗为 5%。两台变压器的年最大负荷利用小时数均为 4500h，$\cos\varphi = 0.9$。当地环境温度为 35℃。线路的三相导线做水平等距排列，线距为 1m。（注：变压器的功率损耗可按近似公式计算。）

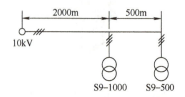

图 5-27　配电变压器 10kV 架空线路示意图

保护装置是工厂供电系统的二次系统中最重要的一类设备，其主要作用是在工厂供电系统处于故障或不正常运行状态时，能够发现异常情况或自动切除故障。本章介绍工厂供电系统中主要电气设备的保护类型及其装置、配置原则和整定计算方法，为保护装置的配置提供具体方法。

6.1　工厂供电系统中的保护

微课：工厂供电系统的过电流保护装置

6.1.1　工厂供电系统中常见的保护

为了保证工厂供电系统的安全运行，需要设置不同类型的保护，主要包括熔断器保护、低压断路器保护和继电保护。

熔断器保护可以用于高低压供电系统。由于其装置简单经济，在工厂供电系统中应用非常广泛。但是它的断流能力有限，选择性较差，且熔体熔断后不方便更换，不能迅速恢复供电，因此在供电可靠性要求较高的场合不宜采用。

低压断路器保护适用于对供电可靠性要求较高且操作灵活方便的低压供电系统中。

继电保护在过负荷动作时，保护装置一般只发出报警信号，引起值班人员注意，以便及时处理。而在短路时，保护装置应使相应的高压断路器跳闸，将故障部分切除。

6.1.2　对保护装置的要求

工厂供电系统要求保护装置在技术上满足以下四个基本要求，简称"四性"要求。

（1）选择性

当工厂供电系统发生短路故障时，选择性要求只有离故障最近的保护装置动作于切除故障，保证系统中无故障部分仍正常工作。图 6-1 所示系统中，f 点发生短路故障，应由离故障点最近的保护装置 3 动作，使断路器 3QF 跳闸，将故障线路 WL3 切除，线路 WL1 和 WL2 仍继续运行。

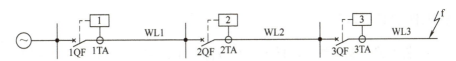

图 6-1　保护装置的选择性示意图

（2）可靠性

可靠性要求保护装置在其所规定的保护范围内，发生故障或处于不正常运行状态时，要准确动作，应不拒动；发生任何保护不应该动作的故障或处于不正常运行状态时，应不误动。如图 6-1 所示系统中，f 点发生短路，保护 3 应不拒动，保护 1 和保护 2 应不误动。

（3）速动性

为了防止故障扩大，提高电力系统运行的稳定性，发生故障后，速动性要求保护装置应尽快动作切除故障。

（4）灵敏性

灵敏性通常用灵敏度来度量，用于表征保护装置对其保护范围内故障和不正常运行状态的反应能力。如果保护装置对其保护区内微小的故障都能及时反应，就说明保护装置的灵敏度高。灵敏度 K_S 根据保护类型的不同可以按式（6-1）或式（6-2）计算。

对反映于数值上升而动作的过量保护（如电流保护）：

$$K_S = \frac{\text{保护范围末端金属性短路时故障参数的最小计算值}}{\text{保护的动作参数}} = \frac{I_{k.min}}{I_{op1}} \qquad (6-1)$$

对反映于数值下降而动作的欠量保护（如低电压保护）：

$$K_S = \frac{\text{保护的动作参数}}{\text{保护范围末端金属性短路时故障参数的最大计算值}} = \frac{U_{op1}}{U_{k.max}} \qquad (6-2)$$

其中，故障参数的最小计算值和最大计算值是根据实际可能的最不利运行方式、故障类型和短路点位置来计算。在国家标准 GB 14285—2006《继电保护和安全自动装置技术规程》中，对各类保护的灵敏系数 K_S 的要求都做了具体规定。

> **一点讨论**：世界上的任何事物都是矛盾的统一体。对于单一保护装置，以上"四性"要求也是无法同时达到的。"四性"要求既相互矛盾又相互统一，例如选择性比较高的保护装置，往往原理接线和技术都相对复杂，运行维护调试检修比较困难，导致可靠性降低。而为了提高保护装置的灵敏度，正常运行中保护有可能误动作，导致可靠性降低。同时，为了满足选择性要求，往往要降低一定的快速性。在设置保护时，需要正确处理"四性"要求之间的辩证统一关系，根据工厂供电系统运行的主要矛盾，配置、配合、整定每个电力元件的保护装置，使得保护在"四性"要求上达到综合最优。

6.2 继电保护的基本知识

6.2.1 继电保护的基本任务

继电保护装置就是能反映工厂供电系统故障或不正常运行状态，并能够可靠动作于断路器跳闸或起动信号装置发出预告信号的一种自动装置。继电保护的基本任务是：

1）自动地、迅速地、有选择性地将故障元件从工厂供电系统中切除，使其他非故障部分迅速恢复正常供电。

2）正确反映电气设备的不正常运行状态，发出警告信号，便于运行人员采取措施，

恢复电气设备的正常运行。

3）与工厂供电系统的自动装置（如自动重合闸装置、备用电源自动投入装置等）配合，提高工厂供电系统的供电可靠性。

电力系统中的保护装置之间还存在相互配合，对于重要的电力元件，通常会设置主保护和后备保护，进一步提升保护的可靠性。

6.2.2　继电保护的工作原理

工厂供电系统发生故障后，会发生电流增大、电压降低、电压和电流间相位角改变等现象。因此，利用上述物理量在故障时与正常时的差别，可构成各种不同工作原理的继电保护装置，如电流保护、电压保护、方向保护、距离保护和差动保护等。继电保护种类很多，但是组成结构基本相同，主要由测量、逻辑和执行三部分组成，如图6-2所示。测量部分测量被保护设备的某物理量，与保护装置的整定值进行比较，从而判断被保护设备是否发生故障，保护装置是否应该启动。逻辑部分根据测量部分输出量的大小、性质、出现的顺序，使保护装置按一定的逻辑关系判定故障的类型和范围，并输出信号到执行部分。执行部分根据逻辑部分的输出信号驱动保护装置动作，使断路器跳闸或发出信号。

图6-2　继电保护装置的组成框图

6.2.3　常用的保护继电器

继电器是一种能自动执行通断控制的器件，在其输入的物理量（电量或非电量）达到规定值时，能使其输出的被控量发生预定的状态变化，可以作为继电保护的逻辑部分和执行部分。继电器按其输入量性质分为电气量继电器和非电气量继电器两大类，按其用途分为控制继电器和保护继电器两大类。前者用于自动控制电路中，后者用于继电保护电路中。常用的保护继电器有：电流继电器和电压继电器，用于反映输入电流大小或电压高低而动作的继电器；信号继电器，通常用于发出报警信号；时间继电器则用来实现保护的延时；中间继电器主要用于扩大接点容量，以控制更多的电路。

6.3　线路的继电保护

微课：工厂高压线路的继电保护

6.3.1　线路的常见故障和保护配置

工厂供电系统高压电力线路的电压等级一般不超过110kV，通常为单端供电短线路，根据GB/T 50062—2008《电力装置的继电保护和自动装置设计规范》规定，一般采用电流保护，主要包括相间短路保护、单相接地保护和过负荷保护等。由于一般工厂的高压电力线路不长，容量不大，因此其继电保护装置通常比较简单。采用带时限的过电流保护和瞬时动作的电流速断保护作为线路的相间短路保护。当过电流保护动作时限在 0.5 ～ 0.7s 时，可不再装设电流速断保护。相间短路保护应动作于断路器的跳闸机构，使断路器跳闸，切除短路故障部分。

线路的单相接地保护主要有两种方式：①绝缘监视装置，装设在变配电所的高压母线上，动作于信号（将在 7.5 节介绍）；②采用单相接地保护（零序电流保护）实现单相接地保护，动作于信号。但是当单相接地故障危及人身和设备安全时，则应动作于跳闸。

对可能经常过负荷的电缆线路，按 GB/T 50062—2008 规定，应装设过负荷保护，动作于信号。

6.3.2　过电流保护

当线路电流大于继电器的动作电流时，保护装置启动，并通过时限保证动作的选择性，这种继电保护装置称为过电流保护。根据时限特性不同，过电流保护主要有定时限过电流保护和反时限过电流保护两种。

1. 过电流保护的接线和工作原理

（1）定时限过电流保护装置的接线和工作原理

图 6-3 是定时限过电流保护装置的原理图和展开图。图 6-3a 中，所有元件的组成部分都集中表示，称为原理图；图 6-3b 中，所有元件的组成部分按所属回路分开表示，称为展开图。展开图简明清晰，广泛应用于二次回路图。

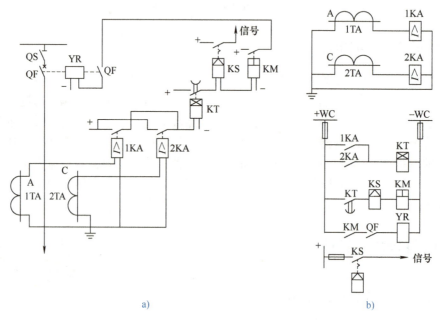

a)　　　　　　　　　　　　　　　　b)

图 6-3　定时限过电流保护装置的原理图和展开图

a）原理图　b）展开图

QF—断路器　TA—电流互感器　KA—电流继电器　KT—时间继电器　KS—信号继电器
KM—中间继电器　YR—跳闸线圈

当线路发生短路时，通过线路的电流大于继电器的动作电流，电流继电器 KA 瞬时动作，其常开触点闭合，时间继电器 KT 线圈得电，其触点经一定延时后闭合，使中间继电器 KM 和信号继电器 KS 动作。KM 的常开触点闭合，接通断路器跳闸线圈 YR 回路，断路器 QF 跳闸，切除短路故障线路。KS 动作，其指示牌掉下，同时其常开触点闭合，启动信号回路，发出灯光和音响信号。

（2）反时限过电流保护装置的接线和工作原理

采用交流操作的"去分电流跳闸"原理的反时限过电流保护装置的原理图及展开图如图 6-4 所示。它采用具有反时限特性的电流继电器组成。该继电器动作时限与短路电流大小有关，短路电流越大，动作时限越短。正常运行时，跳闸线圈被继电器的常闭触点短路，电流互感器的二次电流经继电器线圈及常闭触点构成回路，保护不动作。当线路发生短路时，继电器动作，其常闭触点打开，电流互感器二次电流流经跳闸线圈，断路器 QF 跳闸，切除故障线路。

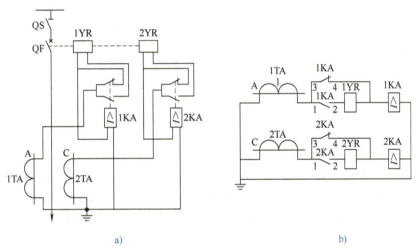

a)   b)

图 6-4 反时限过电流保护装置的原理图及展开图

a）原理图 b）展开图

QF—断路器 TA—电流互感器 KA—电流继电器 YR—跳闸线圈

2. 保护整定计算

过电流保护的整定计算包括动作电流整定、动作时限整定和灵敏度校验三项内容。

（1）动作电流整定

过电流保护装置的动作电流必须满足下列两个条件：①正常运行时，保护装置不动作，即保护装置一次侧的动作电流 I_{op1} 应大于线路的最大负荷电流 $I_{L.max}$（正常过负荷电流和尖峰电流），即 $I_{op1} > I_{L.max}$；②保护装置在外部故障切除后，可靠返回到原始位置。

如图 6-5a 所示线路 WL2 在 f 点发生短路时，由于短路电流远大于线路的负荷电流，线路 WL1 和 WL2 的过电流保护同时启动，为保证保护的选择性，保护 2 首先动作，断路器 2QF 跳闸，切除故障线路 WL2。故障切除后，WL1 的保护 1 应可靠返回，要求保护

1 的返回电流 I_{re1} 大于线路最大负荷电流 $I_{L.max}$。当系统含有自起动的电动机时，还需要考虑由于自起动电动机所引起的最大电流，常用负荷电流的 K_{ss} 倍来表示，即 $I_{re1} > K_{ss}I_{L.max}$。由于过电流保护 I_{op1} 大于 I_{re1}，所以，以 $I_{re1} > I_{L.max}$ 作为动作电流整定依据，引入可靠系数 K_{rel}，将不等式改写成等式。将保护装置的返回电流换算到动作电流，进而得到继电器的动作电流 $I_{op.KA}$，即

$$I_{op.KA} = \frac{K_{rel}K_w K_{ss}}{K_{re}K_i} L_{L.max} \tag{6-3}$$

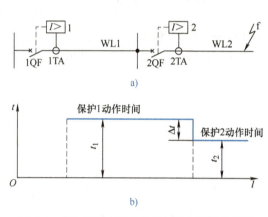

a)

图 6-5　定时限过电流保护时限整定计算说明图

a）电路图　b）时限整定说明

式中，K_{rel} 为可靠系数，DL 型继电器取 1.2，GL 型继电器取 1.3；K_w 为接线系数，由保护的接线方式决定；K_{re} 为继电器的返回系数，DL 型继电器取 0.85，GL 型继电器取 0.8；K_i 为电流互感器电流比；K_{ss} 为电动机的自起动系数，通常由负荷性质和线路接线决定，取 1.5 ～ 3。

（2）动作时限整定

1）定时限过电流保护动作时限整定。定时限过电流保护装置的启动由电流继电器完成，动作时限由时间继电器实现。保护装置的动作时限与短路电流的大小无关，仅取决于由选择性确定的整定时间。

为保证动作的选择性，自负荷侧向电源侧，后一级线路的过电流保护装置的动作时限应比前一级线路保护的动作时限大一个时限级差 Δt，如图 6-5b 所示，即按阶梯原则进行整定。

$$t_1 = t_2 + \Delta t \tag{6-4}$$

式中，Δt 为时限级差，定时限过电流保护通常取 0.5s。

2）反时限过电流保护动作时限整定。GL 型感应式电流继电器具有反时限动作特性，在整定反时限过电流保护的动作时限时应指出某一动作电流倍数（通常为 10 倍）时的动作时限。为保证动作的选择性，反时限过电流保护时限整定也应按照阶梯原则来确定。上下级线路的反时限过电流保护的时限级差通常取 $\Delta t = 0.7s$。

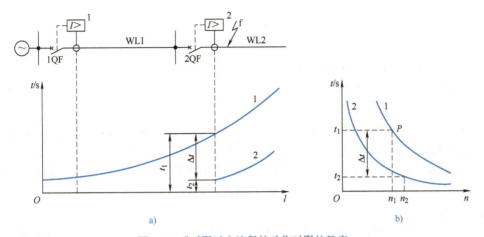

图 6-6　反时限过电流保护动作时限的整定

a）短路点距离与动作时限的关系　b）继电器动作特性曲线

图 6-6a 中线路 WL2 保护 2 的继电器特性曲线为图 6-6b 中的 2；保护 2 的动作电流为 $I_{op.KA2}$，线路 WL1 保护 1 的动作电流为 $I_{op.KA1}$。动作时限整定的具体步骤如下：

① 计算线路 WL2 首端 f 点三相短路时保护 2 的动作电流倍数 n_2，即

$$n_2 = \frac{I_{k.KA2}}{I_{op.KA2}} \tag{6-5}$$

式中，$I_{k.KA2}$ 为 f 点三相短路时，流经保护 2 继电器的电流，$I_{k.KA2} = K_{w.2} I_k / K_{i.2}$，$K_{w.2}$ 和 $K_{i.2}$ 分别为保护 2 的接线系数和电流互感器电流比。

② 由 n_2 从特性曲线 2 求 f 点三相短路时保护 2 的动作时限 t_2。

③ 计算 f 点三相短路时保护 1 的实际动作时限 t_1，t_1 应较 t_2 大一个时限级差 Δt，以保证动作的选择性，即

$$t_1 = t_2 + \Delta t \tag{6-6}$$

④ 计算 f 点三相短路时，保护 1 的实际动作电流倍数 n_1。

$$n_1 = \frac{I_{k.KA1}}{I_{op.KA1}} \tag{6-7}$$

式中，$I_{k.KA1}$ 为 f 点三相短路时，流经保护 1 继电器的电流，$I_{k.KA1} = K_{w.1} I_k / K_{i.1}$，$K_{w.1}$ 和 $K_{i.1}$ 分别为保护 1 的接线系数和电流互感器电流比。

⑤ 由 t_1 和 n_1 可以确定保护 1 继电器特性曲线上的一个点 P，由 P 点找出保护 1 的特性曲线 1，如图 6-6b 所示，并确定 10 倍动作电流倍数下的动作时限。

由图 6-6a 可见，f 点是线路 WL2 的首端和线路 WL1 的末端，也是上下级保护的时限配合点。若在该点 f 的时限配合满足要求，在其他各点短路时，都能保证动作的选择性。

3）保护灵敏度校验。过电流保护的灵敏度用系统最小运行方式下线路末端的两相短路电流 $I_{k.min}^{(2)}$ 进行校验，即

$$K_S = \frac{I_{k.min}^{(2)}}{I_{op1}} \qquad (6-8)$$

式中，I_{op1} 为保护装置一次侧动作电流。

若过电流保护的灵敏度达不到要求，可采用带低电压闭锁的过电流保护，此时电流继电器动作电流按线路的计算电流整定，以提高保护的灵敏度。

过电流保护的范围包括本级线路和下级线路，本级线路为过电流保护的主保护区，下级线路是其后备保护区。定时限过电流保护整定简单，动作准确，动作时限固定，但使用继电器较多，接线较为复杂，需要接入直流操作电源。反时限过电流保护使用继电器少，接线简单，可采用交流操作，但动作准确度不高，动作时间与短路电流有关，呈反时限特性，动作时限整定复杂。

例 6-1 试整定图 6-7 所示线路 WL1 的定时限过电流保护。已知 1TA 的电流比为 750A/5A，线路最大负荷电流 335A，电动机自起动系数 K_{ss} 取 2，保护采用两相两继电器接线，线路 WL2 定时限过电流保护的动作时限为 0.7s，最大运行方式时 f_1、f_2 点三相短路电流分别为 3.2kA 和 2.2kA，最小运行方式时 f_1 和 f_2 点三相短路电流分别为 2.6kA 和 1.8kA。

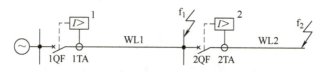

图 6-7　例 6-1 的系统图

解：（1）整定动作电流

$$I_{op.KA} = \frac{K_{rel}K_wK_{ss}}{K_{re}K_i} I_{L.max} = \frac{1.2 \times 1.0 \times 2}{0.85 \times 150} \times 335A = 6.3A$$

选 DL-11/10 电流继电器，线圈并联，整定动作电流为 7A。

过电流保护一次侧动作电流为

$$I_{op1} = \frac{K_i}{K_w} I_{op.KA} = \frac{150}{1.0} \times 7A = 1050A$$

（2）整定动作时限

线路 WL1 定时限过电流保护的动作时限应较线路 WL2 定时限过电流保护动作时限大一个时限级差 Δt，即

$$t_1 = t_2 + \Delta t = (0.7 + 0.5)s = 1.2s$$

（3）校验保护灵敏度

保护线路 WL1 的灵敏度按线路 WL1 末端最小两相短路电流校验，即

$$K_S = \frac{I_{k.min}^{(2)}}{I_{op1}} = \frac{0.87 \times 2.6}{1.050} = 2.15 > 1.5$$

保护线路 WL2 的灵敏度，用线路 WL2 末端最小两相短路电流校验，即

$$K_S = \frac{I_{k.min}^{(2)}}{I_{op1}} = \frac{\frac{\sqrt{3}}{2} \times 1.8}{1.050} = 1.49 > 1.2$$

由此可见，保护整定满足灵敏度要求。

6.3.3 电流速断保护

短路点越靠近电源，短路电流越大，危害也越大。然而，越靠近电源的线路过电流保护的动作时限越长，这是过电流保护的不足。因此，当过电流保护动作时限超过 0.5s 时，应装设瞬时动作的电流速断保护。

1. 电流速断保护的接线和工作原理

电流速断保护可以看成不带时限的过电流保护，实际中电流速断保护通常与过电流保护配合使用。图 6-8 是定时限过电流保护和电流速断保护的接线图。定时限过电流保护和电流速断保护共用一套电流互感器和中间继电器，电流速断保护还单独使用电流继电器 3KA 和 4KA、信号继电器 2KS。

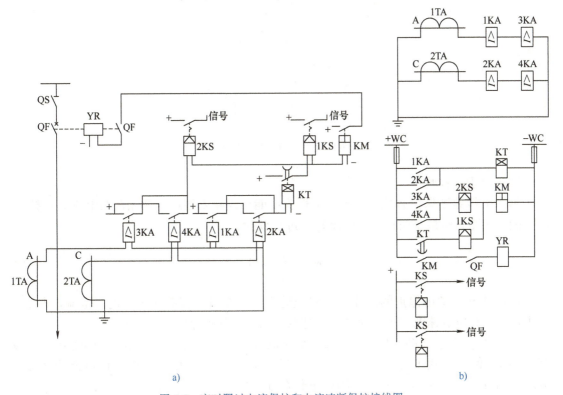

图 6-8 定时限过电流保护和电流速断保护接线图
a）原理图 b）展开图

当线路发生短路，流经继电器的电流大于电流速断的动作电流时，电流继电器动作，其常开触点闭合，接通信号继电器 2KS 和中间继电器 KM 回路，KM 动作使断路器跳闸，2KS 动作表示电流速断保护动作，并启动信号回路发出灯光和音响信号。

2. 电流速断保护的整定

（1）动作电流整定

由于电流速断保护动作不带时限，为了保证速断保护动作的选择性，在下一级线路首端故障产生最大短路电流时，电流速断保护不应动作，即速断保护的动作电流 $I_{op1}>I_{k.max}$。选择速断保护继电器的动作电流整定值为

$$I_{op.KA} = \frac{K_{rel}K_w}{K_i} I_{k.max} \tag{6-9}$$

式中，$I_{k.max}$ 为线路末端最大三相短路电流；K_{rel} 为可靠系数，DL 型继电器取 1.3，GL 型继电器取 1.5；K_w 为接线系数；K_i 为电流互感器电流比。

显然，电流速断保护的动作电流大于线路末端的最大三相短路电流，所以电流速断保护不能保护线路全长，如图 6-9 所示只能保护线路的一部分，线路不能被保护的部分称为保护死区，线路能被保护的部分称为保护区。

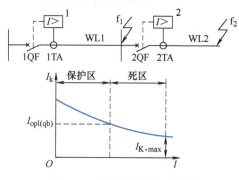

图 6-9　电流速断保护区说明

（2）灵敏度校验

由于电流速断保护有死区，灵敏度校验不能用线路末端最小两相短路电流进行校验，而只能用线路首端最小两相短路电流 $I_{k.min}^{(2)}$ 进行校验，即

$$K_S = \frac{I_{k.min}^{(2)}}{I_{op1}} \geqslant 1.5 \tag{6-10}$$

电流速断保护由保护的动作电流实现选择性。在电流速断保护区内，电流速断保护为主保护，在电流速断保护的死区内，过电流保护为基本保护。

例 6-2　试整定图 6-9 所示线路 WL1 的电流速断保护。已知 1TA 的电流比为 750A/5A，保护采用两相两继电器接线，最大运行方式时 f_1 点三相短路电流为 3.2kA，WL1 首端最小运行方式时 f_1 点三相短路电流为 10kA。

解：（1）动作电流

$$I_{op.KA} = \frac{K_{rel}K_w}{K_i} I_{k.max} = \frac{1.2 \times 1}{150} \times 3200\,A = 25.6\,A$$

整定电流的动作值设为 26A。

电流速断保护一次侧动作电流为

$$I_{op1A} = \frac{K_i}{K_w} I_{op.KA} = \frac{150}{1} \times 26A = 3900A$$

（2）灵敏度校验

$$K_S = \frac{I_{k.min}^{(2)}}{I_{op1}} = \frac{\frac{\sqrt{3}}{2} \times 10}{3.9} = 2.22 > 1.5$$

WL1 线路配置的电流速断保护整定满足要求。

6.3.4　单相接地保护

工厂供配电系统通常属于小接地电流系统，如果发生单相接地故障，则只有很小的接地电容电流，而相间电压不变，通常允许短时间带故障继续运行。但是非故障相的对地电压会升高为原来对地电压的 $\sqrt{3}$ 倍，因此对线路绝缘是一种威胁，如果长此下去，可能引起非故障相的对地绝缘击穿而导致两相接地短路。这将引起断路器跳闸，线路停电。因此，在系统发生单相接地故障时，必须通过无选择性的绝缘监视装置（参看 7.5 节）或有选择性的单相接地保护（零序电流保护）装置，发出报警信号，以便运行值班人员及时发现和处理。

（1）单相接地保护装置的基本原理

单相接地保护装置利用单相接地所产生的零序电流使保护装置动作发出信号。当单相接地危及人身和设备安全时，则动作于跳闸。单相接地保护必须通过零序电流互感器将一次电路发生单相接地时所产生的零序电流反映到其二次侧的电流继电器中去，如图 6-10 所示。

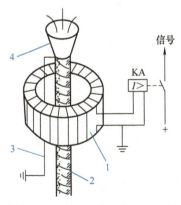

图 6-10　单相接地保护的零序电流互感器的结构和接线

1—零序电流互感器（其环形铁心上绕二次绕组）　2—电缆　3—接地线　4—电缆头　KA—电流继电器

单相接地保护的原理说明如图 6-11 所示（以电缆线路 WL1 的 A 相发生单相接地为例）。图中，母线 WB 上接有三路电缆出线 WL1、WL2、WL3，每路出线上都装有零序电流互感器。现假设电缆 WL1 的 A 相发生接地故障，这时 A 相的电位为地电位，所以

A 相不存在对地电容电流，只 B 相和 C 相有对地电容电流 I_1 和 I_2。电缆 WL2 和 WL3 也只有 B 相和 C 相有对地电容电流 $I_3 \sim I_6$。所有这些对地电容电流 $I_1 \sim I_6$ 都要经过接地故障点。由图 6-11 可以看出，故障电缆 A 相芯线上流过所有电容电流之和，且与同一电缆的其他完好的 B 相和 C 相芯线及其金属外皮上所流过的电容电流恰好抵消，而除故障电缆外的其他电缆的所有电容电流 $I_3 \sim I_6$ 则经过电缆头接地线流入地中。接地线流过的这一不平衡电流（零序电流）就要在零序电流互感器（TAN1）的铁心中产生磁通，使 TAN1 的二次绕组感应出电动势，并使接于二次侧的电流继电器 KA 动作，发出报警信号。而在系统正常运行时，由于三相电流之和为零，没有不平衡电流，因此零序电流互感器铁心中没有磁通产生，其二次侧也没有电动势和电流，电流继电器自然也不会动作。

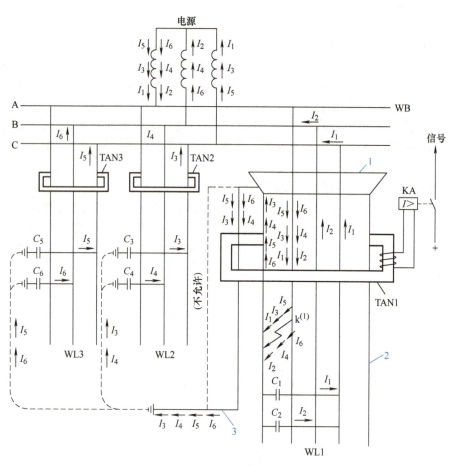

图 6-11　单相接地时接地电容电流的分布

1—电缆头　2—电缆金属外皮　3—接地线

TAN1 ～ TAN3—零序电流互感器　KA—电流继电器　$I_1 \sim I_6$—通过线路对地电容 $C_1 \sim C_6$ 的接地电容电流

　　由此可见，这种单相接地保护装置能够相当灵敏地监视小接地电流系统的对地绝缘状况，而且能具体地判断发生单相接地故障的线路。在实际应用时，电缆头的接地线必须穿过零序电流互感器的铁心，否则接地保护装置不起作用。

关于架空线路的单相接地保护，可采用由 3 个相装设的同型号规格的电流互感器同极性并联所组成的零序电流过滤器。但一般工厂的高压架空线路不长，很少装设。

（2）单相接地保护装置动作电流的整定

由图 6-11 可以看出，当供电系统某一线路发生单相接地故障时，其他线路上都会出现不平衡的电容电流，而这些线路因本身是正常的，其接地保护装置不应该动作，因此单相接地保护的动作电流 $I_{op(E)}$ 应该躲过在其他线路上发生单相接地时，在本线路上引起的电容电流 I_C，即单相接地保护动作电流的整定计算公式为

$$I_{op(E)} = \frac{K_{rel}}{K_i} I_C \qquad (6-11)$$

式中，K_i 为零序电流互感器的电流比；K_{rel} 为可靠系数，保护装置不带时限时，取 $4 \sim 5$，以躲过被保护线路发生两相短路时所出现的不平衡电流，保护装置带时限时，取 $1.5 \sim 2$，这时接地保护的动作时间应比相间短路的过电流保护动作时间大一个 Δt，以保证选择性；I_C 为其他线路发生单相接地时，在被保护线路上产生的电容电流，可以由经验公式计算，即

$$I_C = \frac{U_N l}{350} \qquad (6-12)$$

式中，U_N 为系统额定电压（kV）；l 为被保护线路的长度（km）。

（3）单相接地保护的灵敏度

单相接地保护的灵敏度，应按被保护线路末端发生单相接地故障时流过接地线的不平衡电流作为最小故障电流来检验，而这一电容电流为同被保护线路有电联系的总电网电容电流 $I_{C.\Sigma}$ 与该线路本身的电容电流 I_C 之差。$I_C = 0.1 U_N l$，l 为被保护电缆的长度。因此单相接地保护的灵敏度检验公式为

$$S_p = \frac{I_{C.\Sigma} - I_C}{K_i I_{op(E)}} \geq 1.5 \qquad (6-13)$$

式中，K_i 为零序电流互感器的电流比。

6.3.5　过负荷保护

线路一般不装设过负荷保护，只有经常可能发生过负荷的电缆线路，才装设过负荷保护，延时动作于信号，原理图如图 6-12 所示。由于过负荷电流对称，过负荷保护采用单相式接线，并和相间保护共用电流互感器。

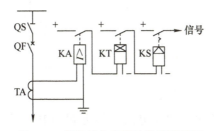

图 6-12　线路过负荷保护接线原理图

过负荷保护的动作电流按线路的计算电流 I_C 整定，即

$$I_{\text{op.KA}} = \frac{K_{\text{rel}}}{K_i} I_C \qquad (6\text{-}14)$$

式中，K_{rel} 为可靠系数，取 $1.2 \sim 1.3$；K_i 为电流互感器电流比。动作时间一般整定为 $10 \sim 15\text{s}$。

6.3.6 电流保护的接线方式

电流保护的接线方式是指电流保护中的电流继电器与电流互感器二次绕组的连接方式。为了便于分析和保护的整定计算，引入接线系数 K_w，它是流入继电器的电流 I_{KA} 与电流互感器二次绕组电流 I_2 的比值，即

$$K_w = \frac{I_{\text{KA}}}{I_2} \qquad (6\text{-}15)$$

在实际工厂供电系统中由于系统要求和实际情况不同，电流互感器和继电器的安装配置也不尽相同，目前现场常用的接线方式主要有以下三种。

（1）三相三继电器接线方式

三相三继电器接线方式是将三个电流互感器分别与三个电流继电器相连，如图 6-13 所示，又称完全星形接线。这种接线方式能反映各种短路故障，流入继电器的电流与电流互感器二次绕组电流相等，在任何短路情况下其接线系数均等于 1。这种接线方式主要用于高压大接地电流系统，保护相间短路和单相短路。

（2）两相两继电器接线方式

两相两继电器接线方式将两个电流互感器分别装设在工厂供电系统的 A、C 两相上，两个电流继电器与两个电流互感器的连接，如图 6-14 所示，这种接线方式又称不完全星形接线。由于 B 相没有装设电流互感器和电流继电器，因此，它能够反映各种类型的相间短路故障和 A、C 相的单相接地故障，但不能反映 B 相的单相接地故障。其接线系数在各种相间短路时均为 1。此接线方式主要用于小接地电流系统的相间短路保护。

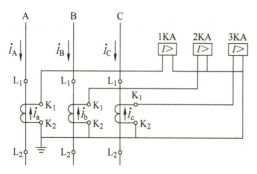

图 6-13 三相三继电器接线方式

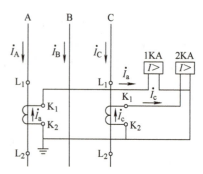

图 6-14 两相两继电器接线方式

在实际应用中，为弥补两相两继电器接线方式中 B 相接地故障无法识别的不足，通常在两相两继电器接线方式上加以拓展，组成两相三继电器接线方式，如图 6-15 所示。

（3）两相一继电器接线方式

两相一继电器接线方式如图 6-16 所示，流入继电器的电流为两电流互感器二次绕组电流之差，$\dot{I}_{KA} = \dot{I}_a - \dot{I}_c$，因此又称两相电流差接线。正常工作或三相短路时，由于三相电流对称，流入继电器的电流为电流互感器二次电流的 $\sqrt{3}$ 倍，即 $K_w = \sqrt{3}$。A、C 两相短路时，A 相和 C 相电流大小相等、方向相反，所以 $K_w = 2$；A、B 或 B、C 两相短路时，由于 B 相没有安装电流互感器，流入继电器的电流与电流互感器二次电流相等，所以 $K_w = 1$。可见这种接线可反映各种相间短路，但其接线系数随短路种类不同而不同，保护灵敏度也不同，主要用于高压电动机的保护。

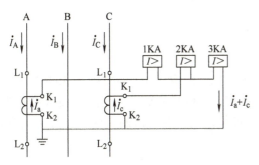

图 6-15　两相三继电器接线方式　　　　　图 6-16　两相一继电器接线方式

综上所述，继电器的接线方式不同对应的接线系数也不尽相同，其应用范围也不尽相同，其接线系数和应用比较见表 6-1 和表 6-2。

表 6-1　工厂供电系统故障时继电器不同接线方式对应的接线系数 K_w

短路类型	三相三继电器接线	两相两继电器接线	两相一继电器接线	两相三继电器接线
三相短路	1	1	$\sqrt{3}$	1
AC 相间短路	1	1	2	1
AB 或 BC 相间短路	1	1	1	1

表 6-2　继电器三种不同接线方式的比较

比较项目	三相三继电器接线方式	两相两继电器接线方式	两相一继电器接线方式
可靠性、灵敏性	最好	较好	差
经济性	差	较好	最好
适用场合	中性点接地电网	中性点不接地电网	10kV 以下电网及高压电动机保护

6.4　变压器的继电保护

微课：电力变压器和高压电动机的继电保护

目前，工厂供电系统中应用较多的是油浸式变压器，本节以该类变压器为例介绍变压器的保护。油浸式变压器的故障可以分为油箱外故障和油箱内故障两种。油箱外故障，主要指套管和引出线上发生相间短路以及中性点直接接地侧的接地短路，以上故障会危害电力系统的持续安全供电。油箱内故障主要包括绕组的相间短路、接地短路、匝间短路以及铁心的烧损等，当其故障时会产生电弧，不仅会损坏绕组的绝缘、烧毁铁心，而且会使绝缘物质剧烈气化，有可能引起变压器油箱的爆炸。

变压器的不正常工作状态指过负荷、外部短路引起的过电流、外部接地短路引起的中性点过电压、油箱漏油造成的油面降低、由于外加电压过高或频率降低所引起的过激磁等。针对变压器的常见故障和不正常的工作状态，常用的继电保护配置也可分为主保护和后备保护。主保护主要指电流纵联差动保护和瓦斯保护；后备保护一般为过电流保护、过电压保护和过负荷保护等。本节主要讲述变压器的瓦斯保护、纵联差动保护、电流速断保护、过电流保护和过负荷保护。

6.4.1 变压器的瓦斯保护

瓦斯保护是保护油浸式电力变压器内部故障的一种主保护。按 GB/T 50062—2008《电力装置的继电保护和自动装置设计规范》规定，800kV·A 及以上的油浸式变压器、400kV·A 及以上的车间内油浸式变压器，以及带负荷调压变压器的充油调压开关均应安装瓦斯保护。

（1）瓦斯保护的原理

当变压器油箱内部故障时，电弧的高温使变压器油分解出大量的瓦斯气体，瓦斯保护就是通过感知瓦斯气体来实现保护的。瓦斯保护装置主要由瓦斯继电器构成。瓦斯继电器安装在变压器的油箱与油枕之间的联通管上，如图 6-17 所示。为了使变压器内部故障时产生的瓦斯能通畅地通过瓦斯继电器排往油枕，要求变压器安装时应有 1% ~ 1.5% 的倾斜度；变压器在制造时，联通管对油箱上盖也应有 2% ~ 4% 的倾斜度。

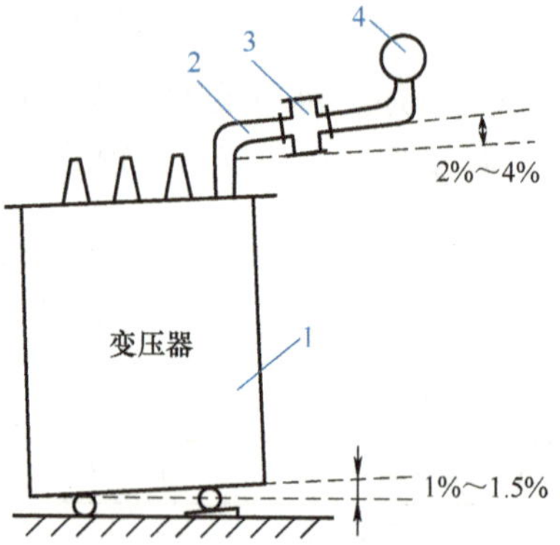

目前，国内采用的瓦斯继电器有浮筒挡板式和开口杯挡板式两种类型。图 6-18 是开口杯

图 6-17　瓦斯继电器在变压器的安装

1—变压器油箱　2—联通管　3—瓦斯继电器　4—油枕

挡板式瓦斯继电器的结构示意图。变压器正常运行时，瓦斯继电器容器内充满油，开口杯处于上升位置，上、下两对干簧触点处于断开位置，如图 6-18a 所示。变压器油箱内部发生轻微故障时，产生的瓦斯较少，瓦斯缓慢上升，聚集在瓦斯继电器容器上部，使继电器内油面下降，上油杯露出油面，上开口油杯处于下降位置，上干簧触点闭合，发出报警信号，称为轻瓦斯动作，如图 6-18b 所示。变压器油箱内部发生严重故障时，产生大量的瓦斯，油气混合物迅猛地从油箱通过联通管冲向油枕。在油气混合物冲击下，使下油杯下降，下干簧触点闭合，发出跳闸信号，使断路器跳闸，称为重瓦斯动作，如图 6-18c 所示。若变压器油箱严重漏油，随着瓦斯继电器内的油面逐渐下降，首先上油杯下降，上触点闭合，发出报警信号，接着下油杯下降，下触点闭合，发出跳闸信号，使断路器跳闸，如图 6-18d 所示。

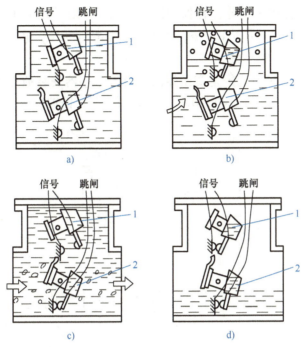

图 6-18　开口杯挡板式瓦斯继电器的结构示意图

a）正常时　b）轻瓦斯动作　c）重瓦斯动作　d）严重漏油时

1—上开口油杯　2—下开口油杯

（2）瓦斯保护的特点

优点：动作快，灵敏度高，结构简单，能反映变压器油箱内部各种类型故障。特别是当线圈短路的匝数很少时，故障点的循环电流虽然很大，可能造成严重的过热，但是反映在外部电源的电流变化很小，各种反映电流量的保护都不会动作。因此，瓦斯保护对这种故障有特殊的意义。

缺点：瓦斯保护不能反映变压器油箱外部及引出线的故障，只能作为防止变压器内部故障的保护。由于瓦斯保护构造上还不够十分完善，运行中动作的准确率还不够高，因此，瓦斯保护作为变压器的主保护不能单独使用。

6.4.2　变压器的纵联差动保护

由于纵联差动保护灵敏度高、选择性好，可以作为变压器内部故障的主保护，主要用于保护双绕组或三绕组变压器绕组内部及其引出线上发生的各种相间短路故障，同时也可以用来保护变压器单相匝间短路故障。

（1）基本原理

变压器的纵联差动保护原理接线如图 6-19 所示。在变压器两侧安装电流互感器，其二次绕组串联成环路，继电器 KA 并接在环路上，流入继电器的电流等于变压器两侧电流互感器的二次绕组电流之差，即 $I_{KA} = I_{ub} = |\dot{I}_1'' - \dot{I}_2''|$，$I_{ub}$ 为变压器一、二次侧的不平衡电流。

变压器正常运行或差动保护的保护区外短路时，流入差动继电器的不平衡电流小于继电器的动作电流，保护不动作。在保护区内短路时，对单端电源供电的变压器 $I_2' = 0$，则 $I_{KA} = I_1'$，远大于继电器的动作电流，继电器 KA 瞬时动作，通过中间继电器 KM，变压器两侧断路器跳闸，切除故障。

变压器差动保护的保护范围是变压器两侧电流互感器安装地点之间的区域。它可以保护变压器内部及两侧绝缘套管和引出线上的相间短路，保护反应灵敏，动作无时限。

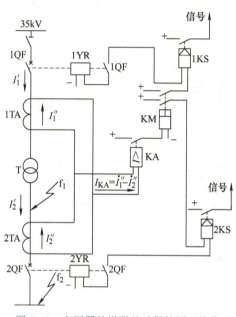

图 6-19　变压器的纵联差动保护原理接线

为了提高差动保护的灵敏度，在变压器正常运行或保护区外部短路时，希望流入继电器的不平衡电流尽可能小，甚至为零，但由于变压器的联结组和电流互感器的电流比等，不平衡电流不可能为零，因此，在实际应用时需要减小不平衡电流的产生。

（2）差动保护动作电流的整定

1）躲过变压器的励磁涌流。由于励磁涌流会导致变压器差动保护回路中产生不平衡电流，差动保护要求能够躲过由励磁涌流产生的不平衡电流，即

$$I_{op} = K_{rel}K_u I_{1N} \tag{6-16}$$

式中，K_{rel} 为可靠系数，取 $1.3 \sim 1.5$；I_{1N} 为变压器一次侧的额定电流；K_u 为励磁涌流的最大倍数（励磁涌流与变压器额定电流之比），通常取 $4 \sim 8$。

2）躲过变压差动保护范围外短路故障时引起的最大不平衡电流，即

$$I_{op} = K_{rel}I_{wbu.max} \tag{6-17}$$

式中，K_{rel} 为可靠系数，取 $K_{rel}=1.3$；$I_{wbu.max}$ 为外部故障产生的最大不平衡电流。

3）躲过电流互感器二次回路断线且变压器处于最大负荷运行时产生的不平衡电流，即

$$I_{op} = K_{rel}I_{L.max} \tag{6-18}$$

其中，K_{rel} 为可靠系数，取 $K_{rel}=1.3$；$I_{L.max}$ 为最大负荷电流，一般取 $I_{L.max}=(1.2\sim1.5)I_{1N}$。

6.4.3　变压器的电流速断保护、过电流保护和过负荷保护

变压器的保护除上述两种主保护之外，还有其他三种常见的电流速断保护、过电流保护和过负荷保护。

（1）变压器的电流速断保护

对于容量较小的变压器，当过电流保护装置的动作时限大于 0.5s 时，为尽快切除变压器故障，防止故障进一步扩大，在变压器的一次侧应装设电流速断保护，这样可以保证故障时变压器得到安全保护。

变压器电流速断保护的接线、工作原理与线路的电流速断保护相同。变压器电流速断保护的动作电流，与线路的电流速断保护也相似，应躲过变压器二次侧母线三相短路时的最大穿越电流，即

$$I_{op}=K_{rel}I_{k.max} \tag{6-19}$$

式中，I_{op} 为电流速断保护装置的启动电流值；$I_{k.max}$ 为变压器二次侧母线在系统最大运行方式下三相短路时一次侧的穿越电流；K_{rel} 为可靠系数，同线路的电流速断保护。

同样，变压器的电流速断保护也有保护死区，只能保护变压器的一次绕组和部分二次绕组，甚至部分一次绕组。

变压器电流速断保护的灵敏度校验，与线路速断保护灵敏度校验一样，以变压器一次侧最小两相短路电流 $I_{k.min}^{(2)}$ 进行校验，即

$$K_{sen}=\frac{I_{k.min}^{(2)}}{I_{op}}\geqslant2 \tag{6-20}$$

若电流速断保护灵敏度不满足要求，应装设差动保护。

（2）变压器的过电流保护

为防止变压器外部短路故障引起变压器过电流，一般变压器都要配置过电流保护。变压器的过电流保护主要是针对变压器外部故障进行保护，也可以作为变压器内部故障的后备保护。保护装置安装在变压器的电源侧，因此变压器发生内部故障时，就可以作为变压器的后备保护。过电流保护动作时，断开变压器两侧的断路器。

变压器过电流保护装置的接线、工作原理和线路过电流保护完全相同，这里不再叙述。过电流保护的整定和线路过电流保护的整定类似。变压器过电流保护继电器的动作电流为

$$I_{op}=\frac{K_{rel}K_w}{K_{re}K_i}(1.5\sim3)I_{1N} \tag{6-21}$$

式中，I_{1N} 为变压器一次侧额定电流；可靠系数 K_{rel}、接线系数 K_w、返回系数 K_{re} 同线路过电流保护；K_i 为电流互感器的电流比。

变压器过电流保护动作时间的整定同线路过电流保护，按阶梯原则整定。变压器过电流保护动作时限应比二次侧出线过电流保护的最大动作时限大 Δt。对车间变电所的变压器过电流保护动作时限，一般取 0.5 $\sim$ 0.6s。

变压器过电流保护的灵敏度校验是按照变压器低压侧母线在系统最小运行方式下发生两相短路电流折算到高压侧来进行校验的。变压器过电流保护的灵敏度按下式校验，即

$$K_{sen} = \frac{I_{k.min}^{(2)}}{I_{op}} \geqslant 1.5 \qquad (6-22)$$

式中，$I_{k.min}^{(2)}$ 为变压器二次侧在系统最小运行方式下发生两相短路时一次侧的穿越电流。

（3）变压器的过负荷保护

变压器的过负荷电流一般情况下都是三相对称的，因此过负荷保护可以只接入一相电流，采用电流互感器实现过负荷保护。过负荷保护通常都经过延时作用于信号，而不是作用于断路器直接跳闸。

变压器过负荷保护的组成、工作原理和动作电流的整定计算公式与线路过负荷保护几乎相同，动作时间通常取 $t=10 \sim 15s$。

过负荷保护的起动电流整定是按照躲过变压器的额定电流来进行整定，即

$$I_{op} = \frac{K_{rel}}{K_{re}} I_{NT} \qquad (6-23)$$

式中，I_{op} 为过负荷保护装置的启动电流值；K_{rel} 为过负荷保护可靠系数；K_{re} 为过负荷保护返回系数；I_{NT} 为变压器保护安装侧的额定电流。

6.5 电动机保护

6.5.1 电动机的常见故障和保护配置

工厂中大量采用高压电动机，它们常见的短路故障和不正常工作状态主要有定子绕组相间短路、单相接地、电动机过负荷、低电压、同步电动机失磁以及失步等。按 GB/T 50062—2008《电力装置的继电保护和自动装置设计规范》的规定，对 2000kW 以下的高压电动机应装设电流速断保护；对 2000kW 及以上的高压电动机或者电流速断保护灵敏度不满足要求的 2000kW 以下的电动机，应装设纵联差动保护；对易发生过负荷的电动机，应装设过负荷保护；对电源短时降低或短时中断又恢复时，需要断开的次要电动机或不允许自起动的电动机，应装设低电压保护；高压电动机单相接地电流大于 5A 时，应装设有选择性的单相接地保护。

6.5.2 电动机的过负荷保护和电流速断保护

（1）过负荷保护

电动机过负荷保护的动作电流按躲过电动机的额定电流整定，即

$$I_{op} = \frac{K_{rel} K_w}{K_{re} K_i} I_N \qquad (6-24)$$

式中，K_{rel} 为可靠系数，取 1.3；K_{re} 为继电器的返回系数；I_{N} 为电动机的额定电流。

过负荷保护的动作时限，应大于电动机的起动时间。

（2）电流速断保护

电动机电流速断保护的动作电流按躲过电动机的最大起动电流 $I_{\mathrm{st.max}}$ 整定，即

$$I_{\mathrm{op}} = \frac{K_{\mathrm{rel}} K_{\mathrm{w}}}{K_{\mathrm{i}}} I_{\mathrm{st.max}} \qquad (6\text{-}25)$$

式中，K_{rel} 为可靠系数，对 DL 型继电器取 1.4 ~ 1.6，对 GL 型继电器取 1.8 ~ 2.0。

电动机电流速断保护的灵敏度校验，与变压器电流速断保护灵敏度校验相同，即

$$K_{\mathrm{sen}} = \frac{I_{\mathrm{k.min}}^{(2)}}{I_{\mathrm{op}}} \geqslant 2 \qquad (6\text{-}26)$$

式中，$I_{\mathrm{k.min}}^{(2)}$ 为电动机端子处最小两相短路电流；I_{op} 为电流速断保护一次侧动作电流。

6.5.3　高压电动机的单相接地保护

高压电动机单相接地电流大于 5A 时，应装设单相接地保护瞬时动作于跳闸。单相接地保护动作电流按躲过其接地电容电流 $I_{\mathrm{C.M}}$ 整定，即

$$I_{\mathrm{op}} = \frac{K_{\mathrm{rel}}}{K_{\mathrm{i}}} I_{\mathrm{C.M}} \qquad (6\text{-}27)$$

式中，K_{rel} 为可靠系数，保护瞬时动作取 4 ~ 5。

单相接地保护的灵敏度按电动机发生单相接地时的接地电容电流校验，即

$$K_{\mathrm{sen}} = \frac{I_{\mathrm{C\Sigma}} - I_{\mathrm{C.M}}}{I_{\mathrm{op}}} \qquad (6\text{-}28)$$

式中，$I_{\mathrm{C\Sigma}}$ 为与高压电动机定子绕组有电联系的整个系统的单相接地电容电流。

6.5.4　高压电动机的低电压保护

一般电动机最大转矩倍数 $m = M_{\mathrm{N \cdot max}} / M_{\mathrm{N}}$，为 1.8 ~ 2.2，所以低电压保护的动作电压 U_{op} 应为

$$U_{\mathrm{op}} = U_{\mathrm{N}} \sqrt{\frac{M_{\mathrm{max}} / M_{\mathrm{N}}}{M_{\mathrm{N.max}} / M_{\mathrm{N}}}} = U_{\mathrm{N}} \sqrt{\frac{0.9 \sim 1}{1.8 \sim 2.2}} \approx (0.6 \sim 0.7) U_{\mathrm{N}} \qquad (6\text{-}29)$$

式中，M_{max}、M_{N}、$M_{\mathrm{N.max}}$ 分别为电动机的运行最大转矩、额定转矩及允许最大转矩。

为了保证重要电动机的自起动而需要切除的次要电动机，其低压保护的动作电压按 $(0.6 \sim 0.7) U_{\mathrm{N}}$ 整定，可带 0.5s 的时限动作。对于不允许或不需要自起动的电动机，其低电压保护的动作电压一般按 $(0.4 \sim 0.5) U_{\mathrm{N}}$ 整定，动作时限为 0.5 ~ 1.5s。对于需要自起动，但根据保护条件在电源电压长时间消失后，需从电网自动断开的电动机，其整定电压一般为 $(0.4 \sim 0.5) U_{\mathrm{N}}$，时限一般为 5 ~ 10s。

> **一点讨论**：合理设置保护设备是确保供电系统安全、高效运行的关键。在工厂供电系统中，针对关键电气设备的安全运行，我们必须坚持"没有调查就没有发言权"的工作态度。这意味着在任何决策之前，必须进行彻底的调查和分析，以全面掌握设备可能面临的故障风险和非正常运行状态。基于深入的调查结果，科学地设置合理的保护设备。通过精准配置保护设备，我们不仅能够有效地实现对电气设备故障的"精准防控"，而且还能保障供电系统的经济性和可靠性。这种以预防为主、科学防控的方法，对于提高工厂生产效率、保障设备安全、维护供电系统稳定性具有重要意义。

6.6　熔断器保护

6.6.1　熔断器的配置

熔断器的配置主要考虑选择性和经济性，要能使故障范围缩小，且熔断器使用数量要尽量少。图 6-20 是车间低压放射式配电系统中熔断器配置的合理方案，既可满足保护选择性的要求，配置的熔断器数量又较少。熔断器 5FU 用来保护电动机及其支线。当 f_5 处短路时，5FU 熔断。熔断器 4FU 主要用来保护动力配电箱母线。当 f_4 处短路时，4FU 熔断。同理，熔断器 3FU 主要用来保护配电干线；2FU 主要用来保护低压配电屏母线；1FU 主要用来保护电力变压器。在 $f_1 \sim f_3$ 处短路时，也都是靠近短路点的熔断器熔断。

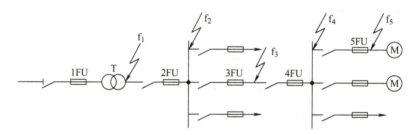

图 6-20　在低压放射式配电系统中熔断器的配置

在实际应用时，应注意在低压系统中的 PE 线和 PEN 线上，不允许装设熔断器，以避免 PE 线或 PEN 线因熔断器熔断而断路时，所有接在 PE 线或 PEN 线上的设备外露可导电部分带电，危及人身安全。

6.6.2　熔断器熔体电流的选择

（1）保护线路的熔断器熔体电流的选择

保护线路的熔体电流应满足以下条件：

1）熔体额定电流 $I_{N.FE}$ 应不小于线路的计算电流 I_{30}，以使熔体在线路正常运行时不会熔断，即

$$I_{N.FE} \geq I_{30}$$
（6-30）

2）熔体额定电流 $I_{N.FE}$ 还应躲过线路的尖峰电流 I_{pk}，以使熔体在线路出现正常尖峰电流时也不会熔断。由于尖峰电流是短时最大电流，而熔体加热熔断需要一定时间，所以满足的条件为

$$I_{N.FE} \geq KI_{pk} \tag{6-31}$$

式中，K 为小于1的计算系数。对于接单台电动机的线路来说，此系数应根据熔断器的特性和电动机的起动情况决定：起动时间在3s以下（轻负荷起动），宜取 $K=0.25 \sim 0.35$；起动时间在 $3 \sim 8s$（重负荷起动），宜取 $K=0.35 \sim 0.5$；起动时间超过8s或频繁起动、反接制动，宜取 $K=0.5 \sim 0.6$。对于接多台电动机的线路来说，系数 K 应按照线路上最大一台电动机的起动情况、线路计算电流与尖峰电流的比值及熔断器的特性来确定，取 $K=0.5 \sim 1$；如果线路计算电流与尖峰电流的比值接近于1，则可取 $K=1$。

我国熔断器品种繁多，各种熔断器的安秒特性曲线差别很大，上述有关计算系数 K 的取值，不一定适合所有熔断器。因此，GB 50055—2011《通用用电设备配电设计规范》规定：熔断体的额定电流应大于电动机的额定电流，且其安秒特性曲线计及偏差后应略高于电动机起动电流的时间特性曲线。当电动机频繁起动和制动时，熔断体的额定电流应加大1级或2级。

3）熔断器保护还应与被保护的线路相配合，使之不致发生因过负荷和短路引起绝缘导线或电缆过热起燃而熔断器不熔断的事故，因此还应满足条件：

$$I_{N.FE} \leq K_{OL}I_{al} \tag{6-32}$$

式中，I_{al} 为绝缘导线和电缆的允许载流量；K_{OL} 为绝缘导线和电缆的允许短时过负荷系数。如果熔断器只作短路保护时，对于电缆和穿管绝缘导线，取 $K_{OL}=2.5$；对于明敷绝缘导线，取 $K_{OL}=1.5$。如果熔断器同时用作短路保护和过负荷保护时，如居住建筑、重要仓库和公共建筑中的照明线路，有可能长时间过负荷的动力线路，以及在可燃建筑物构架上明敷的有延燃性外层的绝缘导线线路，则应取 $K_{OL}=1$。当 $I_{N.FE} \leq 25A$ 时，则取 $K_{OL}=0.85$。对有爆炸气体区域内的线路，应取 $K_{OL}=0.8$。

如果按式（6-30）和式（6-31）两个条件选择的熔体电流不满足式（6-32）的配合要求，则应改选熔断器的型号规格，或者适当增大导线或电缆的芯线截面积。

（2）保护电力变压器的熔断器熔体电流的选择

保护电力变压器的熔断器的熔体电流，应满足下式要求：

$$I_{N.FE} = (1.5 \sim 2.0)I_{1N.T} \tag{6-33}$$

式中，$I_{1N.T}$ 为变压器的额定一次电流。

式（6-33）考虑了以下三个因素：

1）熔体电流要躲过变压器允许的正常过负荷电流。变压器一般的正常过负荷可达 $20\% \sim 30\%$，此时熔断器也不应熔断。

2）熔体电流要躲过来自变压器低压侧的电动机自起动引起的尖峰电流。

3）熔体电流还要躲过变压器自身的励磁涌流。励磁涌流又称空载合闸电流，是变压器在空载投入时或者在外部故障切除后突然恢复电压时所产生的电流。熔断器的熔体电流如果不躲过励磁涌流，就可能在变压器空载投入时或电压突然恢复时使熔断器熔断，破坏

供电系统的正常运行。

二维码 6-1 列出了 1000kV·A 及以下电力变压器配用 RN1
型和 RW4 型高压熔断器的规格，供选用时参考。

（3）保护电压互感器的熔断器熔体电流的选择

由于电压互感器二次侧的负荷很小，保护高压电压互感器
的 RN2 型熔断器的熔体额定电流一般为 0.5A。

6-1
电力变压器配
用的高压熔断
器规格

6.6.3　熔断器保护灵敏度的检验

为了保证熔断器在其保护区内发生短路故障时可靠地熔断，熔断器保护的灵敏度应
满足下列条件：

$$S_p = \frac{I_{k.min}}{I_{N.PE}} \geqslant K \quad\quad\quad (6-34)$$

式中，$I_{N.PE}$ 为熔断器熔体的额定电流；$I_{k.min}$ 为熔断器保护线路末端在系统最小运行方式下
的最小短路电流。对于 TN 系统和 TT 系统，$I_{k.min}$ 为单相短路电流或单相接地故障电流；
对 IT 系统 $I_{k.min}$ 为两相短路电流；对于保护降压变压器的高压熔断器 $I_{k.min}$ 为低压侧母线的
两相短路电流折算到高压侧之值。比值 K 见表 6-3。

表 6-3　检验熔断器保护灵敏度的比值 K

熔断时间 /s	熔体额定电流 / A				
	4 ～ 10	16 ～ 32	40 ～ 63	80 ～ 200	250 ～ 500
5	4.5	5	5	6	7
0.4	8	9	10	11	—

注：表中 K 值适用于符合 IEC 标准的一些新型熔断器，如 RT12、RT14、RT15、NT 等；对于老型熔断器，可取 K=4 ～ 7，
即近似地按表中熔断时间为 5s 的熔体来取。

6.6.4　熔断器的选择和校验

选择熔断器时应满足下列条件：

1）熔断器的额定电压应不低于保护线路的额定电压。

2）熔断器的额定电流应不小于它所安装的熔体额定电流。

3）熔断器的类型应符合安装条件（户内或户外）及被保护设备的技术要求。

熔断器还必须进行断流能力的校验：

1）对限流式熔断器（如 RN1、RT0 等），由于其能在短路电流达到冲击值之前完全
熔断并熄灭电弧、切除短路，因此只需满足条件：

$$I_{oc} \geqslant I''^{(3)} \quad\quad\quad (6-35)$$

式中，I_{oc} 为熔断器的最大分断电流；$I''^{(3)}$ 为熔断器安装地点的三相次暂态短路电流有效
值，在无限大系统中 $I''^{(3)} = I_\infty^{(3)}$。

2）对非限流式熔断器（如 RW4、RM10 等），由于其不能在短路电流达到冲击值之

前熄灭电弧、切除短路，因此需满足条件：

$$I_{oc} \geqslant I_{sh}^{(3)} \tag{6-36}$$

式中，$I_{sh}^{(3)}$ 为熔断器安装地点的三相短路冲击电流有效值。

3）对具有断流能力上下限的熔断器（如 RW4 等跌开式熔断器），其断流能力的上限应满足式（6-36）的校验条件，其断流能力的下限应满足条件：

$$I_{oc.min} \leqslant I_{k}^{(2)} \tag{6-37}$$

式中，$I_{oc.min}$ 为熔断器的最小分断电流；$I_{k}^{(2)}$ 为熔断器所保护线路末端的两相短路电流（对中性点不接地的电力系统，如果是中性点直接接地系统，应改为线路末端的单相短路电流）。

例 6-3　有一台 Y 系列三相异步电动机，其额定电压为 380V，额定功率为 18.5kW，额定电流为 35.5A，起动系数为 7。现拟采用 BLV 型导线穿焊接钢管敷设。选择 RT0 型熔断器作电动机的短路保护，短路电流 $I_{k}^{(3)}$ 最大可达 13kA。试选择熔断器及其熔体的额定电流，并选择导线截面积和钢管直径（环境温度为 30℃）。

解：（1）选择熔体及熔断器的额定电流

$$I_{N.FE} \geqslant I_{30} = 35.5A \text{ 且 } I_{N.FE} \geqslant KI_{pk} = 0.3 \times 35.5A \times 7 = 74.55A$$

因此，由二维码 6-2，可选 RT0–100 型熔断器，其 $I_{N.FE} = 80A$，$I_{N.FU} = 100A$。

（2）校验熔断器的断流能力

查二维码 6-2 得 RT0–100 型熔断器的 $I_{oc} = 50kA$，$I'' = 13kA$，$I_{oc} > I''$，因此该熔断器的断流能力是足够的。

（3）选择导线截面积和钢管直径

按发热条件选择，查二维码 5-6 得 $A = 10mm^2$ 的 3 根塑料绝缘铝芯线（BLV）穿钢管时，$I_{al(30℃)} = 41A$，$I_{30} = 35.5A$，$I_{al(30℃)} > I_{30}$，满足发热条件，相应地选钢管（SC）半径为 20mm。

校验机械强度，查二维码 5-2 知，穿管铝芯线的最小截面积为 2.5mm²。$A = 10mm^2$，满足机械强度要求。

（4）校验导线与熔断器保护的配合

假设该电动机是安装在一般车间内，熔断器只作短路保护用，则由式（6-32）知，导线与熔断器保护的配合条件为 $I_{N.FE} \leqslant 2.5I_{al}$。现 $I_{N.FE} = 80A < 2.5 \times 41A = 102.5A$，因此满足配合要求。

6.6.5　前后熔断器之间的选择性配合

在系统中，两个熔断器通常将靠近电源的称为前熔断器，远离电源的为后熔断器。为了满足选择性，前后熔断器需要进行选择性配合。在线路发生故障时，靠近故障点的熔断器最先熔断，切除故障部分，从而使系统的其他部分迅速恢复正常运行。前后熔断器的选择性配合，宜按它们的保护特性曲线（安秒特性曲线）来进行检验。

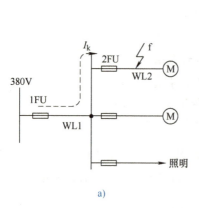 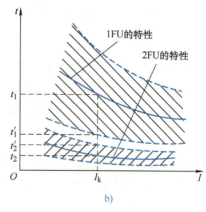

a)   b)

图 6-21 熔断器保护

a) 熔断器在低压线路中的选择性配置 b) 熔断器按保护特性曲线进行选择性校验

注：斜线区表示特性曲线的误差范围。

如图 6-21a 所示线路中，设支线 WL2 的首端 f 点发生三相短路，则三相短路电流 I_k 要通过 2FU 和 1FU。但是根据保护选择性的要求，应该是 2FU 的熔体首先熔断，切除故障线路 WL2，而 1FU 不再熔断，干线 WL1 恢复正常运行。但是熔体实际熔断时间与其产品的标准保护特性曲线所查得的熔断时间可能有 ±（30%～50%）的偏差。从最不利的情况考虑，设 f 点短路时，1FU 的实际熔断时间 t_1' 比标准保护特性曲线查得的时间 t_1 小 50%（负偏差），即 $t_1' = 0.5t_1$。而 2FU 的实际熔断时间 t_2' 又比标准保护特性曲线查得的时间 t_2 大 50%（正偏差），即 $t_2' = 1.5t_2$，这时由图 6-21b 可以看出，要保证前后两个熔断器 1FU 和 2FU 的保护选择性，必须满足的条件是 $t_1' > t_2'$ 或 $0.5t_1 > 1.5t_2$，即

$$t_1 > 3t_2 \tag{6-38}$$

式（6-38）说明，在后一熔断器所保护线路的首端发生最严重的三相短路时，前一熔断器根据其保护特性曲线得到的熔断时间，至少应为后一熔断器根据其保护特性曲线得到的熔断时间的 3 倍，才能确保前后两个熔断器动作的选择性。如果不能满足这一要求时，则应将前一熔断器的熔体电流提高 1～2 级，再进行校验。

如果不用熔断器的保护特性曲线来检验选择性，则一般只有前一熔断器的熔体电流大于后一熔断器的熔体电流 2～3 级，才有可能保证动作的选择性。

例 6-4 图 6-21a 所示电路中，设 1FU（RT0 型）的 $I_{N.FE1}$ =100A，2FU（RM10 型）的 $I_{N.FE2}$ = 60A，f 点的三相短路电流为 1000A，试检验 1FU 和 2FU 是否能选择性配合。

解：用 $I_{N.FE1}$ =100A 和 I_k = 1000A 查二维码 6-3 曲线得

$$t_1 \approx 0.3s$$

用 $I_{N.FE2}$ =60A 和 I_k =1000A 查二维码 6-4 曲线得

$$t_2 \approx 0.08s$$

则 t_1=0.3s>$3t_2$=3 × 0.08s=0.24s

由此可见 1FU 与 2FU 能保证选择性动作。

6-3
RT0 型低压熔断器的保护特性曲线

6-4
RM10 型低压熔断器的主要技术参数和保护特性曲线

6.7　低压断路器保护

6.7.1　低压断路器在工厂供电系统中的配置

低压断路器在低压配电系统中的配置方式通常有以下三种。

（1）单独接低压断路器或低压断路器 – 刀开关的方式

对于只装一台主变压器的变电所，低压侧主开关采用低压断路器，如图 6-22a 所示。

对于装有两台主变压器的变电所，低压侧主开关采用低压断路器时，低压断路器的容量选择应考虑到一台主变压器退出工作时，另一台主变压器要能供电给变电所 60% 以上的负荷及全部一、二级负荷，而且两段母线均带电的情况。因此，为了保证检修主变压器和低压断路器的安全，低压断路器的母线侧应装设刀开关或隔离开关，如图 6-22b 所示，以隔离来自低压母线的电源。

对于低压配电出线上装设的低压断路器，为保证检修配电出线和低压断路器的安全，在低压断路器的母线侧应加装刀开关，如图 6-22c 所示，以隔离来自低压母线的电源。

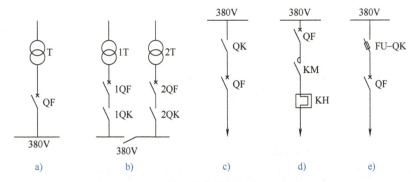

图 6-22　低压断路器常见的配置方式

a）适用于一台主变压器的变电所　b）适用于两台主变压器的变电所　c）适用于低压配电出线
d）适用于频繁操作的低压线路　e）适用于自复式熔断器保护的低压线路

QF—低压断路器　QK—刀开关　FU—QK—刀熔开关　KM—接触器　KH—热继电器

（2）低压断路器与磁力起动器或接触器配合的方式

对于频繁操作的低压线路，宜采用如图 6-22d 所示的接线方式。这里的低压断路器主要用于电路的短路保护，磁力起动器或接触器用作电路频繁操作的控制，其上的热继电器用作过负荷保护。

（3）低压断路器与熔断器配合的方式

如果低压断路器的断流能力不足以断开电路的短路电流时，可采用如图 6-22e 所示接线方式。这里的低压断路器用于电路的通断控制及过负荷和失电压保护，只装有热脱扣器和失电压脱扣器，不装过电流脱扣器，而是利用熔断器或刀熔开关来实现短路保护。如果采用自复式熔断器与低压断路器配合使用，则既能有效地切断短路电流，在短路故障消除后又能自动恢复供电，从而大大提高供电可靠性。

6.7.2 低压断路器选择的一般原则

1）低压断路器的类型及操作机构形式应符合工作环境、保护性能等方面要求。

2）低压断路器额定电压应不低于装设地点线路额定电压。

3）低压断路器的壳架等级额定电流应不小于它所能安装的最大脱扣器的额定电流，即

$$I_{N \cdot QF} \geq I_{N \cdot OR} \qquad (6\text{-}39)$$

壳架等级额定电流 $I_{N \cdot QF}$ 指框架或塑壳中所能装的最大脱扣器额定电流，是表明断路器的框架或塑壳流通能力的参数，主要由主触头的通流能力决定。过电流脱扣器额定电流 $I_{N \cdot OR}$ 又称低压断路器的额定电流。

4）低压断路器短路断流能力应不小于线路中最大短路电流。

万能式（DW 型）断路器分断时间在 0.02s 以上时，按照下式校验：

$$I_{oc} > I_{k \cdot max}^{(3)} \qquad (6\text{-}40)$$

塑壳式（DZ 型或其他型号）断路器分断时间在 0.02s 以下时，其校验条件为

$$I_{oc} \geq I_{sh}^{(3)} \qquad (6\text{-}41)$$

6.7.3 低压断路器脱扣器的选择和整定

（1）低压断路器过电流脱扣器额定电流的选择

过电流脱扣器的额定电流 $I_{N.OR}$ 应不小于线路的计算电流 I_{30}，即

$$I_{N.OR} \geq I_{30} \qquad (6\text{-}42)$$

（2）低压断路器过电流脱扣器动作电流的整定

1）瞬时过电流脱扣器动作电流的整定。瞬时过电流脱扣器的动作电流（亦称整定电流）$I_{op(o)}$ 应躲过线路的尖峰电流 I_{pk}，即

$$I_{op(o)} \geq K_{rel} I_{pk} \qquad (6\text{-}43)$$

式中，K_{rel} 为可靠系教。对动作时间在 0.02s 以上的万能式断路器（DW 型），可取 $K_{rel} = 1.35$；对动作时间在 0.02s 及以下的塑壳式断路器（DZ 型），则宜取 $K_{rel} = 2 \sim 2.5$。

2）短延时过电流脱扣器动作电流和动作时间的整定。短延时过电流脱扣器的动作电流 $I_{op(s)}$ 应躲过线路短时间出现的负荷尖峰电流 I_{pk}，即

$$I_{op(s)} \geq K_{rel} I_{pk} \qquad (6\text{-}44)$$

式中，K_{rel} 为可靠系数，一般取 1.2。

短延时过电流脱扣器的动作时间通常分 0.2s、0.4s 和 0.6s 三级，应按前后保护装置的选择性要求来确定，应使前一级保护的动作时间比后一级保护的动作时间长一个时间级差 0.2s。

3）长延时过电流脱扣器动作电流和动作时间的整定。长延时过电流脱扣器主要用来保护过负荷，因此其动作电流 $I_{op(l)}$ 只需躲过线路的最大负荷电流，即计算电流 I_{30}，即

$$I_{op(l)} \geq K_{rel}I_{30} \qquad (6-45)$$

式中，K_{rel} 为可靠系数，一般取 1.1。

长延时过电流脱扣器的动作时间，应躲过允许过负荷的持续时间。其动作特性通常是反时限的，即过负荷电流越大，动作时间越短。一般动作时间为 1 ~ 2h。

4）过电流脱扣器与被保护线路的配合要求。为了避免因过负荷或短路引起绝缘导线或电缆过热起燃，而其低压断路器不跳闸的事故，低压断路器过电流脱扣器的动作电流 I_{op} 还应满足条件：

$$I_{op} \leq K_{OL}I_{al} \qquad (6-46)$$

式中，I_{al} 为绝缘导线和电缆的允许载流量；K_{OL} 为绝缘导线和电缆的允许短时过负荷系数。对瞬时和短延时过电流脱扣器，一般取 $K_{OL}=4.5$；对长延时过电流脱扣器，可取 $K_{OL}=1$；对有爆炸气体区域内的线路，应取 $K_{OL}=0.8$。

如果不满足以上配合要求，则应改选脱扣器动作电流，或者适当加大导线和电缆的线芯截面积。

（3）低压断路器热脱扣器的选择和整定

1）热脱扣器额定电流的选择。热脱扣器的额定电流 $I_{N.TR}$ 应不小于线路的计算电流 I_{30}，即

$$I_{N.TR} \geq I_{30} \qquad (6-47)$$

2）热脱扣器动作电流的整定。热脱扣器动作电流为

$$I_{op.TR} \geq K_{rel}I_{30} \qquad (6-48)$$

式中，K_{rel} 为可靠系数，可取 1.1，不过一般应通过实际运行试验进行校验。

6.7.4 低压断路器过电流保护灵敏度的检验

为了保证低压断路器的瞬时或短延时过电流脱扣器在系统最小运行方式下在其保护区内发生最轻微的短路故障时能可靠地动作。低压断路器保护的灵敏度必须满足条件：

$$S_p = \frac{I_{k.min}}{I_{op}} \geq K \qquad (6-49)$$

式中，I_{op} 为瞬时或短延时过电流脱扣器的动作电流；$I_{k.min}$ 为低压断路器保护的线路末端在系统最小运行方式下的单相短路电流（对 TN 和 TT 系统）或两相短路电流（对 IT 系统）；K 为比值，取 1.3。

例 6-5 有一条 380V 动力线路，$I_{30}=120A$，$I_{pk}=400A$；此线路首端的 $I_k^{(3)}=8.5A$。当地环境温度为 30℃。试选择此线路的 BLV 型导线的截面积、穿线的塑料管直径及线路上装设的 DW16 型低压断路器及其过电流脱扣器的规格。

解：（1）选择低压断路器规格

查二维码 4-4 可知，DW16–630 型低压断路器的过电流脱扣器额定电流 $I_{N.OR}=160A>I_{30}=120A$；

故初步选 DW16-630 型低压断路器，其 $I_{N.OR}$ =160A。

设瞬时脱扣电流整定为 3 倍，即 I_{op} =3×160A=480A。而 $K_{rel}I_{pk}$ =1.35×400A=540A，不满足 $I_{op(0)} \geq K_{rel}I_{pk}$ 的要求。

因此需增大脱扣电流，整定为 4 倍时，$I_{op(0)}$ =4×160A=640A> $K_{rel}I_{pk}$ = 1.35×400A = 540A，满足躲过尖峰电流的要求。

校验断流能力：再查二维码 4-4 可知，所选 DW16-630 型断路器 I_{oc} = 30kA> $I_k^{(3)}$ = 8.5kA，满足要求。

（2）选择导线截面积和穿线管直径

查二维码 5-6 可知，当 A=70mm² 的 BLV 型塑料线在 30℃时，其 I_{al} =121A（3 根穿管）> I_{30} =120A，故按发热条件可选 A=70mm²，管径选为 50mm。

校验机械强度：由二维码 5-2 可知，最小截面积为 2.5mm²，现 A=70mm²，故满足要求。

（3）校验导线与低压断路器保护的配合

由于瞬时过电流脱扣电流整定为 $I_{op(0)}$ = 640A，而 4.5 I_{al} =4.5×121A=544.5A，不满足 $I_{op(0)} \leq 4.5I_{al}$ 的要求。

因此将导线截面积增大为 95mm²。这时 I_{al} =147A，4.5 I_{al} = 4.5×147A=661.5A> $I_{op(0)}$ = 640A，满足导线与保护配合的要求，相应的穿线塑料管直径改选为 65mm。

6.7.5 前后低压断路器之间及低压断路器与熔断器之间的选择性配合

线路发生故障时，为尽量缩小停电范围，提高供电可靠性，在选择低压配电线路的开关电器时，除了每一级选择合适的开关电器之外，不同级线路之间仍需要进一步考虑开关电器的级间配合。

（1）前后低压断路器之间的选择性配合

前后两个低压断路器之间是否符合选择性配合，宜按其保护特性曲线进行检验，按产品样本给出的保护特性曲线，考虑其偏差范围可为 ±（20% ～ 30%）。如果在后一断路器出口发生三相短路时，前一断路器保护动作时间在计入负偏差、后一断路器保护动作时间在计入正偏差的情况下，前一级的动作时间仍大于后一级的动作时间，则能实现选择性配合的要求。对于非重要负荷，保护电器可允许无选择性动作。

一般来说，要保证前后两低压断路器之间能选择性动作，前一级低压断路器宜采用带短延时的过电流脱扣器，后一级低压断路器则采用瞬时过电流脱扣器，而且动作电流也是前一级大于后一级，至少前一级的动作电流不小于后一级动作电流的 1.2 倍，即

$$I_{op.1} \geq 1.2I_{op.2} \tag{6-50}$$

（2）低压断路器与熔断器之间的选择性配合

要检验低压断路器与熔断器之间是否符合选择性配合，只有通过保护特性曲线。前一级低压断路器可按厂家提供的保护特性曲线考虑 –30% ～ –20% 的负偏差，而后一级熔断器可按厂家提供的保护特性曲线考虑 30% ～ 50% 的正偏差。在这种情况下，如果前一级的曲线总在后一级的曲线之上，两条曲线不重叠也不交叉，则前后两级保护可实现选择

性的动作。两条曲线之间留有的裕量越大，则动作的选择性越有保证。

6.8 微机保护

微课：微机继电保护

微机保护是由微型计算机构成的继电保护，由硬件和软件两大部分构成。软件是计算机程序，保护性能和功能由软件决定，软件具有很强的计算、分析和逻辑判断能力，并有记忆功能，因此可实现任何性能完善且复杂的保护原理。一套硬件可完成多个保护功能，还兼有故障录波、故障测距、事件顺序记录和对外交换信息等辅助功能。微机保护整定、调试和运行维护方便，保护性能好，而且具有自动检测、闭锁、告警等功能，近年来已经逐渐取代常规的模拟式继电保护，在工厂供电系统中得到了广泛应用。

6.8.1 微机保护的基本功能

微机保护装置需要具备以下基本功能：

1）保护功能。微机保护装置可以实现常用的继电保护功能，例如过电流保护和电流速断保护等。各种保护形式可以供用户自由选择，并进行参数设定。

2）测量功能。微机保护装置实时测量被保护对象的参数值（电压、电流等），并在显示屏上显示。

3）自动重合闸功能。当保护功能动作、断路器跳闸后，装置能自动发出合闸信号，即自动重合闸功能，以提高供电可靠性。该功能能为用户提供自动重合闸的重合次数、延迟时间以及重合闸是否投入等参数的选择和设定。

4）断路器控制功能。各种保护动作和自动重合闸的开关量输出，控制断路器的跳闸和合闸。

5）自检功能。为了保证装置可靠工作，微机保护装置具有自检功能，对装置的有关硬件和软件进行开机自检和运行中的动态自检。

6）事件记录功能。发生事件的所有数据，例如时间、电流值、保护动作类型等都保存在存储器中，事件包括事故跳闸事件、自动重合闸时间、保护定值设定事件等。

7）报警功能。包括自检报警和故障报警等。

8）人机对话功能。通过显示屏和键盘，提供良好的人机对话界面。其主要功能包括：显示正常运行时的各相电流和电压、发生故障时的故障性质和参数以及自检通过或自检报警等；选择和设定保护功能和保护定值以及自动重合闸功能和参数。

9）通信功能。微机保护装置能与中央控制室的监控微机进行通信，接收命令和发送有关数据。

10）实时时钟功能。实时时钟功能自动生成年、月、日和时、分、秒、毫秒，且具有对时功能。

6.8.2 微机保护的硬件结构

硬件系统按功能可以分为数据采集系统、计算机主系统以及输入 / 输出系统 3 大部分，其示意框图如图 6-23 所示。

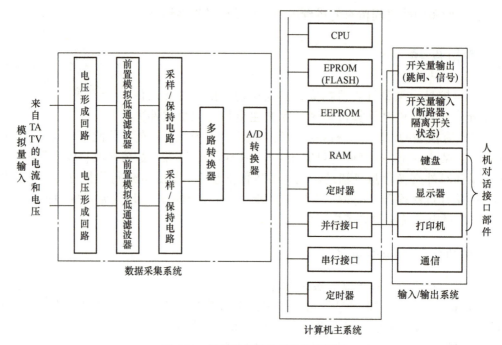

图 6-23　微机保护硬件系统示意框图

（1）数据采集系统

数据采集系统实现模拟量和开关量的采样，并送入计算机主系统。模拟量主要是从电流、电压互感器二次侧获得的电流、电压信号；开关量是指断路器、隔离开关、转换开关和继电器的接点等，这些输入量的状态只有分、合两种状态。微机保护能够处理的信号是离散化的数字信号，开关量可以通过光隔离（光电耦合器）直接输入，而模拟量需要通过模拟量输入系统转换成为数字量。模拟量输入系统主要包括电压形成回路、前置模拟低通滤波器（ALF）、采样/保持电路（S/H）、多路转换器、模/数（A/D）转换器电路 5 个部分。

1）电压形成回路。微机保护从电压互感器和电流互感器二次侧取得的电压、电流数值较大，变化范围也较大，不适应 A/D 转换器的要求，需经过电压形成回路对它进行变换。

2）前置模拟低通滤波器（ALF）。模拟信号经电压形成回路变换后，进入低通滤波器。低通滤波器是一种能使工频信号通过，同时抑制高频信号的电路。在故障发生瞬时，电压、电流信号中含有高频分量，而微机保护原理都是反映工频量或某高次谐波的，为此需在采样前用一个模拟低通滤波器（ALF）将 $f_s/2$ 的高频分量滤掉，这样可以降低采样频率 f_s，以防频率混叠。

3）采样/保持电路（S/H）。模拟输入信号经电压形成回路和低通滤波后仍为连续时间信号，把连续的时间信号变成离散的时间信号称为采样或离散化。采样由采样器来实现。采样就是周期性抽取或测量连续信号，连续的模拟信号加于采样器的输入端，由采样脉冲控制采样器，使之周期性采样，如每隔 T_s 时间间隔对其连续采样一次，采样器的输出是离散化了的模拟量。为了能使采样信号完全重现原来的信号，采样频率 f_s 必须大于输入连续信号最高频率的 2 倍，即 $f_s > 2f_{max}$；否则将会出现频率混叠，不可能重现原来的信号。

保护装置一般需要同时采集多个参数量，由于微机保护多路模拟通道共用一个 A/D 转换器，各通道的取样信号必是依次顺序通过 A/D 转换器进行转换，每转换一路都需一定转换时间，对变化较快的模拟信号，如果不采取措施，将引起误差，所以需用采样 / 保持电路。

4）多路转换器。微机保护通常需对多个模拟量同时采样，由于每个模拟量通道用一个 A/D 转换器成本太高而且实现电路较复杂，所以一般采用各模拟量通道通过多路转换器共用一个 A/D 转换器，用多路转换开关实现通道切换，轮流由公用的 A/D 转换器将模拟量转换成数字量。

5）A/D 转换器。实现模拟量转换成数字量的硬件芯片称为 A/D 转换器，其作用是将保存在 S/H 中的模拟信号转换为计算机所需要的数字量。微机保护中用得较多的有逐次逼近式 A/D 转换器、双斜坡 A/D 转换器和压频变换 V/F 转换器。

（2）计算机主系统

计算机主系统是微机保护的核心部分，主要由中央处理器（CPU）、存储器（EPROM、EEPROM 和 RAM）、定时器 / 计时器及串并行接口等组成，并通过数据总线、地址总线、控制总线连成一个系统，实现数据交换和操作控制。CPU 执行设定的程序，对数据采集系统输入的数据进行分析处理，以完成各种保护功能；向装置的各个部分发出相关命令，指挥各种外围接口部件运转，并对装置的各参数进行巡回检测、数据处理、逻辑判断以及报警处理等；通过通信接口向中控室发送相关数据，接收相关的指令。EPROM 主要存储编写好的程序，包括监控、继电保护功能程序等。EEPROM 可存放保护定值，可通过面板上的小键盘设定或修改保护定值。RAM 作为采样数据及运算过程中数据的暂存器。定时器用以记数、产生采样脉冲和实时时钟等。设置相应的串并行接口用于数据的输入和输出。

（3）输入 / 输出系统

输入 / 输出系统主要包括开关量输入 / 输出接口、人机对话接口部件以及通信部分。

1）开关量输入 / 输出。保护装置动作后需发出跳闸命令和相应的信号等，这些输出量的状态具有动作与不动作两种状态，称为开关输出量。开关输出量正好对应二进制数字的"1"或"0"，所以开关量可作为数字量"1"或"0"输入和输出。开关量输入（DI）主要用于识别运行方式、运行条件等，以便控制程序的流程，如断路器和隔离开关的状态、重合闸方式、同期方式、收信状态等。开关量输出（DO）主要包括保护的跳闸出口以及反映保护工作情况的各种信号等。

2）人机对话接口。人机对话接口的作用是建立起微机保护装置与使用者之间的信息联系，以便对保护装置进行人工操作、调试和得到反馈信息。其主要部件通常包括：键盘、显示屏、指示灯、按钮、打印机接口和调试通信接口。打印机作为微机保护装置的外部输出设备，在调试状态下，输入相应的键盘命令，微机保护装置可将执行结果通过打印机打印出来。在运行状态下系统发生故障后，可将有关故障信息、保护动作行为、采样报告打印出来。

3）通信接口。为形成集微机保护、监控、远动和管理于一体的变电所综合自动化系统，微机保护除完成自身的独立功能之外，通过主机向本地或远方传送保护定值、故障报告等同时远方可通过主机对微机保护实行远方控制，如修改定值、投切压板等，这些都需由通信接口来实现。

此外，微机保护装置对电源要求较高，通常采用逆变电源，即将直流逆变为交流，再将交流整流为直流电压，供微机保护用。这样就把变电所强电系统的直流与微机保护装置的弱电系统电源完全隔离开。通过逆变后的直流电源具有很强的抗干扰能力，可大大消除来自变电所中因断路器跳合闸等原因产生的强干扰。

6.8.3 微机保护的软件系统

微机保护的原理、特性及测控等性能由软件来实现，它按照保护原理的要求对硬件进行控制，有序地完成数据采集、外部信息交换、数字运算和逻辑判断、动作指令执行等各项操作。软件系统通常按照功能可分为设定程序、运行程序和微机保护程序三大部分。实际编程设计时，可以分为监控程序和运行程序两大块。监控程序包括人机对话接口、键盘命令处理程序及为插件调试、定值整定、报告显示等所配置的程序。运行程序是指保护装置在运行状态下所需执行的程序。

运行程序软件一般分为主程序和中断服务程序两个模块：主程序，包括初始化、全面自检、开放及等待中断等；中断服务程序，通常有采样中断、串行口中断等。前者包括数据采集与处理、保护起动判断等，后者完成保护 CPU 与保护管理 CPU 之间的数据传送，如保护的远方整定、复归等。中断服务程序中包含故障处理程序子模块，它在保护启动后才投用，用以进行保护特性计算、判定故障性质等。

在微机保护中，输入量（如电流、电压）经过采样和 A/D 转换形成离散数字信号，送到微处理器 CPU。CPU 利用程序进行数值计算、逻辑运算和分析判断（即算法）来实现各种保护功能。不同的保护原理、特性由不同的算法实现。每一种原理的保护其算法也可有多种。不论哪种算法，其核心问题都可归结为算出表征被保护设备运行特点的参数，如电流和电压的幅值、有效值、相位、序分量或某次谐波分量等，用这些量构成各种不同原理的继电器或保护。

> **一点讨论**：在实际运行中，抗干扰性和可靠性是衡量微机保护装置优劣的两个重要性质，直接决定能否成功实现保护功能。我国微机保护装置的研制起步较晚，1984 年 5 月才出现第一台国产的微机继电保护装置。该装置由我国微机继电保护之父工程院院士杨奇逊牵头研制。他首创的总线不出芯片的单片机技术，大幅度提高了微机保护装置的抗干扰性能，并将国际上最新的计算机、网络通信、数字信号处理等技术运用于继电保护装置，使其成为整个电力系统信息处理过程中的智能单元，大大节省了变电所的占地成本和电缆敷设成本。杨奇逊和他带领的课题组，相继推出了三代微机继电保护装置，对电网安全运行发挥了举足轻重的作用。目前我国电网中 80% 以上的继电保护产品来自国产，科技水平也达到世界先进水平。

6.9 本章小结

本章介绍了工厂供电系统的三种保护装置：熔断器、低压断路器和继电保护装置，具体内容如下：

1）保护装置应该满足选择性、可靠性、速动性以及灵敏性四性要求，工厂供电系统在实际配置保护装置的时候可以有所偏重。

2）熔断器的配置应符合选择性，并考虑经济性。熔断器的选择主要是熔断器熔体电流的选择。

3）低压断路器的配置方式主要有单独接低压断路器或低压断路器–刀开关的方式、低压断路器与磁力起动器或接触器配合的方式以及低压断路器与熔断器配合的方式三种方式。低压断路器的选择除了一般原则之外，还需要考虑脱扣器和热脱扣器的选择和整定。用作过电流保护时，还需要校验其灵敏度。

4）熔断器和低压断路器的保护特性误差较大，在进行选择性配合时，要考虑误差、前一级考虑负偏差（提前动作）、后一级考虑正偏差（滞后动作），且前一级的曲线总在后一级的曲线之上，以保证选择性配合。

5）继电保护装置的主要作用是自动地、迅速地和有选择性地切除故障设备，正确反映设备的不正常运行状态。

6）电流保护的接线方式主要有三相三继电器接线方式、两相两继电器接线方式、两相一继电器接线方式以及两相三继电器接线方式四类，相应的接线系数也不相同。

7）线路的继电保护主要有过电流保护、电流速断保护、过负荷保护以及单相接地保护。电流速断保护按躲过本线路末端的最大短路电流整定，虽然电流速断保护动作迅速无时延，但保护有死区。过电流保护按最大负荷电流整定，按末端最小二相短路电流检验灵敏度，并由动作时间满足选择性要求。虽然过电流保护的保护范围大，保护区能延伸到下级，但保护的速动性差。

8）变压器的主保护是瓦斯保护和纵联差动保护。油浸式电力变压器的瓦斯保护，用于保护变压器的内部故障，轻瓦斯动作发出预告信号，重瓦斯动作发出跳闸信号。纵联差动保护不但能反映变压器内部故障还可以反映变压器引出线和高压套管的故障。除此之外，变压器的保护还有电流速断保护、过电流保护和过负荷保护。

9）电动机作为工厂供电系统中常用的电气设备，也需要设置相应的保护。电动机的保护主要包括过负荷保护、电流速断保护、单相接地保护和低电压保护。

10）微机保护具有可靠性高、灵活性大、动作迅速、易于获得附加功能、维护调试方便、有利于实现变电所综合自动化等优点，近年来已经逐渐取代常规的模拟式继电保护，在工厂供电系统中得到了广泛的应用。

6.10　习题与思考题

6-1　工厂供电系统中有哪些常用的保护装置？对保护装置有哪些基本要求？

6-2　选择熔断器时应考虑哪些条件？如何选择线路熔断器的熔体？

6-3　低压断路器的瞬时、短延时和长延时过电流脱扣器的动作电流各如何整定？其热脱扣器的动作电流又如何整定？

6-4　继电保护的基本任务是什么？

6-5　变压器的主保护主要有哪些？

6-6　某无限大电源容量供电系统如图 6-24 所示，已知发电机 G 的额定容量

$S_{\text{N.G}} = 100\text{MV} \cdot \text{A}$，系统电抗（额定）$X''_{\text{Gmin}} = 0.6$，$X''_{\text{Gmax}} = 1.0$；线路 $l_1 = 20$ km，$x_{01} = 0.4\Omega/\text{km}$；变压器 T 的参数为 $S_{\text{N.T}} = 10\text{MV} \cdot \text{A}$，$U_K\% = 7.5\%$；电抗器 L 的参数为 $U_{\text{N.L}} = 10\text{kV}$，$X_L\% = 3\%$，$I_{\text{N.L}} = 150\text{A}$；电缆 $l_2 = 1\text{km}$，$x_{02} = 0.08\Omega/\text{km}$；母线 D 后所有线路的最大计算负荷 $S_{\text{ca}} = 1730\text{kV} \cdot \text{A}$。试计算：

1）f 点的三相短路电流和短路容量（采用标幺值法）。

2）试整定计算母线 C 处的定时限过电流保护和无时限速断保护的动作整定值，并校验定时限过电流保护的灵敏度（已知电流互感器采用不完全星形接线，保护装置的可靠系数均为 $K_{\text{rel}} = 1.20$，过电流保护的返回系数 $K_{\text{re}} = 0.8$，电动机自起动系数 $K_{\text{st.m}} = 2$，电流互感器的电流比 $K_{\text{TA}} = 800/5$）。

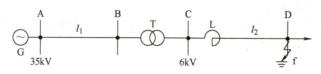

图 6-24　习题 6-6 题图

第 7 章　工厂供电系统的二次回路

工厂供电系统的二次回路用于实现一次回路的监测、指示、控制和保护。本章首先介绍除保护装置之外的二次回路及其常用的操作电源，其次对高压断路器的控制和中央信号回路展开详细的阐述，列举二次回路中常用的电气测量装置、绝缘监视装置、自动重合闸装置以及备用电源自动投入装置，最后讲述变电所综合自动化的概念。

7.1　二次回路及其操作电源

微课：工厂供电系统的二次回路

7.1.1　二次回路

二次回路是用来控制、指示、监测和保护一次回路运行的电路，也称二次系统，主要包括控制系统、信号系统、监测系统及继电保护和自动化系统等。二次回路在供电系统中虽然是其一次回路的辅助系统，但是它是电力系统安全生产、经济运行、可靠供电的重要保障，是工厂供电系统中不可缺少的重要组成部分。

1. 二次回路分类

按用途不同，二次回路可分为断路器控制（操作）回路、信号回路、测量和监视回路、继电保护和自动装置回路等。工厂供电系统整体的二次回路功能示意图如图 7-1 所示。

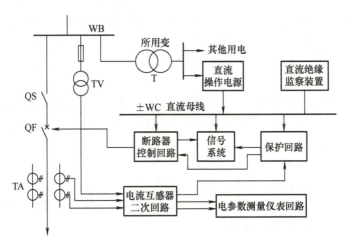

图 7-1　工厂供电系统整体的二次回路功能示意图

控制回路由控制开关和控制对象（断路器、隔离开关）的传送机构及执行（或操作）机构组成，其作用是对一次开关设备进行"分""合"闸操作，可以按照不同方式进行分类：按自动化程度可分为手动控制和自动控制；按控制距离可分为就地控制和距离控制；按控制方式可分为分散控制和集中控制；按操作电源性质可分为直流操作和交流操作；按照操作电源电压和电流的大小可分为强电控制和弱电控制。

信号回路由信号发送机构、传送机构和信号机构成，其作用是反映一、二次设备的工作状态，可以按照不同方式进行分类：按信号性质可分为事故信号、预告信号、指挥信号以及位置信号；按信号显示方式可分为灯光信号和音响信号；按信号的复归方式可分为手动复归和自动复归。

测量和监视回路由各种测量仪表及其相关回路组成，其作用是指示或记录一次设备的运行参数，以便运行人员掌握一次设备运行情况。它是分析电能质量、计算经济指标、了解系统潮流和主设备运行工况的主要依据。

调节回路是指调节型自动装置，由测量机构、传送机构、调节器和执行机构组成，其作用是根据一次设备运行参数的变化，实时在线调节一次设备的工作状态，以满足运行要求。

继电保护和自动装置回路由测量机构、传送机构、执行机构及继电保护和自动装置组成，其作用是自动判别一次设备的运行状态，在系统发生故障或异常运行时，自动跳开断路器，切除故障或发出异常运行信号，故障或异常运行状态消失后，快速投入断路器，恢复系统正常运行。

操作电源系统由电源设备和供电网络组成，包括直流电源和交流电源系统，其作用是为上述各回路提供工作电源。发电厂和变电所的操作电源多采用直流电源系统，简称为直流系统，部分小型变电所也采用交流电源或整流电源，如硅整流电容储能或电源变换式直流系统等。

2. 二次回路接线图

二次回路接线图是用来反映二次接线之间关系的图，按照用途可分为原理接线图、展开接线图和安装接线图三种形式。原理接线图和展开接线图通常是按功能电路如控制回路、保护回路、信号回路绘制，如图 7-2 所示。而安装接线图是按设备如开关柜、继电器屏、信号屏为对象绘制，其中，各种设备、仪表、继电器、开关、指示灯等元器件以及连接导线，都是按照它们的实际位置和连接关系绘制的。

（1）原理接线图

原理接线图用来表示继电保护、监视测量和自动装置等二次设备或系统的工作原理，以元器件的整体形式表示各二次设备间的电气连接关系。所有回路元器件以整体形式绘在一张图上，体现工作原理。

（2）展开接线图

展开接线图按二次接线使用的电源分别画出各自的交流电流回路、交流电压回路、操作电源回路中各元件的线圈和触点，所以属于同一个设备或元器件的电流线圈、电压线圈、控制触点分别画在不同的回路里。

（3）安装接线图

安装接线图为施工图纸，画出了二次回路中各设备的安装位置及控制电缆和二次回路的连接方式，是现场施工安装、维护必不可少的图纸。

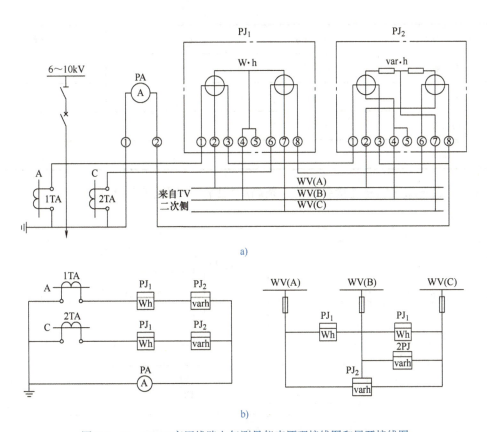

图 7-2　6～10kV 高压线路电气测量仪表原理接线图和展开接线图

a）原理接线图　b）展开接线图

1TA、2TA—电流互感器　TV—电压互感器　PA—电流表　PJ_1—三相有功电度表
PJ_2—三相无功电度表　WV—电压小母线

绘制二次回路接线图，必须遵循现行国家标准 GB/T 6988.1—2008《电气技术用文件的编制　第 1 部分：规则》的有关规定，其图形符号应符合 GB/T 4728—2018～2022《电气简图用图形符号》的有关规定，其文字符号包括项目代号应符合 GB/T 5094.2—2018《工业系统、装置与设备以及工业产品结构原则与参照代号　第 2 部分：项目的分类与分类码》和 09DX001《建筑电气工程设计常用图形符号和文字符号》等的有关规定。

由于二次设备是从属于某一次设备或一次电路的，而一次设备或一次电路又从属于某一成套装置，因此为避免混淆，所有二次设备都必须按 GB/T 5094.3—2005《工业系统、装置与设备以及工业产品结构原则与参照代号　第 3 部分：应用指南》的规定标明其项目代号。项目是指接线图上用图形符号所表示的元件、部件、组件、功能单元、设备、系统等，例如电阻器、继电器、发电机、放大器、电源装置、开关设备等。

项目代号是用来识别项目种类及其层次关系与位置的一种代号。一个完整的项目代号包括 4 个代号段，每一代号段之前还有一个前缀符号作为代号段的特征标记，见表 7-1。

表 7-1 项目代号的层次与符号

项目层次（段）	代号名称	前缀符号	示例
第一段	高层代号	=	=A5
第二段	位置代号	+	+W3
第三段	种类代号	–	–PJR
第四段	端子代号	:	：7

图 7-3 表示二次回路连接导线的一条高压线路二次回路安装接线图。

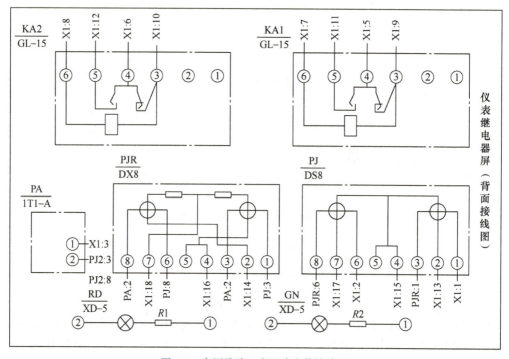

图 7-3　高压线路二次回路安装接线图

　　假设这一高压线路的项目代号为 W3，而此线路又装在项目代号为 A5 的高压开关柜内，则上述 PJR 项目代号的完整表示为"=A5+W3–PJR"。对于该无功电能表上的第 6 号端子，其项目代号则应表示为"=A5+W3–PJR：6"。不过在不致引起混淆的情况下可以简化，例如上述无功电能表第 6 号端子，就可表示为"–PJR：6"或"PJR：6"。

　　此外，该接线图中表示两端子之间连接导线的线条是中断的。在线条中断处须标明导线的去向，即在接线端子出线处标明对面端子的代号。端子排的文字符号为 X，端子的前缀符号为"："。例如，从图上可以看出，KA2 的第 6 个端子需要和"X1：8"连接，"X1：8"表示 X1 端子排的第 8 个端子。同样，PJR：1 和 PJ：3 是相互连接的。

7.1.2　操作电源

操作电源的主要作用是为发电厂或变电所用于控制、信号、测量和继电保护的装置、自动装置以及断路器合分闸工作提供电源。对操作电源的基本要求如下：

1）保证供电的可靠性，直流操作电源相对独立，以免交流系统故障时，影响操作电源的正常供电。

2）具有足够容量，保证正常运行时操作电源母线（以下简称母线）电压波动范围不超过额定值的 ±5%，事故时的母线电压不低于额定值的 90%。

3）波纹系数小于 5%。

4）使用寿命、维护工作量、设备投资、布置面积等应合理。

二次回路操作电源分直流和交流两大类。下面分别介绍直流操作电源和交流操作电源。

1. 直流操作电源

发电厂和变电站中，为控制、信号、保护和自动装置（统称为控制负荷），以及断路器电磁合闸、直流电动机、交流不停电电源、事故照明（统称为动力负荷）等供电的直流电源系统，统称为直流操作电源。直流操作电源主要有蓄电池直流电源和由整流装置供电的直流操作电源两大类。

（1）蓄电池直流电源

利用蓄电池组构成操作电源，不受供电系统运行工况的影响，工作可靠。常见的蓄电池组有铅酸蓄电池和镉镍蓄电池两种。铅酸蓄电池在充电过程中，由于水的电解要排出氢和氧的混合气体，有爆炸危险，而且随着气体带出的硫酸蒸气，有强腐蚀性，对人身健康和设备安全都有很大的危害，因此，铅酸蓄电池组一般要求装设在单独房间内，而且要考虑防腐防爆，投资较大，工厂供电系统中一般不予采用。镉镍蓄电池具有电流大、放电性能好、机械强度高、使用寿命长、腐蚀性小、无须专用房间从而大大降低投资等优点，因此，它在工厂供电系统中应用较普遍。

（2）由整流装置供电的直流操作电源

1）硅整流电容储能式直流电源。单独采用硅整流器作为直流操作电源时，若交流供电系统电压降低或电压消失，将严重影响直流系统正常工作，因此宜采用有电容储能的硅整流电源。供电系统正常运行时，通过硅整流器供给直流操作电源，同时通过电容器储能，在交流供电系统电压降低或电压消失时，由储能电容器对继电器和分闸回路放电，使其正常动作。硅整流电容储能式直流操作电源系统接线如图 7-4 所示。

2）复式整流的直流操作电源。复式整流器是指提供直流操作电压的整流器电源，主要有两种。

① 电压源：由所用变压器或电压互感器供电，经铁磁谐振稳压器（当稳压要求较高时装设）和硅整流器供电给控制、保护等二次回路。

② 电流源：由电流互感器供电，同样经铁磁谐振稳压器（当稳压要求较高时装设）和硅整流器供电给控制、保护等二次回路。

复式整流装置的接线示意如图 7-5 所示。

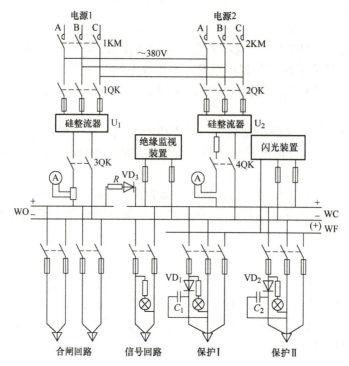

图 7-4　硅整流电容储能式直流操作电源系统接线图

C_1、C_2—储能电容器　　WC—控制小母线
WF—闪光信号小母线　　WO—合闸小母线

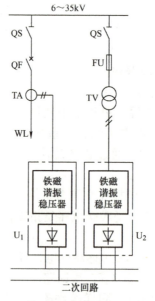

图 7-5　复式整流装置的接线示意图

TA—电流互感器　　TV—电压互感器
U_1、U_2—硅整流器

由于复式整流装置有电压源和电流源，因此能保证供电系统在正常和事故情况下直流系统均能可靠地供电。与上述电容储能式相比，复式整流装置的输出功率更大，电压的稳定性更好。

在实际应用中，蓄电池主要用于发电厂和大、中型变电所；电容储能直流电源主要用于小型变电所；复式整流电源主要用于中小型变电所。

2. 交流操作电源

交流操作电源直接使用交流电源，可分为电流源和电压源两种。电流源取自电流互感器，主要供电给继电保护和分闸回路。电压源取自变配电所的所用变压器或电压互感器，通常所用变压器作为正常工作电源，而电压互感器因其容量小，只作为保护油浸式变压器内部故障的瓦斯保护的交流操作电源。

采用交流操作电源，可使二次回路大大简化，投资大大减少，工作可靠，二次接线简单，运行维护方便，广泛用于中小型工厂变配电所中采用手动操作或弹簧储能操作及继电保护采用交流操作的场合，且只适用于不重要的终端变电站，或用于发电厂中远离主厂房的辅助设施。

7.2　高压断路器的控制和信号回路

高压断路器是工厂供电系统中最常见的设备之一，其控制电路和信号回路是二次系统的重要组成部分。高压断路器的控制回路，是指控制高压断路器分、合闸的电气回路。控制回路的分类主要取决于断路器操作机构的形式和操作电源的类别。按照对控制电路监视方式的不同，可分为灯光监视控制及音响监视控制回路。由控制室集中控制及就地控制的断路器，通常采用灯光监视控制电路，只有在重要情况下才采用音响监视控制电路。

信号回路一般指用来指示一次系统设备运行状态的二次回路。中央事故信号装置按用途分，可分为断路器位置信号、事故信号和预告信号等。断路器位置信号用来显示断路器正常工作的位置状态，如断路器的合闸指示灯、分闸指示灯均为位置信号。事故信号表示供电系统在运行中发生了某种故障而使继电保护动作，如高压断路器因线路发生短路而自动跳闸后给出的信号即为事故信号。预告信号是在一次系统出现不正常工作状态时或在故障初期发出的报警信号，但并不要求系统中断运行，只要求给出指示信号，通知值班人员及时处理即可。

信号也可按形式分为灯光信号和音响信号。灯光信号表明不正常工作状态的性质地点，而音响信号在于引起运行人员的注意。灯光信号通过装设在各控制屏上的信号灯和光字牌，表明各种电气设备的情况，音响信号则通过蜂鸣器和警铃的声响来实现，设置在控制室内。由全所共用的音响信号，称为中央音响信号装置。

为了保证电路的有效性，对断路器的控制和信号回路有下列要求：

1）应能监视控制回路的保护装置及其分、合闸回路的完好性，以保证断路器的正常工作，通常采用灯光监视的方式。

2）由于断路器操作机构的合闸与分闸线圈都是按短时通过电流进行设计的，因此控制电路在操作过程中只允许短时通电，即断路器合闸或分闸完成后，应能使命令脉冲解除，即能切断合闸或分闸的电源。

3）应能准确指示断路器正常合闸和分闸的位置状态，并在自动合闸和自动跳闸时有明显的指示信号，而且能由继电器保护及自动装置实现分闸及合闸操作。断路器操作机构的控制电路要有机械"防跳"装置或电气"防跳"措施。

4）断路器的事故跳闸信号回路，应按"不对应原理"接线。当断路器采用手动操作机构时，利用操作机构的辅助触点与断路器的辅助触点构成"不对应"关系，即操作机构手柄在合闸位置而断路器已经跳闸时，发出事故跳闸信号。当断路器采用电磁操作机构或弹簧操作机构时，则利用控制开关的触点与断路器的辅助触点构成"不对应"关系，即控制开关手柄在合闸位置而断路器已经跳闸时，发出事故跳闸信号。

5）对有可能出现不正常工作状态或故障的设备，应装设预告信号。预告信号应能使控制室或值班室的中央信号装置发出音响或灯光信号，并能指示故障地点和性质。通常预告音响信号用电铃，而事故音响信号用蜂鸣器，两者有所区别。

7.3 中央信号装置

微课：中央信号回路和直流绝缘监视

中央信号装置按用途可分为断路器位置信号、事故信号和预告信号等。以下介绍常用的中央事故信号装置和中央预告信号装置。

7.3.1 中央事故信号装置

中央事故信号装置装设在变配电所值班室或控制室内，其要求是，在任一断路器事故跳闸时，均能瞬时发出音响信号，并在控制屏上或配电装置上，有表示事故跳闸的具体断路器位置的灯光指示信号。

中央事故信号装置按操作电源划分为直流操作装置和交流操作装置两类；按事故音响信号的动作特征，可分为不能重复动作装置和能重复动作装置两种。

图7-6是不能重复动作的中央复归式事故音响信号装置回路图。这种信号装置适用于高压出线较少的中小型工厂变配电所。

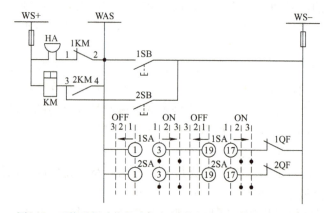

图7-6 不能重复动作的中央复归式事故音响信号装置回路图

WS—信号小母线 WAS—事故音响信号小母线 SA—控制开关 1SB—试验按钮
2SB—音响解除按钮 KM—中间继电器 HA—蜂鸣器

在正常工作时，断路器闭合，控制开关 SA 的①—③和⑲—⑰触点是接通的，但 1QF 和 2QF 的常闭辅助触点是断开的。若断路器 1QF 因事故跳闸，则 1QF 闭合，回路 WS+ → HA → KM 常闭触点→ 1SA 的①—③和⑲—⑰ → 1QF → WS− 接通，蜂鸣器 HA 发出声响。按复归按钮 2SB，KM 线圈通电，常闭触点 1KM 打开，蜂鸣器 HA 断电解除音响，常开触点 2KM 闭合，继电器 KM 自锁。若此时 2QF 又发生了事故跳闸，蜂鸣器 HA 将不会再发出声响，这就称为不能重复动作。能在控制室手动复归则称中央复归。1SB 为试验按钮，用于检查事故音响是否完好。

由以上分析可知，当任意一台断路器自动跳闸后，其辅助触点即接通事故音响信号。在值班员得知事故信号后，可按下按钮 2SB，即可解除事故音响信号。但是这种信号装置不能重复动作，即值班员虽然已经解除事故音响信号，但控制屏上的闪光信号依然存在，这是因为中间继电器 KM 线圈一直自保持，音响信号不会重复动作。因此只有在第一台断路器的控制开关手柄扳至对应的"跳闸后"位置时，另一台断路器自动跳闸时才能够发出事故音响信号。

图 7-7 是重复动作的中央复归式事故音响信号装置回路图。当某断路器 1QF 自动跳闸时，干簧继电器 KR 动作，1KM 自保持，蜂鸣器 HA 发出音响信号，时间继电器 KT 启动。KT 经过整定的时间后，其触点闭合，使中间继电器 1KM 断电返回，从而解除蜂鸣器 HA 的音响信号。当另一台断路器 2QF 又自动跳闸时，同样会使 HA 又发出事故音响信号。因此，这种装置为"重复动作"的音响信号装置。

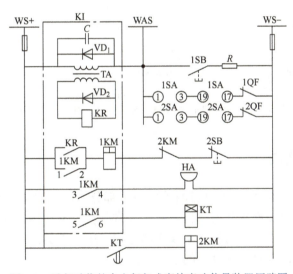

图 7-7　重复动作的中央复归式事故音响信号装置回路图

WS—信号小母线　WAS—事故音响信号小母线　SA—控制开关　1SB—试验按钮
2SB—音响解除按钮　KI—冲击继电器　KR—干簧继电器　KM—中间继电器
KT—时间继电器　TA—脉冲变流器

7.3.2　中央预告信号装置

中央预告信号装置装设在变配电所值班室或控制室内，其要求是，当供电系统中发生故障和不正常工作状态但无须立即跳闸时，应及时发出音响信号，并有显示故障性质和地点的指示信号（灯光或光字牌指示）。预告音响信号通常采用电铃，并能手动或自动返回（复归）。

中央预告信号装置也有直流操作的和交流操作的两种，同样也有不能重复动作的和能重复动作的两种。图 7-8 是不能重复动作的中央复归式预告音响信号装置回路图。当供电系统中发生不正常工作状态时，继电保护动作，使预告音响信号（电铃）HA 和光字牌HL 同时动作。值班员得知预告信号后，可按下按钮 2SB，解除电铃 HA 的音响信号；同时 KM 线圈自保持，黄色信号灯 HLY 亮，提醒值班员不正常工作状态尚未消除。当不正常工作状态消除后，继电保护触点 KA 返回，光字牌 HL 的灯光和黄色信号灯 HLY 也同时熄灭。但在前一个不正常工作状态未消除时，如果又发生另一个不正常工作状态时，电铃 HA 不会再次动作。

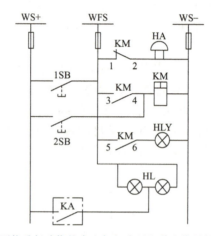

图 7-8　不能重复动作的中央复归式预告音响信号装置回路图

WS—信号小母线　WFS—预告信号小母线　1SB—试验按钮　2SB—音响解除按钮
KA—继电保护触点　KM—中间继电器　HLY—黄色信号灯　HL—光字牌指示灯　HA—电铃

7.4　电气测量仪表

电气测量回路是变电所二次回路的重要组成部分。测量仪表是整个回路的核心，电气测量仪表是指对电力装置回路的运行参数做经常测量、选择测量和记录用的仪表以及做计费或技术经济分析考核管理用的计量仪表的总称。运行人员必须依靠测量仪表了解工厂供电系统的运行状态，监视电气设备的运行参数。

工厂供电系统中测量仪表配置的基本要求如下：

1）能正确反映电气设备及系统的运行状态。

2）发生事故时，能使运行人员迅速判别，并能分析出事故的性质和原因。

电测量仪表按其用途分为常用测量仪表和电能计量仪表两大类，常见的电测量仪表包括电流表、电压表、频率表、有功功率表、无功功率表、有功电能表和无功电能表等。在 GB/T 50063—2017《电力装置电测量仪表装置设计规范》规定了电测仪表的技术要求以及电力装置设置电测仪表的要求。

7.4.1 电气测量仪表的选用要求

1）常用电工仪表的准确度等级有 0.1 级、0.2 级、0.5 级、1 级、1.5 级、2.5 级、5 级共 7 个等级。级数越小，精度（准确度）就越高。0.1 级准确度最高，5 级准确度最低。交流回路指示仪表的综合准确度不应低于 2.5 级，直流回路指示仪表的综合准确度不应低于 1.5 级，接于电测量变送器二次测量仪表的准确度不应低于 1.0 级。

2）频率测量范围应为 45 ～ 55Hz，准确度不应低于 0.2 级。

3）指针式测量仪表测量范围宜保证电力设备额定值指示在仪表标度尺的 2/3 处。对可能过负荷运行的电力设备和回路，测量仪表宜选用过负荷仪表；对重负荷起动的电动机和有可能出现短时冲击电流的电力设备和回路，宜采用具有过负荷标度尺的电流表。

4）测量表计和继电保护不宜共用电流互感器的同一个二次绕组。仪表和保护共用电流互感器的同一个二次绕组时，宜采取下列措施：保护装置接在仪表前，中间加装电流试验部件，避免校验仪表时影响保护装置工作。电流回路开路可能引起保护装置不正确动作，而又未设有效的闭锁和监视时，仪表应经中间电流互感器连接，当中间电流互感器二次回路开路时，保护用电流互感器误差仍应保证其准确度的要求。

7.4.2 变配电所电气测量仪表的配置

工厂供电系统变配电所中各部分电气测量仪表的配置要求如下：

1）在工厂的电源进线上，或在经供电部门同意的电能计量点，必须装设计费的有功电能表和无功电能表，而且应采用经供电部门认可的标准的电能计量柜。为了解负荷电流，进线上还应装设一块电流表。

2）变配电所的每段母线上，都必须装设电压表测量电压。在中性点非直接接地的电力系统中，各段母线上还应装设绝缘监视装置。

3）35 ～ 110kV/6 ～ 10kV 的电力变压器，应装设电流表、有功功率表、无功功率表、有功电能表、无功电能表各一块，装在哪一侧视具体情况而定。6 ～ 10kV/3 ～ 10kV 的电力变压器，在其一侧装设电流表、有功和无功电能表各一块。6 ～ 10kV/0.4kV 的电力变压器在高压侧装设电流表和有功电能表各一块；如为单独经济核算单位的变压器，还应装设一块无功电能表。

4）3 ～ 10kV 的配电线路，应装设电流表、有功和无功电能表各一块。如果不是送往单独经济核算单位时，可不装设无功电能表。当线路负荷在 5000kV·A 及以上时，可再装设一块有功功率表。

5）380V 的电源进线或变压器低压侧，各相应装一块电流表。当变压器高压侧未装电能表时，低压侧还应装设有功电能表一块。

6）低压动力线路上，应装设一块电流表。低压照明线路及三相负荷不平衡率大于 15% 的线路上，应装设三块电流表分别测量三相电流。如需计量电能，一般应装设一块三相四线有功电能表。对负荷平衡的三相动力线路，可只装设一块单相有功电能表，实际电能按其计量的 3 倍计。

7）并联电容器组的总回路上，应装设三块电流表，分别测量三相电流；并应装设一块无功电能表。

图 7-9 和图 7-10 分别为 6 ~ 10kV 高压线路以及低压 220V/380V 照明线路上通常需要装设的电气测量仪表电路图。

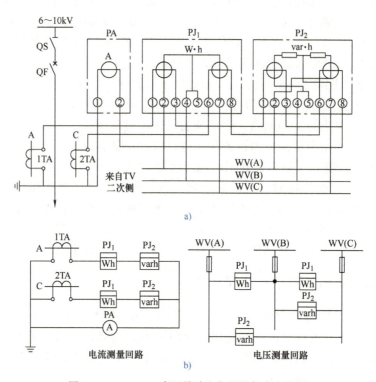

a)

b)

图 7-9　6 ～ 10kV 高压线路电气测量仪表电路图

a）原理接线图　b）展开接线图

TA—电流互感器　TV—电压互感器　PA—电流表　PJ₁—三相有功电能表
PJ₂—三相无功电能表　WV—电压小母线

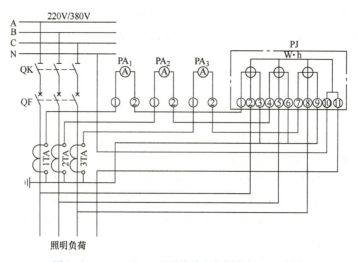

图 7-10　220V/380V 照明线路电气测量仪表电路图

TA—电流互感器　PA—电流表　PJ—三相四线有功电能表

7.5　绝缘监视装置

绝缘监视装置包括直流绝缘监视装置和交流绝缘监视装置两大类，用于反映系统是否发生单相或单点接地故障。

7.5.1　直流绝缘监视装置

在直流系统中，发生一点接地时并没有短路电流流过，熔断器不会熔断，仍能继续运行。但是，这种接地故障必须尽早发现并处理，否则当其发展成为两点接地后可能引起信号回路、控制回路、继电保护及自动装置回路不正确动作，所以直流系统应该设置绝缘监视装置。

如图 7-11 所示，直流绝缘监视装置是利用平衡电桥原理进行监测的，当正或负对地绝缘能力降低时，平衡电桥失去平衡，绝缘监测指示上正对地或负对地电压会升高或降低。整个装置包含信号部分和测量部分。当绝缘电阻下降到一定值时，流过继电器 KE 线圈中的电流增大，继电器 KE 动作，其常开触点闭合，发出预告信号，光字牌亮，同时发出音响信号。利用转换开关 2SA 和电压表 V_2，可判别哪一极接地。利用转换开关 1SA 和电压表 V_1，读取直流系统总的绝缘电阻，计算每极对地绝缘电阻。

7.5.2　交流绝缘监视装置

交流绝缘监视装置多用于小电流接地的电力系统中，以便及时发现单相接地故障，避免单相接地故障发展为两相接地短路，造成停电事故。

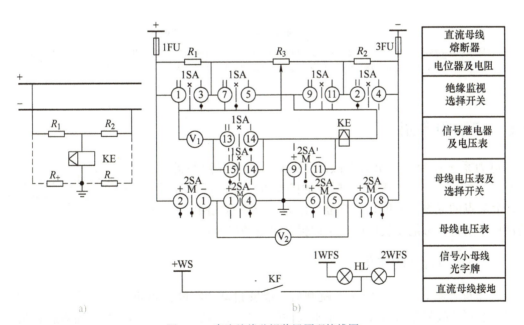

图 7-11　直流绝缘监视装置原理接线图

a）等效电路　b）原理接线图

　　3 ～ 35kV 交流系统的绝缘监视装置，可采用 3 个单相双绕组的电压互感器和 3 只电压表，也可采用 3 个单相三绕组电压互感器或 1 个三相五心柱三绕组电压互感器。接成 Y_0 的二次绕组，其中 3 只电压表均接各相的相电压。当一次电路某一相发生接地故障时，电压互感器二次侧的对应相的电压表读数指零，其他两相的电压表读数则升高到线电压。由指零电压表的所在相即可得知该相发生了单相接地故障。但是这种绝缘监视装置不能判明具体是哪一条线路发生了故障，所以它是无选择性的，只适用于出线不多的系统及作为有选择性的单相接地保护的一种辅助指示装置。

　　图 7-12 是 3 ～ 35kV 母线的电压测量和绝缘监视电路图。图中电压转换开关 SA 用于转换测量三相母线的各个相间电压（线电压）。

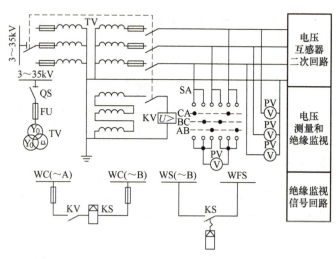

图 7-12　3 ～ 35kV 母线的电压测量和绝缘监视电路图

TV—电压互感器　QS—高压隔离开关及其辅助触点　SA—电压转换开关　PV—电压表　KV—电压继电器
KS—信号继电器　WC—控制小母线　WS—信号小母线　WFS—预告信号小母线

7.6　自动重合闸

　　电力系统较少发生永久性故障，90% 以上的短路故障都是瞬时的，如雷电放电、鸟类或树枝的跨接等。在瞬时短路故障后，故障点的绝缘一般能自行恢复。因此，断路器跳闸后，若断路器再合闸，有可能恢复供电，从而提高供电的可靠性。

微课：工厂供电系统的自动装置

7.6.1　自动重合闸的作用

　　自动重合闸装置是当断路器跳闸后，能够自动地将断路器重新合闸的装置。重合闸装置并不判断故障是瞬时性的还是永久性的，在保护跳闸后经过延时断路器重新合闸。因此，对瞬时性故障重合可以重合成功，恢复供电，对永久性故障重合不可能成功。自动重合闸装置按动作方法可分为机械式和电气式；按重合次数可分为一次重合闸、二次或多次重合闸，用户变电所一般采用一次重合闸。用重合闸动作恢复供电的次数除以重合闸动作总次数的百分数来表示重合闸的成功率。其成功率一般为 60% ～ 90%，主要取决于瞬时性故障占总故障的比例。衡量重合闸工作正确性的指标是正确动作率，即正确动作次数与总动作次数之比。

采用重合闸可以大大提高供电的可靠性，减小线路停电的次数；对断路器本身由于机构不良或继电保护误动作而引起的误跳闸，也能起到纠正的作用。但是当重合于永久性故障上时，也将带来一些不利的影响，如使电力系统再一次受到故障电流的冲击，使断路器的工作条件变得更加恶劣，因为它要在短时间内，连续切断两次短路电流。通常采用无重合闸时因停电造成的国民经济损失来衡量重合闸的经济效益，而且由于重合闸装置本身的投资很低，工作可靠，其在电力系统中得到广泛应用。

在 GB/T 14285—2006《继电保护和安全自动装置技术规程》中规定，自动重合闸装置（Auto Reclosing Device，ARD）应按下列原则装设：

1）3kV 及以上的架空线路及电缆与架空混合线路，在具有断路器的条件下，如用电设备允许且无备用电源自动投入时，应装设自动重合闸装置。

2）旁路断路器与兼作旁路的母线联络断路器，应装设自动重合闸装置。

3）必要时母线故障可采用母线自动重合闸装置。

7.6.2　对自动重合闸的基本要求

对自动重合闸的基本要求如下：

1）手动或遥控操作断开断路器及手动合闸故障线路，断路器跳闸后，自动重合闸不应动作。

2）除上述情况外，当断路器因继电保护动作或其他原因而跳闸时，自动重合闸装置均应动作。

3）自动重合次数应符合预先规定，即使自动重合闸装置中任一元件发生故障或触点黏结时，也应保证不多次重合。

4）应优先采用由控制开关位置与断路器位置不对应的原则来启动重合闸。同时也允许由保护装置来启动，但此时必须采取措施来保证自动重合闸能可靠动作。

5）自动重合闸在完成动作以后，应能自动复归，为下次动作做好准备。有值班人员的 10kV 以下线路，也可采用手动复归。

6）自动重合闸应有重合闸前加速或后加速保护。

7）重合闸所用互感器一般为暂态保护（TP 级）用电流互感器。

7.6.3　三相一次自动重合闸的工作原理

工厂供电系统通常采用三相一次重合闸方式。三相一次重合闸的跳、合闸方式为，无论本线路发生何种类型的故障，继电保护装置均将三相断路器跳开，重合闸启动，经过预定延时发出重合脉冲，将三相断路器一起闭合。若是瞬时性故障，因故障已经消失，重合成功，线路继续运行；若是永久性故障，继电保护再次动作跳开三相，不再重合。图 7-13 所示为一次自动重合闸的工作原理框图，主要由重合闸启动、重合闸时间、一次合闸脉冲、手动跳闸后闭锁、手动合闸于故障时保护加速跳闸等元件组成。

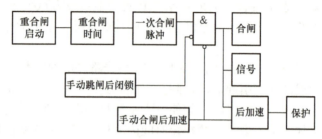

图 7-13　一次自动重合闸的工作原理框图

重合闸启动：当断路器由继电保护动作跳闸或其他非手动原因而跳闸后，重合闸均应启动。一般使用断路器的辅助常开触点或者用合闸位置继电器的触点构成，在正常运行情况下，当断路器由合闸位置变为跳闸位置时，马上发出启动指令。

重合闸时间：启动元件发出指令后，时间元件开始计时，达到预定的延时后，发出一个短暂的合闸脉冲命令。这个延时就是重合闸时间，是可以整定的。

一次合闸脉冲：当延时时间到达后，它马上发出一个可以合闸的脉冲指令，并且开始计时，准备重合闸的整组复归，复归时间一般为 15 ~ 25s（该时间段内下次重合闸不能再启动）。此元件的作用是保证在一次跳闸后有足够的时间闭合（瞬时故障）和再次跳开（永久故障）断路器，而不会出现多次重合。

手动跳闸后闭锁：当手动跳开断路器时，也会启动重合闸回路，为消除这种情况造成的不必要合闸，设置闭锁环节，使之不能形成合闸命令。

重合闸后加速保护跳闸回路：对于永久性故障，在保证选择性的前提下，尽可能地加快故障的再次切除，需要保护与重合闸配合。当手动合闸到带故障的线路上时，保护跳闸。故障一般是因为检修时接地线未拆除、缺陷未修复等永久性故障，不仅不需要重合，而且要加速保护的再次跳闸。

7.7　备用电源自动投入装置

在对供电可靠性要求较高的变配电所中，通常采用两路及以上的电源进线。两电源或互为备用，或一为主电源，另一为备用电源。备用电源自动投入装置（Auto Put-into Device，APD）就是当工作电源线路发生故障而断电时，能自动、迅速将备用电源投入运行，以确保供电可靠性的装置。

7.7.1　备用电源自动投入方式

备用电源自动投入方式按照工作电源与备用电源的接线方式可分为两大类。

1）明备用：指在正常运行时，备用电源不投入工作，只有在工作电源发生故障时才投入工作，APD 装在备用进线断路器上，如图 7-14a 所示。在正常情况下，1QF 闭合，2QF 断开，负荷由工作电源供电。当工作电源故障时，APD 动作，将 1QF 断开，切除故障电源，然后将 2QF 闭合，使备用电源投入工作，恢复供电。

2）暗备用：指在正常运行时，两路电源都投入，互为备用，APD 装在母线分段断路器上，如图 7-14b 所示。正常情况下，1QF、2QF 闭合，3QF 断开，两个电源分别向两段母线供电。若电源 B（或者 A）发生故障，APD 动作，将 2QF（或者 1QF）断开，随即将 3QF 闭合，此时全部负荷均由 A（或者 B）电源供电。

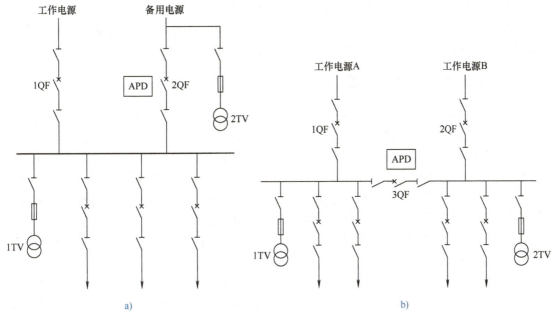

图 7-14　备用电源自动投入的两种基本接线方式

a）明备用　b）暗备用

7.7.2　对备用电源自动投入装置的要求

为了保证正常工作，备用电源自动投入装置需要满足以下要求：

1）不论什么原因失去工作电源，APD 都能迅速启动并投入备用电源。

2）应保证在工作电源断开后，备用电源电压正常时，才投入备用电源。

3）APD 应只动作一次，以免将备用电源重复投入永久性故障回路中。

4）电压互感器二次回路断线时，备用电源自动投入装置不应误动作。

5）若备用电源容量不足，应在 APD 动作的同时切除一部分次要负荷。

> **一点讨论**：在关键的供电线路或负荷中，设置备用电源是至关重要的预防措施，这正体现了朱用纯在《朱子治家格言》中所言的"宜未雨而绸缪，毋临渴而掘井"这一古老智慧。然而，手动调度备用电源会延长停电时间，影响供电的连续性。因此，采用自动投入装置在主电源失效时迅速切换到备用电源，能够显著减少停电时间，更有效地保障用户的用电需求，提升供电系统的可靠性。通过这种方式，我们不仅提高了应对紧急情况的能力，也展现了现代技术在提升服务质量中的应用，确保了供电系统的高效与稳定。

7.8 变电所综合自动化

微课：变电所综合自动化

变配电所综合自动化是将变配电所的二次设备经过功能的组合和优化设计，利用先进的计算机技术、现代电子技术、通信技术和信号处理技术，实现对全变配电所的主要设备和线路的自动监视、测量、自动控制和微机保护，以及与调度中心通信等综合性的自动化功能。

7.8.1 变电所综合自动化概述

早期的常规变电所存在安全可靠性不高、电能质量可控性不高、实时计算控制性不高、占地面积大、维护工作量大等缺点。随后，通过计算机技术将变电所的部分功能微机化，以提升自动化水平，形成了微机化变电所，包括微机保护、微机监控、微机远动和微机录波装置等，但仍存在设备重复、数据不共享、通道不共用、模板种类多、电缆依旧错综复杂等缺点。为了合理共享硬件资源及数据，进一步提出了变电所综合自动化，从技术管理的综合自动化将微机化变电所的二次系统进行优化设计。

变电所综合自动化是自动化技术、计算机技术和通信技术等高科技在变电所领域的综合应用，具备以下基本特征：

1）功能综合化。综合了变电所内除一次设备和交、直流电源以外的全部二次设备。

2）结构分层、分布化。综合自动化系统中微机保护、数据采集和控制以及其他智能设备等子系统都是按分布式结构设计的，而综合自动化系统的总体结构又按分层原则来组成。

3）操作监视屏幕化。通过计算机上的显示器，可以监视全变电所的实时运行情况和对各开关设备进行操作控制。

4）通信局域网络化、光缆化。计算机局域网络技术和光纤通信技术可以提供高速、高安全性的数据通道，增强系统的可靠性和稳定性，在综合自动化系统中得到广泛应用。

5）运行管理智能自动化。除了可以实现常规变电所的自动报警、自动报表、电压无功自动调节、小电流接地选线、故障录波、事故判别与处理等自动化功能外，还可实现本身的在线故障自诊断、自闭锁、自调节和自恢复等功能，大大提高了变电所的运行管理水平和安全可靠性。

变电所综合自动化带来了以下四个优越性：

1）在线运行的可靠性高。综合利用多方面的信息，对设备状态进行实时监控，有利于提高在线运行的可靠性。

2）供电质量高。高可靠性运行为提高供电质量提供保障。

3）占地面积小。综合优化后，自动化装置更集中，设备占地面积大大减小。

4）变电所运行管理的自动化水平高。

7.8.2 变电所综合自动化系统的功能

变电所综合自动化系统是多专业性的综合技术。它以微机为基础来实现对变电所传统的继电保护、控制方式、测量手段、通信和管理模式的全面技术改造，实现对变电所运行管理的一次变革。其基本功能包括以下三个方面。

（1）微机监控功能

监控子系统取代常规的测量系统、控制屏、中央信号屏和远动装置等。其主要功能如下：

1）数据采集。数据采集实现全站模拟量、状态量、脉冲量的采集。模拟量主要有各段母线的电压、线路的电流、有功功率、无功功率；主变压器的电流、有功功率和无功功率；电容器的电流、无功功率；馈出线的电流、功率和功率因数等。状态量主要有断路器、隔离开关的位置状态、有载调压变压器分接头的位置、同期检测状态、继电保护动作信号、运行告警信号等。脉冲量指脉冲电能表输出的以脉冲信号表示的电能量。

2）数据处理与记录。对采集的数据进行进一步的处理和记录，通常需要记录以下数据：计算有功功率、无功功率、功率因数、有功和无功电能；断路器的正常及事故跳闸次数统计；主要设备运行小时数统计；变压器、电容器、电抗器的停用时间及次数；所用电率计算统计；电能量的累计值和分时统计；安全运行天数累计等。

3）事件顺序记录。事件顺序记录包括断路器分合闸记录、保护动作顺序记录和事件发生的时间记录。微机监控子系统能存放足够数量或足够长时间段的事件顺序记录。

4）故障记录、故障录波和测距。故障记录是记录继电保护动作前后与故障有关的电流量和母线电压。故障录波、测距是把故障线路的电流、电压的参数和波形进行记录。从而可以判断保护动作是否正确，更好地分析和掌握情况。

5）操作闭锁与控制功能。操作人员可通过显示器执行对站内断路器、隔离开关的分、合闸操作，对电容器进行投、切控制，对主变分接头开关位置进行手动或自动调节控制。

6）事件报警功能。在系统发生事件或运行设备工作异常时，进行音响、语言报警，推出事件画面，画面上相应的画块闪光报警，并给出事件的性质、异常参数，也可以推出相应的事件处理指导。

7）人机联系功能。通过显示器、键盘、鼠标可了解全所运行工况和运行参数，可对全站断路器、电动隔离开关等设备进行分合操作，可对保护定值和越限报警定值进行修改等。显示器可显示实时主接线图和实时运行参数等。

8）制表打印功能。制表打印能实现所需要数据的导出及打印。

9）系统自诊断和自恢复功能。具有在线自诊断功能，可以诊断出通信通道、计算机外围设备、I/O 模块、前置机电源等故障；具备自恢复功能，当系统停机时，能自动产生恢复信号，对外围接口重新初始化，保留历史数据，实现软、硬件自恢复。

10）完成计算机监控的系统功能。如电压无功控制的功能、小电流接地系统的接地选线功能、高压设备在线监测及谐波分析与监视功能。

（2）微机保护功能

在变电所自动化系统中，微机保护应保持与通信、测量的独立性，即通信与测量方面的故障不影响保护正常工作。微机保护还要求其 CPU 及电源均保持独立。微机保护子系统还综合了部分自动装置的功能，如综合重合闸和低频减载功能。这种综合可以提高保护性能，减少变电所的电缆数量。

（3）远动系统功能

远动系统的任务包括两方面：将表征电力系统运行状态的各发电厂和变电所的有关实时信息采集到调度控制中心；把调度控制中心的命令发往发电厂和变电所，对设备进行控制和调节。运动系统主要包括"四遥"功能。

遥测：即远程测量，将采集到的被监控变电所的主要参数传送给调度中心。

遥信：即远程信号，将采集到的被监控变电所设备状态信号传送给调度中心。

遥控：即远程命令，从调度中心发出改变运行设备状况的命令。

遥调：即远程调节，从调度中心发出命令实现远方调整变电所的运行参数。

7.8.3 变电所综合自动化系统的硬件结构

自动化系统的体系结构直接影响到变电所综合自动化系统的性能、功能及可靠性。随着集成电路技术、微计算机技术、通信技术和网络技术的不断发展，自动化系统的体系结构也不断发生变化，其性能、功能及可靠性等也不断提高。目前，我国变电所综合自动化系统的硬件结构形式主要分为集中式、分布式以及分散与集中相结合三种形式。

（1）集中式自动化系统硬件结构

集中式自动化系统硬件结构框图如图 7-15 所示。集中式布置是传统的结构形式，是把所有二次设备按遥测、遥信、遥控、计量、保护功能划分成不同的子系统集中组屏，安装在主控室内。这种结构形式集保护功能、人机接口、"四遥"功能及自检功能于一体，有利于观察信号，方便调试，结构简单，价格相对较低；但耗费了大量的二次电缆，容易产生数据传输瓶颈问题，其可扩性及维护性较差；对于电压低、出线少的小型变电所仍具有应用价值。

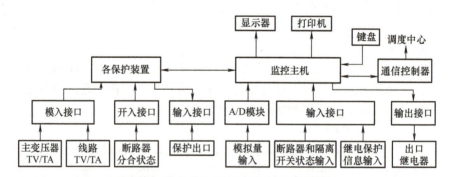

图 7-15　集中式自动化系统的硬件结构框图

（2）分布式自动化系统硬件结构

分布式自动化系统结构分变电所层、单元层和设备层。图 7-16 所示为分布式自动化系统硬件结构框图。变电所层，又称站控层，是变电站自动化系统的核心层，负责管理整个变电所自动化系统。单元层，又称间隔层，一般按间隔划分，具有测量、控制和继电保护等功能。测控装置实现该间隔的测量、监视，断路器的操作控制和联锁及事件顺序记录等功能；保护装置实现该间隔线路、变压器、电容器等的保护和故障记录等功能。各单元相互独立、互不干扰。各间隔单元数据采集、开关量 I/O 的测控和保护分别就地分散安装在开关柜上或主控室和一次设备附近的小室内。数据采集和开关量 I/O 的测控部分与保护部分相互独立，并与变电所层的监控后台通信。设备层，又称过程层，主要是指变电所内的变压器和断路器、隔离开关及其辅助触点、电流互感器、电压互感器等一次设备。

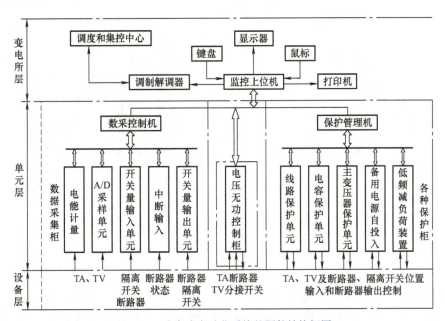

图 7-16　分布式自动化系统的硬件结构框图

这种结构压缩二次设备及繁杂的二次电缆，节省土建投资，系统配置灵活，扩展容易，检修维护方便，适用于各种电压等级的变电所。

（3）分散与集中相结合的综合自动化系统

分散与集中相结合的自动化系统是按"面向对象"（即面向电气一次回路或电气间隔的方法）进行设计的。它将配电线路的保护和测控单元分散安装在开关柜内，而高压线路和主变压器保护装置等采用集中组屏，其框图如图 7-17 所示。它集中了分布式的全部优点，节省了大量控制电缆，减少了主控室的占地面积，可靠性高，组态灵活，检修方便，是目前应用最广的一种综合自动化系统，适合应用在各种电压等级的变电所中。

7.8.4　变电所综合自动化的软件系统

变电所综合自动化软件系统的软件采用独立的模块结构，并且各模块具有其独立的软件程序，各子程序互不干扰，提高了系统的可靠性。

变电所自动化的软件系统主要由上位机程序模块和下位机程序模块构成。上位机软件主要完成图像显示、打印记录、断路器操作、远方通信及与下位机之间的数据传送等功能。上位机软件为模块化软件，每个模块完成各自的功能。下位机软件主要完成模拟量、开关量、脉冲量的采集（输入）；开关量的输出控制（断路器分、合闸操作与信号输出等）；向上位机传输数据等功能。下位机软件也为模块化软件，每个模块完成各自的功能。

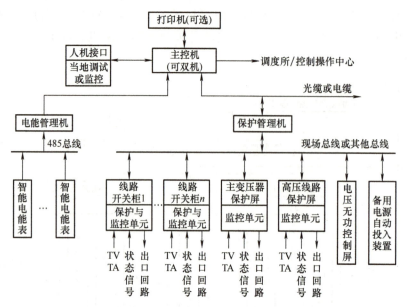

图 7-17 分散与集中相结合的综合自动化系统结构框图

> **一点讨论**：二次回路是电力系统中不可或缺的组成部分，它负责对一次回路进行监测、指示、控制和保护。通过二次回路，运行和调度人员能够直观地了解电力系统的状态，并有效地进行调度，这对于确保电力系统的安全、可靠和经济运行至关重要。在二次回路中，各种设备各司其职，自动执行特定的功能。这些设备的性能直接决定了二次回路的整体效能。而综合自动化技术则促进了二次回路中不同设备之间的协同工作，通过软硬件系统的合理配置，可以提升二次回路的性能下限。只有通过高效地协调各种二次设备，使其各自发挥最大效能，二次回路才能更好地服务于一次回路，从而提高整个电力系统的运行效率和稳定性。

7.9 智能变电站

7.9.1 智能变电站的概述

根据 GB/T 30155—2013《智能变电站技术导则》，智能化变电站是采用可靠、经济、集成、节能、环保的设备与设计，以全站信息数字化、通信平台网络化、信息共享标准化、系统功能集成化、结构设计紧凑化、高压设备智能化和运行状态可视化等为基本要求，能够支持电网实时在线分析和控制决策，进而提高整个电网运行可靠性及经济性的变电站。智能变电站是智能电网中变换电压、接收和分配电能、控制电力流向和调整电压的重要电力设施，是智能电网"电力流、信息流、业务流"三流汇集的焦点，对建设坚强智能电网具有极为重要的作用。

7.9.2　智能变电站的功能特征

智能变电站应当具有以下功能特征：

1）紧密联结和支撑智能电网。从智能变电站在智能电网体系结构中的位置和作用看，智能变电站的建设，要有利于加强全网范围各个环节间联系的紧密性，有利于互联电网对运行事故进行预防和紧急控制，实现在不同层次上的统一协调控制，成为形成统一坚强智能电网的关节和纽带。从智能变电站的自动化、智能化技术上看，智能变电站的设计和运行水平，应与智能电网保持一致，在硬件装置上实现更高程度的集成和优化，软件功能实现更合理的区别和配合，满足智能电网安全、可靠、经济、高效、清洁、环保、透明、开放等运行性能的要求。

2）不同电压等级的智能变电站功能应有所侧重。高电压等级的智能变电站应满足特高压输电网架的要求，中低压智能变电站应允许分布式电源的接入。特高压输电线路构成我国智能电网的骨干输电网架，特高压变电站应能可靠地应对和解决设备绝缘、断路开关等方面的问题，支持特高压输电网架的形成和有效发挥作用。在未来的智能电网中，风能、太阳能等间歇性分布式电源将大量接入中低压电网，形成微网与配电网并网运行模式。这使得配电网从单一的由大型注入点单向供电的模式，向大量使用受端分布式发电设备的多源多向模块化模式转变。此时的智能变电站是分布式电源并网的入口，从技术到管理，从硬件到软件都必须充分考虑并满足分布式电源并网的需求。

3）装备与设施的标准化设计与模块化安装。智能变电站的一、二次设备进行高度的整合与集成，所有的装备具有统一的接口。一、二次设备集成的标准化设计，模块化安装，可以保证设备的质量和可靠性，大量节省现场施工、调试工作量，使得任何一个同样电压等级的变电站的建造变成简单的模块化设备的联网、连接，因而可以实现变电站的"可复制性"，大大简化变电站建造的过程。

4）实现远程可视化。智能变电站的状态监测与操作运行均应利用多媒体技术实现远程可视化与自动化，以实现变电站真正的无人值班，并提高变电站的安全运行水平。

7.9.3　智能变电站的体系结构

智能变电站系统分为三层：过程层、间隔层和站控层。

过程层包含由一次设备和智能组件构成的智能设备、合并单元和智能终端，完成变电站电能分配、变换、传输及其测量、控制、保护、计量、状态监测等相关功能。一次设备是电网的基本单元，一次设备的智能化是智能电网的重要组成部分，也是区别传统电网的主要标志之一。利用传感器对关键设备的运行状况进行实时监控，进而实现电网设备可观测、可控制和自动化是智能设备的核心任务和目标。一次设备智能化的功能一体化设计主要包括以下三个方面：①将传感器或执行器与高压设备或其部件进行一体化设计，以达到特定的监测或控制目的；②将互感器与变压器、断路器等高压设备进行一体化设计，以减少变电站占地面积；③在智能组件中，将相关测量、控制、计量、监测、保护进行一体化融合设计，实现一、二次设备的融合。

间隔层设备一般指继电保护装置、测控装置、故障录波等二次设备，实现使用一个间隔的数据并且作用于该间隔一次设备的功能，即与各种远方输入/输出、智能传感器和控制器通信。

站控层包含自动化系统、站域控制系统、通信系统、对时系统等子系统，实现面向全站或一个以上一次设备的测量和控制功能，完成数据采集和监视控制、操作闭锁以及同步相量采集、电能量采集、保护信息管理等相关功能。站控层功能应高度集成，可在单台计算机或嵌入式装置实现，也可分布在多台计算机或嵌入式装置中。

7.9.4 智能变电站与常规变电站的区别

智能变电站与常规变电站的区别主要集中在以下三点。

（1）一次设备智能化

一次设备智能化是智能变电站的重要标志之一。它们采用标准的信息接口，实现融状态监测、测控保护、信息通信技术于一体的智能化一次设备，可满足整个智能电网电力流、信息流、业务流一体化的需求。

（2）设备检修状态化

设备的状态化检修是指，一次设备通过先进的状态监测技术、可靠的评价、预测手段来判断其运行状态，并且在运行状态异常时进行故障分析，对故障的部位、严重程度和发展趋势做出判断、预警，并根据分析诊断结果在设备性能下降到一定界限或故障发生之前进行维修。

（3）二次设备网络化

传统变电站功能由设备和回路共同确定：设备具备特定功能，且定义了外部的I/O接口，在变电站建设时通过电缆回路实现了变电站需要的各种功能，此后变电站生命周期内重要工作就围绕着这些设备和回路而展开。在智能变电站内，设备不再出现常规功能装置重复的I/O接口，而是通过网络直接相联来实现数据共享、资源共享，具备优异的扩展性。

> **一点讨论**：变电站的自动化向智能化的演进，标志着电力系统管理方式的质的飞跃。自动化主要侧重于根据系统变化被动地调整控制策略，而智能化则代表了一种更为主动的参与方式，能够积极适应并优化电力系统的动态变化。当前，随着分布式能源和主动配电网的融入，传统的自动化模式已不足以应对现代电力系统的复杂性。智能化技术的发展对于满足电网调度的高标准需求至关重要。鉴于电力行业在我国碳排放总量中占比约40%，它已成为实现全社会碳中和目标的关键领域。因此，我们迫切需要采用更多智能化新技术：一方面，探索低碳化的发电技术；另一方面，加速智能电网技术的创新和升级，以促进电力行业的绿色转型，为实现碳达峰和碳中和目标贡献力量。

7.10 本章小结

本章对工厂供电系统的二次系统的主要回路和常见的装置展开了详细的讲述，具体内容如下：

1）二次回路通常按其用途可以分为断路器控制（操作）回路、信号回路、测量和监视回路、继电保护和自动装置回路等。

2）操作电源分为直流和交流两大类，为整个二次系统提供工作电源。常用的直流电源有蓄电池和硅整流器电源。交流电源通常直接取自互感器二次侧或者所用变压器低压母线。

3）高压断路器的控制和信号回路是二次系统中的重要组成部分，控制回路实现断路器的控制，信号回路用于表征断路器的运行状态。

4）电气测量仪表主要包括测量仪表和计量仪表两大类，前者实现系统电气状态的监视，后者用于计费和经济分析。

5）交流绝缘监视装置多用于小电流接地的电力系统中，以便及时发现单相接地故障，避免单相接地故障发展为两相接地短路，造成停电事故；直流绝缘监视回路用于发现直流系统的单点接地故障，防止发展成为两点接地故障，引起二次回路误动作。

6）自动重合闸装置是在线路发生短路故障时，断路器跳闸后重新合闸，能提高线路供电的可靠性。自动重合闸装置与继电保护的配合主要采用重合闸后加速保护方式。

7）可靠性要求高的变配电所采用两路及以上电源进线时，应安装备用电源自动投入装置，以确保供电的可靠性。

8）变电所自动化可以提高变电所的运行和管理水平，进一步提高供电系统的可靠性。随着我国智能电网信息化、数字化以及自动化水平的不断提升，智能变电站已经逐步替代变电所自动化。

7.11 习题与思考题

7-1 什么是二次回路？主要包括哪些回路？

7-2 常用的直流操作电源和交流操作电源有哪几种？

7-3 电气测量的目的是什么？对常用测量仪表的选择有哪些要求？

7-4 常用的绝缘监视装置有哪几种？

7-5 什么是中央信号回路？事故音响信号和预告音响信号的声响有何区别？

7-6 断路器的控制开关有哪些操作位置？简述断路器手动合闸、分闸的操作过程。

7-7 断路器控制回路应满足哪些要求？

7-8 直流系统两点接地有何危害？请画图说明。

7-9 什么叫变电所自动化？变电所自动化系统有哪些主要功能？

第8章　防雷、接地与电气安全

本章以电气安全为主线，首先讲述过电压及防雷的基本概念、常见防雷设备及具体应用范围、常见电气装置的防雷措施以及建筑物的防雷；然后讲述电气装置接地的基本概念、主要分类及电气装置的接地及等电位联结；最后讲述电气安全与触电急救知识，强化电力安全的重要性，培养安全意识，提高职业素养。

8.1　过电压与防雷

微课：过电压与防雷

8.1.1　过电压及危害

供配电系统正常运行时，电气设备或线路上所承受的电压为额定电压。过电压是指在特定条件下，如雷击、误操作、故障、谐振等情况下而出现的超过工作电压的异常电压的现象。按照过电压产生原因不同，可分为以下几种。

（1）内部过电压

电力系统内部运行方式发生改变而引起的过电压称为内部过电压，又分为操作过电压和谐振过电压等。操作过电压是由于进行断路器操作或突然发生短路而引起的衰减较快、持续时间较短的过电压，常见的有空负荷线路合闸和重合闸过电压、切除空负荷线路过电压、切空负荷变压器过电压和弧光接地过电压。谐振过电压是电力系统中电感、电容等储能元件在某些接线方式下与电源频率发生谐振所造成的瞬间高电压。一般按起因分为线性谐振过电压、铁磁谐振过电压和参量谐振过电压。

（2）外部过电压

外部过电压又称雷电过电压或大气过电压，是由于电力系统中线路、设备或建筑物遭受来自大气中雷击或雷电感应而引起的。雷电过电压持续时间约为几十微秒，具有脉冲特性，故常称为雷电冲击波。雷电过电压所形成的雷电流可高达几十万安，其冲击波电压可达上亿伏，雷电击中建筑物或建筑物附近（或击中连接至建筑物的服务设施）对人、建筑物本身、其内部物体、设备以及服务设施都是十分危险的，因此必须考虑采取防雷措施。

雷电是大气中带电云层之间或带电云层与地面之间所发生的一种强烈放电现象。按其在空气中发生的部位，大概可分为云中、云间或云地之间三大种类。云地之间放电也称为对地闪击（对地雷闪），是雷云与大地（含地上的突出物）之间的一次或多次放电⊖。因其对人类的生命财产有极大的威胁而被广泛研究，因此本章也将对地闪击作为主要论述对象。

⊖　对地闪击，见《建筑物防雷设计规范》GB 50057—2010 术语 2.0.1 条。

雷电的形成伴随着巨大的电流和极高的电压，主要危害包括：

1）雷电所产生的电动力，可摧毁电力设备、杆塔和建筑物，甚至伤害人和牲畜。

2）雷电在产生强大电流的同时，也产生很高的热量，可以烧断导线和烧毁其他电力设备。

3）引起强的电磁辐射和静电场的变化，干扰无线电通信和各种遥控设备的工作，成为无线电噪声的重要来源。

4）雷电的闪络放电会使得电网中产生过电压，烧坏绝缘子，引起跳闸或停电。

> **一点讨论**：电力系统的安全稳定运行是社会发展和人民生活的重要保障，而雷电防护技术的不断进步是确保这一稳定的关键环节。雷电是电网安全的重要威胁，在全球各地都导致了大量事故。这些事故不仅造成巨大经济损失，也严重影响人们的生活和生产。随着智能电网建设的发展，电网面临着新能源大量接入、电能大规模跨区域输送、复杂程度增加等挑战。在极端条件下，雷电仍可能触发电网级联事故，造成局部或大范围停电。因此，加强雷电防护技术研究对确保电力系统安全运行至关重要。要求我们在提升自身的专业技能的同时，树立牢固的安全意识和强烈的责任感。

8.1.2 防雷设备

一个完整的防雷装置一般由外部防雷装置和内部防雷装置组成，具体构成可参见表 8-1。

表 8-1 防雷装置的构成

防雷装置		构成及用途
外部防雷装置	接闪器	拦截闪击的接闪杆、接闪带、接闪线、接闪网及金属屋面、金属构件
	引下线	用于引导雷电流从接闪器传导至接地装置的导体
	接地装置	接地体和接地线的总和，用于传导雷电流并将其流散入大地
内部防雷装置	防雷等电位联结（Equipotential Bonding，EB）	将分开的诸金属物体直接用连接导体或经电涌保护器连接到防雷装置上，以减小雷电流引发的电位差
	与外部防雷装置的间隔距离	电气绝缘，防止建筑物内部出现危险火花

（1）接闪器

接闪器是专门用来接收直接雷击（雷闪）的金属物体。避雷针、避雷线、避雷网、避雷带、避雷器及一般建筑物的金属屋面或混凝土屋面，均可作为接闪器。其实质是引雷，都是利用其高出被保护物的突出地位，当雷电先导临近地面时，它将把雷电引至自身，使雷电场畸变，改变雷电先导的通道方向，然后经其相连的引下线和接地装置将雷电流泄放到大地。

1）避雷针。避雷针是用镀锌圆钢或焊接钢管制成的，头部呈尖形。避雷针的下端经引下线与接地装置焊接，形成可靠连接。避雷针通常安装在构架、支柱或建筑物上。一定高度的避雷针下面，有一个安全区域，此区域内的物体基本上不受雷击，该区域就称为避雷针的保护范围。避雷针的保护范围目前根据《建筑物防雷设计规范》（GB 50057—

2010）可采用"滚球法"来计算。所谓滚球法，就是选择一个半径为 h_r（滚球半径）的球体，沿需防护直击雷的部分滚动。当球体触及接闪器或者同时触及接闪器和地面，而不能触及接闪器下方部位时，则该部位就在这个接闪器的保护范围之内。图 8-1 所示为单支避雷针的保护范围。

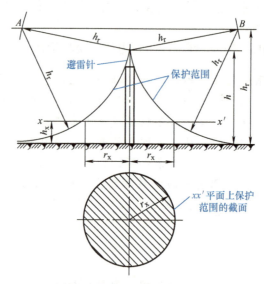

图 8-1　单支避雷针的保护范围

其具体的计算过程如下：

① 当避雷针高度为 $h<h_r$ 时：

a）距地面 h_r 处作一平行于地面的平行线。

b）以避雷针的针尖为圆心、h_r 为半径，作弧线交平行线于 A、B 两点。

c）以 A、B 为圆心，h_r 为半径作弧线，该弧线与针尖相交，并与地面相切。由此弧线起到地面为止的整个锥形空间就是避雷针的保护范围。

d）避雷针在 h_x 高度的 xx' 平面上的保护半径 r_x 按式（8-1）确定：

$$r_x = \sqrt{h(2h_r - h)} - \sqrt{h_x(2h_r - h_x)} \tag{8-1}$$

② 当避雷针高度 $h>h_r$ 时：在避雷针上取高度 h_r 的一点代替避雷针的针尖作为圆心。余下做法与取避雷针高度 h 一点代替相同。

例 8-1　某厂锅炉房烟囱高 40m，烟囱上安装一支高 2m 的避雷针，锅炉房（属第三类防雷建筑物）尺寸如图 8-2 所示，试问此避雷针能否保护锅炉房。

解： 查表得滚球半径 $h_r=60$m，而避雷针顶端高度 $h=$（40+2）m=42m，$h_x=8$m，则避雷针保护半径为

$$r_x = \left(\sqrt{42 \times (2 \times 60 - 42)} - \sqrt{8 \times (2 \times 60 - 8)} \right) \text{m} = 27.3\text{m}$$

现锅炉房在 $h_x=8$m 高度上最远屋角距离避雷针的水平距离为

$$r_x = \sqrt{(12 - 0.5 + 10)^2 + 10^2} \text{m} = 23.7\text{m} < r_x$$

由此可见，烟囱上的避雷针能保护锅炉房。

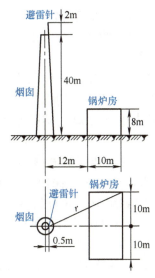

图 8-2　锅炉房尺寸

2）避雷线。避雷线是用来保护架空电力线路和露天配电装置免受直击雷破坏的装置。一般采用截面积不小于 35mm² 的镀锌钢绞线，由悬挂在空中的接地导线、接地引下线和接地体等组成，因而也称"架空地线"。它的作用和避雷针一样，将雷电引向自身，并安全导入大地，使其保护范围内的导线或设备免遭直击雷。避雷线的功能与原理与避雷针基本相同。

3）避雷网和避雷带。它主要用来保护高层建筑物免遭直击雷和感应雷的侵害。避雷网的网格尺寸有具体的要求，见表 8-2。

表 8-2　各类防雷建筑物的滚球半径和避雷网格尺寸

建筑物防雷类别	滚球半径 h_r/m	避雷网格尺寸 /m
第一类防雷建筑物	30	≤5×5 或 ≤6×4
第二类防雷建筑物	45	≤10×10 或 ≤12×8
第三类防雷建筑物	60	≤20×20 或 ≤24×16

4）避雷器。避雷器是中高压系统最重要的保护器件，用来防止线路的感应雷及沿线路侵入的过电压波对变电所内的电气设备造成的损害。理想避雷器的工作原理如图 8-3 所示，在工作电压和系统可承受电压范围内，避雷器相当于开路；当过电压来临时，避雷器导通，相当于短路，阻抗为零，该保护设备立即对地放电，从而使被保护设备免受雷击。

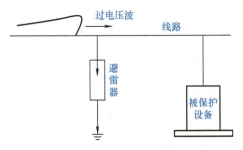

图 8-3　理想避雷器的工作原理

常用避雷器的形式有阀式避雷器、管式避雷器、保护间隙和金属氧化物避雷器等。**阀式避雷器**分为普通阀式避雷器和磁吹阀式避雷器两大类。普通阀式避雷器有 FS 型和 FZ 型两个系列。磁吹阀式避雷器有 FCD 型和 FCZ 型两个系列。采用阀式避雷器是变电所对入侵波进行防护的主要措施，其保护作用主要是限制来波的幅值。为了实现有效的保护，被保护绝缘必须处于该避雷器的保护距离之内，二维码 8-1 列出了普通阀式避雷器与主变压器之间的最大电气距离，实际布置阀式避雷器时必须要考虑该距离值。

管式避雷器主要用于变配电所的进线保护和线路绝缘弱点的保护。保护性能较好的管式避雷器还可用于保护配电变压器。管式避雷器由产气管和内外两个间隙组成，具有较强的灭弧能力，但其保护特性较差，工频电流过高时还易引起爆炸，与变压器特性不易配合，因而通常只适用于架空线路。

8-1
普通阀式避雷器与主变压器之间的最大电气距离

保护间隙是指与被保护设备绝缘并联的空气火花间隙，按结构形式可分为棒形、球形和角形三种，如图 8-4 所示为角形间隙。正常情况下，间隙对地是绝缘的。当线路遭到雷击时，就会在线路上产生一个正常绝缘所不能承受的高电压，使间隙被击穿，将雷电流泄入大地。辅助间隙用于防止主间隙被外界物体意外短路引起误动作。

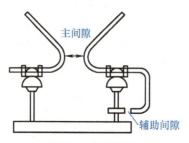

图 8-4 角形间隙

金属氧化物避雷器又称压敏避雷器，是一种没有火花间隙只有压敏电阻片的阀式避雷器。压敏电阻片是氧化锌等金属氧化物烧结而成的多晶半导体陶瓷元件，在结构上由压敏电阻制成的阀片叠装而成，该阀片具有优异的非线性伏安特性：工频电压下，它呈现极大的电阻，有效地抑制工频电流；而在雷电波过电压下，它又呈现极小的电阻，能很好地泄放雷电流。该避雷器具有保护性能好、通流能力强、体积小、安装方便等优点，目前已广泛应用到电气设备的防雷保护中。随着其制造成本的降低，金属氧化物避雷器的应用会越来越广泛。

（2）引下线

引下线是将雷电流引入接地装置的连接防雷装置与接地装置的一段导线，一般可用圆钢或扁钢制成。圆钢直径不小于 8mm；扁钢截面积不小于 48mm²，厚度不小于 4mm。

引下线分为明装和暗装两种。明装时，必须沿建筑物的外墙敷设。引下线应在地面上 1.7m 和地面下 0.3m 的一段线上用钢管或塑料管加以保护；在 1.8m 处设断接卡。从接闪器到接地装置，引下线的敷设应尽量短而直，若必须弯曲时，弯角应大于 90°。暗装时，可以利用建筑物本身的金属结构，如钢筋混凝土柱子的主筋作为引下线，但暗装的引下线应比明装时增大一个规格，每根柱子内要焊接两根主筋，各构件之间必须连成电气通路。屋内接地干线与防感应雷接地装置的连接不应少于 2 处。

（3）接地装置

接地装置也称接地一体化装置，是把电气设备或其他物件和地之间构成电气连接的设备，如图 8-5 所示。接地装置由接地体和接地线组成。接地线是连接引下线和接地体的导线，一般用直径为 10mm 的圆钢组成。接地体包含人工接地体和自然接地体两部分，具体内容在 8.2 节介绍。

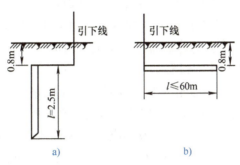

图 8-5 人工接地体

a）垂直埋设的管形或棒形接地体 b）水平埋设的带形接地体

8.1.3 电力系统的防雷保护

（1）架空线路的防雷措施

1）架设避雷线。架空地线是防雷最有效的措施，但成本很高，所以只在 110kV 及以上的架空线路上才沿全线装设，35kV 的架空线路上只在进、出变电所的一段线路上装设，而 10kV 及以下线路上一般不装避雷线。

2）提高线路本身的绝缘水平。采用木横担、瓷横担，或采用高一级的绝缘子，以提高线路防雷水平，是 10kV 及以下架空线路防雷的基本措施。

3）利用三角形排列的顶线兼作保护线。3 ～ 10kV 线路通常为中性点不接地，因此可在三角形排列的顶线绝缘子上装设保护间隙。在雷击时顶线承受雷击，保护间隙被击穿，通过引下线对地释放雷电流，从而保护了下面两根导线，避免引起线路断路器跳闸。

4）采用自动重合闸装置。线路上因雷击放电而产生的短路是由电弧引起的。在雷击时，线路可能发生相间短路。断路器跳闸后，电弧即自动熄灭。如果采用一次自动重合闸装置，使开关经 0.5s 或更长时间自动重合闸，电弧通常不会复燃，从而能恢复供电，提高供电的可靠性。

5）个别绝缘薄弱点加强保护。对架空线路上个别绝缘薄弱点，如跨越杆、转角杆、分支杆、带拉线杆、木杆线路中个别金属杆或个别横担电杆等处，可装设避雷器或保护间隙。

（2）变配电所的防雷措施

工厂变配电所的防雷保护主要有两个方面：一是要防止变配电所建筑物和户外配电装置遭受直击雷；二是防止过电压雷电波沿进线侵入变配电所，对变配电所电气设备的安全造成影响。

1）变配电所防直击雷。装设避雷针以保护变配电所建筑物免受侵害。如果变配电所位于附近的高大建（构）筑物上的避雷针保护范围内，或者变配电所本身是在室内的，则不必考虑直击雷的防护。

2）电源进线防雷电波侵入。3～10kV 配电线路的进线防雷保护，可以在每路进线终端，装设避雷器，以保护变电所内的电气设备。如果进线是电缆引入的架空线路，则在架空线路终端靠近电缆头处装设避雷器，其接地端与电缆头外壳相连后接地。6～10kV 防雷电波侵入接线示意图如图 8-6 所示。

3）母线防雷电波侵入。为防止雷电冲击波沿高压线路侵入变电所，对所内设备特别是价值较高但绝缘相对薄弱的电力变压器造成危害。在变配电所每段母线上装设一组阀式避雷器，并应尽量靠近变压器，距离一般不应大于 5m，如图 8-6 中的 F3。避雷器的接地线应与变压器低压侧接地中性点及金属外壳连在一起接地，如图 8-7 所示。

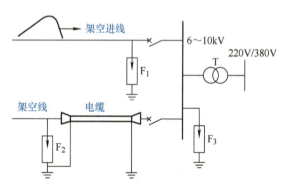

图 8-6　6～10kV 防雷电波侵入接线示意图

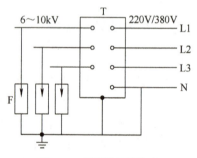

图 8-7　变压器防雷接地

一点讨论：我国在电力系统雷电防护领域的自主创新和科技进步，展现了电气工程领域对提升国家基础设施安全的重要性和迫切性。通过不断科研和技术攻关，我国已取得显著成就，将传统的"静态被动模式"转变为"智能动态模式"。传统防雷方法主要依赖于避雷针、避雷器和避雷线等装置，将雷电能量引导至地面。而"智能动态防雷"技术通过预测雷电活动，主动调整电网结构，优化电能流向，提升电网在极端天气下的安全防护能力。值得一提的是，江苏苏州已成功投运世界首套地区级智能电网动态防雷系统，这是我国科技自主创新的重要成果，也证明了我国电力系统安全保障能力的提升。这一成就离不开电力科研工作者的辛勤付出和无私奉献，他们的责任感和创新精神值得我们学习和传承。

8.1.4　建筑物的防雷

（1）防雷分类

建筑物雷电防护一般指针对建筑物内部及周围由于接触和跨步电压导致物理损坏和生命危害而提出的保护措施。根据其重要性、使用性质、发生雷电事故的可能性和后果，建（构）筑物的防雷要求分为三类。

第一类防雷建筑物包括：

1）凡制造、使用或贮存火炸药及其制品的危险建筑物，因电火花而引起爆炸、爆轰，会造成巨大破坏和人身伤亡者。

2）具有 0 区或 20 区爆炸危险场所的建筑物。

3）具有 1 区或 21 区爆炸危险场所的建筑物，因电火花而引起爆炸，会造成巨大破坏和人身伤亡者。

爆炸和火灾危险环境的分区见表 8-3。

表 8-3　爆炸和火灾危险环境的分区

分区代号	环境特征
0	连续出现或长期出现爆炸性气体混合物的环境
1	在正常运行时可能出现爆炸性气体混合物的环境
2	在正常运行时不可能出现爆炸性气体混合物的环境，或即使出现也仅是短时存在爆炸性气体混合物的环境
10	连续出现或长期出现爆炸性粉尘的环境
11	有时会将积留下的粉尘扬起而偶然出现爆炸性粉尘混合物的环境
21	具有闪点高于环境温度的可燃液体，在数量和配置上能引起火灾危险的环境
22	具有悬浮状、堆积状的可燃粉尘或可燃纤维，虽不可能形成爆炸混合物，但在数量和配置上能引起火灾危险的环境
23	具有固体状可燃物质，在数量和配置上能引起火灾危险的环境

第二类防雷建筑物包括：

1）国家级重点文物保护的建筑物。

2）国家级的会堂、办公建筑物、大型展览和博览建筑物、大型火车站和飞机场、国宾馆、国家级档案馆、大型城市的重要给水泵房等特别重要的建筑物。

3）国家级计算中心、国际通信枢纽等对国民经济有重要意义的建筑物。

4）国家特级和甲级大型体育馆。

5）制造、使用或贮存火炸药及其制品的危险建筑物，且电火花不易引起爆炸或不致造成巨大破坏和人身伤亡者。

6）具有 1 区或 21 区爆炸危险场所的建筑物，且电火花不易引起爆炸或不致造成巨大破坏和人身伤亡者。

7）具有 2 区或 22 区爆炸危险场所的建筑物。

8）有爆炸危险的露天钢质封闭气罐。

9）预计雷击次数大于 0.05 次 /a 的部、省级办公建筑物和其他重要或人员密集的公共建筑物以及火灾危险场所。

10）预计雷击次数大于 0.25 次 /a 的住宅、办公楼等一般性民用建筑物或一般性工业建筑物。

11）高度超过 100m 的建筑物。

第三类防雷建筑物包括：

1）省级重点文物保护的建筑物及省级档案馆。

2）预计雷击次数大于或等于 0.01 次 /a，且小于或等于 0.05 次 /a 的部、省级办公建筑物和其他重要或人员密集的公共建筑物，以及火灾危险场所。

3）预计雷击次数大于或等于 0.05 次 /a，且小于或等于 0.25 次 /a 的住宅、办公楼等一般性民用建筑物或一般性工业建筑物。

4）在平均雷暴日大于 15d/a 的地区，高度在 15m 及以上的烟囱、水塔等孤立的高耸建筑物。

5）在平均雷暴日小于或等于 15d/a 的地区，高度在 20m 及以上的烟囱、水塔等孤立的高耸建筑物。

（2）防雷措施

建筑物是否需要进行防雷保护，应采取哪些防雷措施，要根据建筑物的防雷等级来确定。对于一、二类民用建筑，应有防直击雷和防雷电波侵入的措施；对于第三类民用建筑，应有防止雷电波沿低压架空线路侵入的措施，至于是否需要防止直接雷击，要根据建筑物所处的环境以及建筑物的高度和规模来判断。

1）防直击雷的措施。防直击雷采取的措施是引导雷云与避雷装置之间放电，使雷电流迅速流散到大地中去，从而保护建筑物免受雷击。避雷装置由接闪器、引下线和接地装置三部分组成。

另外，建筑物的金属屋顶也是接闪器，它好像是网格更密的避雷网。屋面上的金属栏杆，也相当于避雷带，都可以加以利用。

2）防雷电感应的措施。为防止雷电感应产生火花，建筑物内部的设备、管道、构架、钢窗等金属物，均应通过接地装置与大地做可靠的连接，以便将雷云放电后在建筑上残留的电荷迅速引入大地，避免雷害。对平行敷设的金属管道、构架和电缆外皮等，当距离较近时，应按规范要求，每隔一段距离用金属线跨接起来。

3）防雷电波侵入的措施。为防雷电波侵入建筑物，可利用避雷器或保护间隙将雷电流在室外引入大地。避雷器装设在被保护物的引入端。其上端接入线路，下端接地。正常时，避雷器的间隙保持绝缘状态，不影响系统正常运行；雷击时，有高压冲击波沿线路袭来，避雷器击穿后接地，从而强行截断冲击波。雷电流通过以后，避雷器间隙又恢复绝缘状态，保证系统正常运行。

为防止雷电波沿低压架空线侵入，在入户处或接户杆上应将绝缘子的铁脚接到接地装置上。

8.2 电气装置的接地

微课：电气装置的接地

8.2.1 基本概念

（1）接地

接地是将电气设备的某些部位、电力系统的某点与大地相连，提供零电位参考点稳定电位以及故障电流或雷电流的泄流通道，以确保电力系统、电气设备的安全运行以及电力系统运行人员及其他人员的人身安全。

（2）接地装置

接地装置包括引接线在内的埋设在地中的一个或一组金属体（包括金属水平埋设或垂直埋设的接地极、金属构件、金属管道、钢筋混凝土构筑物基础、金属设备等），或由金属导体组成的金属网，其功能是用来泄放故障电流、雷电或其他冲击电流，稳定电位。而接地系统则是指包括发变电站接地装置、电气设备及电缆接地、架空地线及中性线接地、低压及二次系统接地在内的系统，可分为两类：一类为输电线路杆塔或微波塔等比较简单的接地装置，如水平接地体、垂直接地体、环形接地体等；另一类为发变电站的接地网。

（3）接地电阻

接地电阻是表征接地装置电气性能的参数。接地电阻的数值等于接地装置相对无穷远处零电位点的电压与通过接地装置流入地中电流的比值。如果通过的电流为工频电流，则对应的接地电阻为工频接地电阻；如果通过的电流为冲击电流，接地电阻为冲击接地电阻。冲击接地电阻是时变暂态电阻，一般用接地装置的冲击电压幅值与通过其流入地中的冲击电流幅值的比值作为接地装置的冲击接地电阻。接地电阻的大小，反映了接地装置流散电流和稳定电位能力的高低及保护性能的好坏。接地电阻越小，保护性能就越好。

（4）接地电流

当电气设备发生接地故障时，电流就通过接地体向大地做半球形散开（见图 8-8），这一电流称为接地电流 I_E。

（5）对地电压

试验表明，在距单根接地体或接地故障点 20m 左右的地方，实际上散流电阻已趋近于零，电位为零的地方，称为电气上的"地"或"大地"。电气设备的接地部分与零电位的"地"（大地）之间的电位差，称为接地部分的对地电压，如图 8-8 中的 U_E。

（6）接触电压

接触电压 U_{tou} 指设备的绝缘损坏时，在身体可同时触及的两部分之间出现的电位差。

（7）跨步电压

跨步电压 U_{step} 指在故障点附近行走，两脚之间出现的电位差。跨步电压的大小与离接地点的远近及跨步的长短有关，离接地点越近，跨步越长，跨步电压就越大。离接地点达 20m 时，跨步电压通常为零。跨步电压和接触电压的示意如图 8-9 所示。

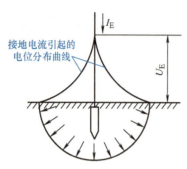

图 8-8　接地电流、对地电压及接地电流电位分布曲线

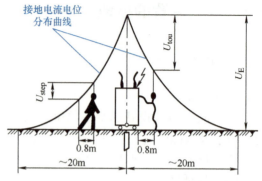

图 8-9　跨步电压和接触电压示意图

8.2.2　接地分类

电气工程中的地，指提供或接收大量电荷并可作为稳定良好的基准点位或参考点位的物体，一般指大地。电子设备中的基准电位参考点也称为"地"，但不一定与大地相连。

电气装置接地涉及两个方面：一方面是电源功能接地，如电源系统接地，多指发电机组、电力变压器等中性点的接地，一般称为系统接地，或称系统工作接地或功能接地；另一方面是电气装置外露可导电部分接地，起保护作用，故习惯称为保护接地。

（1）功能接地

功能接地是出于电气安全之外的目的，将系统、装置或设备的一点或多点接地，其主要接地类型有：

1）（电力）系统接地。根据系统运行的需要进行的接地，如交流电力系统的中性点接地、直流系统中的电源正极或中性点接地等。交流电力系统根据中性点是否接地而分为中性点有效接地系统和中性点非有效接地系统（包括中性点绝缘系统、中性点通过电阻或电感接地的系统），具体内容可参见本书 1.2.3 节电力系统的中性点运行方式。

2）信号电路接地。为保证信号具有稳定的基准电位而设置的接地。

功能接地的主要作用是为大气或操作过电压提供对地泄放的回路，避免电气设备绝缘被击穿；提供接地故障回路，若发生接地故障时，产生较大的接地故障电流，迅速切断故障回路；降低电气设备和输电线路绝缘水平。

（2）保护接地

保护接地即为了电气安全，将系统、装置或设备的一点或多点接地，其主要接地类型有：

1）电气装置保护接地。电气装置的外露可导电部分、配电装置的金属架构和线路杆塔等，由于绝缘损坏或爬电有可能带电，为防止其危及人身和设备的安全而设置的接地。

2）作业接地。将已停电的带电部分接地，以便在无电击危险情况下进行作业。

3）雷电防护接地。为雷电防护装置（接闪杆、接闪线和过电压保护器等）向大地泄放雷电流而设的接地，用以消除或减轻雷电危及人身和损坏设备。

4）防静电接地。将静电荷导入大地的接地，如对易燃易爆管道、贮罐以及电子器件、设备为防止静电的危害而设置的接地。

5）阴极保护接地。使被保护金属表面成为电化学原电池的阴极，以防止该表面被腐蚀的接地。

保护接地的主要作用是降低预期接触电压；提供工频或高频泄漏回路；为过电压保护装置提供安装回路。

（3）功能和保护兼有的接地

电磁兼容性接地，既有抗干扰的功能接地，又有抗损害的保护接地的含义。电磁兼容性是指为装置或系统在其工作的电磁环境中能不降低性能地正常工作，且对该环境中的其他事物不构成电磁危害或干扰的能力。为上述目的所做的接地称为电磁兼容性接地。

（4）共用接地系统

根据电气装置的要求，接地配置可以兼有或分别地承担保护和功能两种目的。

建筑物内通常有多种接地，如电力系统接地、电气装置保护接地、电子信息设备信号电路接地、防雷接地等。如果用于不同目的的多个接地系统分开独立接地，不但受场地的限制难以实施，而且不同的地点会带来安全隐患，不同系统接地导体间的耦合，也会引起相互干扰。共用接地系统具有接地导体少、系统简单经济、便于维护、可靠性高且阻抗低的优点，建筑物内一般采用共用接地系统，如建筑物本身采用一个接地系统，各建筑物可分别设置本身的共用接地系统等。

8.2.3 接地装置及接地电阻

（1）接地体

接地体是接地装置的主要部分，其选择与装设是能否取得合格接地电阻的关键。接地体可分为自然接地体与人工接地体。

1）自然接地体。凡是与大地有可靠且良好接触的设备或构件，大都可用作自然接地体，如：与大地有可靠连接的建筑物的钢结构、混凝土基础中的钢筋；敷设于地下而数量不少于两根的电缆金属外皮；敷设在地下的金属管道及热力管道，输送可燃性气体或液体（如煤气、石油）的金属管道除外。

自然接地体不但可以节约钢材，节省施工费用，还可以降低接地电阻，因此有条件的应当优先利用自然接地体。经实地测量，可利用的自然接地体的接地电阻如果能满足要求，而且又满足热稳定条件时，就不必再装设人工接地装置，否则应增加人工接地装置。

利用自然接地体，必须保证良好的电气连接，在建筑物钢结构结合处凡是用螺栓连接的，只有在采取焊接与加跨接线等措施后方可利用。

2）人工接地体。不能满足接地要求或无自然接地体时，应装设人工接地体。人工接地体大多采用钢管、角钢、圆钢和扁钢制作。一般情况下，人工接地体大都采取垂直敷设，特殊情况如多岩石地区，可采取水平敷设。

垂直敷设的接地体的材料，常用直径为 40 ～ 50mm、壁厚为 3.5mm 的钢管，或者 40mm×40mm×4mm ～ 50mm×50mm×6mm 的角钢，长度宜取 2.5m。水平敷设的接地体，常采用厚度不小于 4mm、截面积不小于 100mm² 的扁钢或直径不小于 10mm 的圆钢，长度宜为 5 ～ 20m。如果接地体敷设处的土壤有较强的腐蚀性，则接地体应镀锌或镀锡并适当加大截面积，不准采用涂漆或涂沥青的方法防腐。

按 GB 50169—2016《电气装置安装工程接地装置施工及验收规范》的规定，钢接地体和接地线的截面积不应小于表 8-4 所列的规格。对于接地电阻要求较小的宜采用铜或其他类耐腐蚀且导电阻较小的接地体。当接地电阻达不到要求较小值时，需在土壤中加盐甚至更换位置安装接地桩。

表 8-4　钢接地体和接地线的最小规格

种类、规格及单位		地上		地下	
		室内	室外	交流回路	直流回路
圆钢直径 /mm		6	8	10	12
扁钢	截面积 /mm²	60	100	100	100
	厚度 /mm	3	4	4	6
角钢厚度 /mm		2	2.5	4	6
钢管管壁厚度 /mm		2.5	2.5	3.5	4.5

注：①电力线路杆塔的接地体引出截面积不应小于 50mm²，引出线应为热镀锌。
　　②防雷接地装置，圆钢直径不应小于 10mm；扁钢截面积不应小于 100mm²，厚度不应小于 4mm；角钢厚度不应小于 4mm。
　　③钢管壁厚度不应小于 3.5mm。作为引下线，圆钢直径不应小于 8mm；扁钢截面积不应小于 48mm²，其厚度不应小于 4mm。

为减少自然因素（如环境温度）对接地电阻的影响，接地体顶部距地面应不小于 0.6m。多根接地体相互靠近时，入地电流将相互排斥，影响入地电流流散，这种现象称为屏蔽效应。屏蔽效应使得接地体组的利用率下降。因此，安排接地体位置时，为减少相邻接地体间的屏蔽作用，垂直接地体的间距不宜小于接地体长度的 2 倍，水平接地体的间距应符合设计要求，一般不宜小于 5m。接地干线应在不同的两点及以上与接地网相连，自然接地体应在不同的两点及以上与接地干线或接地网相连。

（2）变配电所和车间的接地装置

由于单根接地体周围地面的电位分布不均匀，在接地电流或接地电阻较大时，容易使人受到危险的接触电压或跨步电压的威胁。采用接地体埋设点距被保护设备较远的外引式接地时，情况就更严重（若相距 20m 以上，则施加到人体上的电压将为设备外壳上的全部对地电压）。此外，单根接地体或外引式接地的可靠性也较差，万一引线断开就极不安全。因此，变配电所和车间一般采用环路式接地装置，如图 8-10 所示。

环路式接地装置在变配电所和车间建筑物四周，距墙脚 2～3m 打入一圈接地体，再用扁钢连成环路，外缘各角应做成圆弧形，圆弧半径不宜小于均压带间距的一半。这样，接地体间的散流电场将相互重叠而使地面上的电位分布较为均匀，跨步电压及接触电压很低。当接地体之间距离为接地体长度的 2～3 倍时，这种现象就更明显。若接地区域范围较大，可在环路式接地装置范围内，每隔 5～10m 宽度增设一条水平接地带作为均压带，该均压带还可作为接地干线用，以使各被保护设备的接地线连接更为方便可靠。在经常有人出入的地方，应加装帽檐式均压带或采用高绝缘路面。

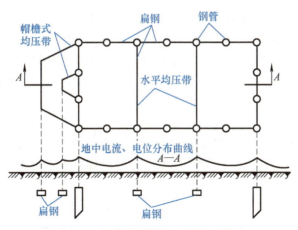

图 8-10 加装均压带的环路式接地装置

（3）接地电阻的要求

接地电阻并不是一个电阻，而是一个阻值。接地电阻的大小是一个接地体或者设备外壳或建筑物接地极对大地之间的电阻值。接地电阻越小，当有设备漏电或者有雷电信号时，越容易将其导入大地，不至于伤害人身和设备。接地电阻包括：电气设备和接地线的接触电阻、接地线本身的电阻、接地体本身的电阻、接地体和大地的接触电阻和大地的电阻。

为了保证人身安全，需要对接地装置的接地电阻进行限定，以限制接触电压和跨步电压。电力装置的工作接地电阻应满足以下四个要求（可参阅二维码 8-2）。

8-2
部分电力装置
要求的工作接
地电阻值

1）对于电压为 1000V 以上的中性点接地系统而言，由于系统中性点接地，当电气设备绝缘击穿而发生接地故障时，将形成单相短路，由继电保护装置将故障部分切除，为确保可靠动作，此时接地电阻应满足 $R_E \leqslant 0.5\Omega$。

2）对于电压为 1000V 以上的中性点不接地系统，当电气设备绝缘击穿而发生接地故障时，一般不跳闸而是发出接地信号。此时，电气设备外壳对地电压为 $U_E = R_E I_E$，I_E 为接地电容电流。当接地装置单独用于 1000V 以上的电气设备时，为确保人身安全，取 U_E 为 250V，设备本身对接地电阻的要求为

$$\begin{cases} R_E \leqslant \dfrac{250}{I_E} \\ R_E \leqslant 10\Omega \end{cases} \tag{8-2}$$

当接地装置与 1000V 以下的电气设备共用时，考虑到 1000V 以下设备分布广、安全要求高的特点，所以取

$$R_E \leqslant \frac{125}{I_E} \tag{8-3}$$

3）对于电压为 1000V 以下的中性点不接地系统，考虑到其对地电容通常都很小，因此，规定接地电阻应满足 $R_E \leqslant 4\Omega$。对于总容量不超过 100kV·A 的变压器或发电机供电

的小型供电系统，接地电容电流更小，所以规定 $R_E \leqslant 10\Omega$。

4）对于电压为 1000V 以下的中性点直接接地系统，电气设备实行保护接零，电气设备发生接地故障时，由保护装置切除故障部分，但为了防止中性线中断时产生危害，仍要求有较小的接地电阻，规定接地电阻 $R_E \leqslant 4\Omega$。同样对总容量不超过 100kV·A 的小系统，接地电阻应满足 $R_E \leqslant 10\Omega$。

（4）接地电阻的计算

1）工频接地电阻。工频接地电阻为工频接地电流流经接地装置所呈现的接地电阻，可按表 8-5 中的公式进行计算。工频接地电阻一般简称为接地电阻，只在需区分冲击接地电阻时才注明工频接地电阻。

表 8-5　接地电阻计算公式

接地体形式			计算公式	说明
人工接地体	垂直式	单根	$R_{ECD} \approx \dfrac{\rho}{l}$	ρ 为土壤电阻率（$\Omega \cdot m$），l 为接地体长度（m）
		多根	$R_E = \dfrac{R_{ECD}}{n\eta_E}$	n 为垂直接地体根数，η_E 为接地体的利用系数，由管间距 a 与管长 l 之比及管子数目 n 确定
	水平式	单根	$R_{ECD} \approx \dfrac{2\rho}{l}$	ρ 为土壤电阻率（$\Omega \cdot m$），l 为接地体长度（m）
		多根	$R_E \approx \dfrac{0.062\rho}{n+1.2}$	n 为放射形水平接地带根数（$n \leqslant 12$），每根长度 $l=60m$
	复合式接地网		$R_E \approx \dfrac{\rho}{4r} + \dfrac{\rho}{l}$	r 为与接地网面积等值的圆半径（即等效半径），l 为接地体总长度，包括垂直接地体
	环形		$R_\sim = 0.6\dfrac{\rho}{\sqrt{S}}$	S 为接地体所包围的土壤面积（m^2）
自然接地体	钢筋混凝土基础		$R_E \approx \dfrac{0.2\rho}{\sqrt[3]{V}}$	V 为钢筋混凝土基础体积（m^3）
	电缆金属外皮、金属管道		$R_E \approx \dfrac{2\rho}{l}$	l 为电缆及金属管道埋地长度

2）冲击接地电阻。雷电流经接地装置泄放入地时所呈现的接地电阻，称为冲击接地电阻。由于强大的雷电流泄放入地时，土壤被雷电波击穿并产生火花，使散流电阻显著降低，因此，冲击接地电阻一般小于工频接地电阻。

冲击接地电阻 $R_{E.sh}$ 与工频接地电阻 R_E 的换算应按下式计算：

$$R_E = AR_{E \cdot sh} \tag{8-4}$$

式中，R_E 为接地装置各支线的长度取值小于或等于接地体的有效长度 l_e，或者有支线大于 l_e 而取其等于 l_e 时的工频接地电阻（Ω）；A 为换算系数，其值可按图 8-11 确定。接地体的有效长度 l_e 应按下式计算（单位为 m），即

$$l_e = 2\sqrt{\rho} \tag{8-5}$$

式中，ρ 为敷设接地体处的土壤电阻率（$\Omega \cdot m$）。

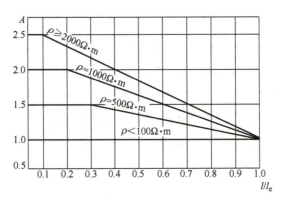

图 8-11　确定换算系数 A 的曲线

3）接地装置的设计计算。在已知接地电阻要求值的前提下，所需接地体根数的计算可按下列步骤进行：

① 按设计规范要求，确定允许的接地电阻 R_E。

② 实测或估算可以利用的自然接地体的接地电阻 $R_{E\,(nat)}$。

③ 计算需要补充的人工接地体的接地电阻，即

$$R_{E(man)} = \frac{R_{E(nat)} R_E}{R_{E(nat)} - R_E} \tag{8-6}$$

若不考虑自然接地体，则 $R_{E\,(man)} = R_E$。根据设计经验，初步安排接地体的布置、确定接地体和连接导线的尺寸；计算单根接地体的接地电阻 $R_{E\,(1)}$；用逐步渐近法计算接地体的数量，即

$$n = \frac{R_{E(1)}}{\eta R_{E(man)}} \tag{8-7}$$

④ 校验短路热稳定度。对于大接地电流系统中的接地装置，应进行单相短路热稳定校验。由于钢线的热稳定系数 $C=70$，因此接地钢线的最小允许截面积（mm^2）为

$$S_{th.min} = I_k^{(1)} \frac{\sqrt{t_k}}{70} \tag{8-8}$$

式中，$I_k^{(1)}$ 为单相接地短路电流；t_k 为短路电流持续时间（s）。

例 8-2　某车间变电所变压器容量为 630kV·A，电压为 10kV/0.4kV，联结组标号为 Yyn0，与变压器高压侧有电联系的架空线路长 100km，电缆线路长 10km，装设地土质为黄土，可利用的自然接地体电阻实测为 20Ω，试确定此变电所公共接地装置的垂直接地钢管和连接扁钢。

解：（1）确定接地电阻要求值

接地电流近似计算为

$$I_E = \frac{U_N(L_{oh} + 35L_{cab})}{350} = \frac{10 \times (100 + 35 \times 10)}{350} \text{A} = 12.9\text{A}$$

由二维码 8-2 可确定，此变电所公共接地装置的接地电阻应满足以下两个条件：

$$R_E \leqslant 120V / I_E = 120 / 12.9\Omega = 9.3\Omega$$

$$R_E \leqslant 4\Omega$$

比较上两式，总接地电阻应满足 $R_E \leqslant 4\Omega$。

（2）计算需要补充的人工接地体的接地电阻

$$R_{E(man)} = \frac{R_{E(nat)} R_E}{R_{E(nat)} - R_E} = \frac{20 \times 4}{20 - 4}\Omega = 5\Omega$$

（3）接地装置方案初选

采用环形接地网，初步考虑围绕变电所建筑四周，打入一圈钢管接地体，钢管直径为 50mm，长为 2.5m，间距为 7.5m，管间用 40mm × 4mm 的扁钢连接。

8-3
土壤电阻率参考值

（4）计算单根钢管接地电阻

由二维码 8-3 可得，黄土的电阻率 ρ=200$\Omega \cdot$m，则单根钢管接地电阻为

$$R_{E(1)} \approx \frac{\rho}{l} = \frac{200}{2.5}\Omega = 80\Omega$$

（5）确定接地钢管数和最后接地方案

根据 $R_{E(1)}/R_{E(man)}$=80/5=16，同时考虑到管间屏蔽效应，初选 24 根钢管作接地体。以 n=24 和 a/l=3 去查二维码 8-4，得 $\eta_E \approx 0.70$。因此

8-4
垂直管形接地体环形敷设时的利用系数

$$n = \frac{R_{E(1)}}{\eta_E R_{E(man)}} = \frac{80}{0.70 \times 5} \approx 23$$

考虑到接地体的均匀对称布置，最后确定用 24 根直径为 50mm、长为 2.5m 的钢管作接地体，管间距为 7.5m，用 40mm × 4mm 的扁钢连接，环形布置，附加均压带。

8.2.4 等电位联结

等电位联结和接地并没有必然的联系，等电位联结是使可触及的各可导电部分之间的电位相同或接近，并不一定要接地，比如飞机上是有很好的等电位联结，但没有接地，防电击也十分有效。就防电击而言，等电位联结和接地是两种保证电气安全的措施，而等电位联结更为有效；但如果要泄放雷电流和静电荷，则必须接地。

（1）作用与类别

等电位联结是把建筑物内、附近的所有金属物，如混凝土内的钢筋、自来水管、煤气管及其他金属管道（必要时为铝、铜等材质）、机器基础金属物及其他大型的埋地金属物、电缆金属屏蔽层、电力系统的中性线、建筑物的接地线统一用电气连接的方法连接起来（焊接或者可靠的导电连接），使整座建筑物成为一个良好的等电位体，以降低建筑物内电击电压和不同金属物体间的电位差，避免发生人身电击事故。

等电位联结按其作用可分为两类。

1）保护等电位联结，为防电击、保护人身安全的目的进行的等电位联结，如防间接接触电击的等电位联结或防雷的等电位联结。保护等电位联结就其作用范围可分为以下几种。

总等电位联结：即将总保护接地导体、总接地导体或总接地端子和建筑物内金属构件（钢梁、钢柱、钢筋）以及建筑物内金属管道等可导电部分连接在一起。从建筑物外引入的可导电部分，应尽可能在靠近入户处进行等电位联结。

辅助等电位联结：在伸臂范围内有可能出现危险电位差的，可同时接触的电气设备之间或电气设备与外界可导电部分（如金属管道、金属结构件）之间直接用导体做联结。

局部等电位联结：在建筑物的局部范围内按总等电位联结的要求将各导电部分连通，以进一步降低接地处电压。

2）功能等电位联结，包含为保证系统正常运行而进行的等电位联结、信息系统抗电磁干扰及用于电磁兼容的等电位联结。

由于等电位作用，建筑物内的所有外露可导电部分和外界可导电部分都处于同一电压水平。

（2）等电位联结导体的选择

1）总等电位联结用保护联结导体的截面积，不应小于保护线路的最大保护导体（PE 线）截面积的 1/2，其保护联结导体截面积的最小值和最大值应符合表 8-6 的规定。

表 8-6　总等电位联结用保护联结导体截面积的最小值和最大值　（单位：mm²）

导体材料	最小值	最大值
铜	6	25
铝	16	按载流量与 25mm² 铜导体的载流量相同确定
钢	50	

2）辅助等电位联结用保护联结导体的截面积符合下列规定：

① 联结两个外露可导电部分的保护联结导体，其电导不应小于接到外露可导电部分的较小的保护导体的电导。

② 联结外露可导电部分和装置外可导电部分的保护联结导体，其电导不应小于相应保护导体截面积 1/2 的导体所具有的电导。

③ 单独敷设的保护联结导体的截面积应符合：有机械损伤防护时，铜导体不应小于 2.5mm²，铝导体不应小于 16mm²；无机械损伤防护时，铜导体不应小于 4mm²，铝导体不应小于 16mm²。

3）局部等电位联结用保护联结导体的截面积应符合下列规定：

① 保护联结导体的电导不应小于局部场所内最大保护导体截面积 1/2 的导体所具有的电导。

② 保护联结导体采用铜导体时，其截面积最大值为 25mm²；采用其他金属导体时，其截面积最大值应按其载流量与 25mm² 铜导体的载流量相同确定。

（3）等电位联结的实施

1）等电位联结的设置要求。可导电部分划分为两类：外露导电部分，即电气装置外露导电部分；外部导电部分，即装置外可导电部分，指金属构件、水暖管道等。

① 外露导电部分的连接：通过 PE 导体将所有类设备（配电箱、控制箱等）和用电设备连接在一起，不需要任何其他措施。

② 外部导电部分的连接：所有外部导电部分均连接到总等电位联结母排上，此母排应和总配电箱内的 PE 母排相连。

③ 所有建筑物（工业、公共和居住建筑）均应在引入处就近的地点做总等电位联结。

④ 属于下列情况之一的，应再做局部等电位联结或辅助等电位联结：

a）发生故障时，保护电器不能满足自动切断电源要求的。

b）在 TN 系统中，配电箱或配电回路同时给固定式和手持式、移动式用电设备供电时，不能满足下式要求的：

$$Z_L \leqslant \frac{50}{U_0} Z_S \tag{8-9}$$

式中，Z_L 为配电箱至总等电位联结母线之间的 PE 导体的阻抗（Ω）；Z_S 为接地故障回路的阻抗（Ω）。

c）特殊危险场所，对防电击有更高要求的，如浴室，家庭及宾馆的洗浴室，医院的1、2 类场所，有火灾危险和爆炸危险环境等。

2）保护等电位联结导体的要求。

① 可以作为保护等电位联结导体（PE 导体）的包括：和相导体穿在同一套管内的导线；多芯电缆中的一根线芯；单独固定敷设的裸导体或绝缘导体（应与相导体靠近）；连接可靠、满足截面积要求的穿线的钢管、电缆金属护套、电缆铠装、电缆屏蔽层以及金属槽盒。

② 不允许用作 PE 导体或保护联结导体的金属部分：金属水管、正常承受机械应力的结构件、柔性或可弯曲的金属导管、含有可燃材料的金属管、柔性的金属部件、电缆托盘以及电缆梯架。

8.3 电气安全

微课：电气
安全

8.3.1 电气安全的有关概念

（1）电流流过人体时的生理反应

人体通过电流时的生理反应主要受电流的大小、通过时间的长短、频率的高低以及电流在人体中通过路径等因素的影响。电流的大小是影响生理反应的首要因素，表 8-7 是1kV 以下 15 ～ 100Hz 交流电流通过人体时几个主要生理反应的电流阈值。

电流通过时间的长短也是影响生理反应的主要因素之一，电击电流越大，人体允许通过电流时间也越短。研究表明，只要通过人体的电流小于 30mA，人体就不致因发生心室纤维性颤动而电击致死。因此国际上将防电击的高灵敏性剩余电流动作保护电器（RCD）的额定动作电流取为 30mA。

表 8-7　1kV 以下 15 ～ 100Hz 交流电流通过人体时几个主要生理反应的电流阈值

电流效应	电流值大小	释义
感觉阈	一般为 0.5mA	人体能感觉的通过身体的最小电流值，且此值与持续时间的长短无关
摆脱阈	一般为 10mA （5mA）	人体能自主摆脱手握的带电导体的最大电流值，通过人体的电流如超过摆脱阈值就不能自行摆脱。当电流作用时间较长时，人体将遭受伤害甚至死亡
心室纤维性颤动阈	≥30mA	能引起心室纤维性颤动的最小电流值。心室纤维性颤动是人身电击致死的主要原因。此阈值与通电时间长短有关，也与人体条件、心脏功能状况、人体与带电导体接触的面积和压力、电流在人体内通过路径等有关

注：该表依据 GB/T 13870.1—2022《电流对人和家畜的效应　第 1 部分：通用部分》整理；5mA 为 IEC 标准。

（2）人体的特低电压限值

人体遭受电击时流过人体的接触电流是由于施加于人体阻抗上的接触电压而产生的。通常而言，接触电压越大，接触电流也越大。但是人体电阻并不是保持恒定的，所以两者并不呈线性关系。

人体电阻分表面电阻和体积电阻，其中，体积电阻对电击的影响较大。人体总阻抗由电流通路、接触电压、通电时间、频率、皮肤表面状态和皮肤表面接触状态等因素共同确定。这些因素均会影响人体实际电阻阻值，如干燥的情况下，人体电阻为 40 ～ 100kΩ；潮湿的情况下，人体电阻为 1000Ω；当皮肤完全遭到破坏时，电阻为 600 ～ 800Ω。

特低电压是指在预期环境下，最高电压不足以使人体流过的电流造成不良生理反应，不能造成危害的临界等级以下的电压。我国目前使用的特低电压（ELV）系统的工频交流标称电压值（有效值）不超过 50V，因为在不同程度潮湿环境条件下达到同样接触电流的接触电压不同，所以用于电击防护的特低压用电设备的额定电压也有所不同。

8.3.2　触电及防护措施

电击是指人或动物的躯体与不同电位的导电部分同时接触时，电流通过人或动物的躯体，持续一段时间，引起心室纤维性颤动、肌肉痉挛等病态生理反应的一类电接触。电击防护的基本原则是在正常条件下和单一故障情况（外露可导电部分基本绝缘的损坏）下，危险的带电部分不应是可触及的，而可触及的可导电部分不应是危险的带电部分。本节对电击防护及其措施的相关知识展开介绍。

（1）基本防护（直接接触电击防护）

人或动物与带电部分的电接触称为直接接触。基本防护是指电气装置未发生故障正常工作时，人体不慎触及裸露带电部分的电击防护。它有以下几种防护措施：

1）采用绝缘层覆盖。采用这种防护措施时，带电部分应全部用绝缘层覆盖，以防人体与带电部分直接接触。其绝缘层应能长期承受在运行中遇到的机械、化学、电气及热的各种不利因素影响。

2）采用遮拦或外护物。这一措施是用遮拦或外护物来阻隔人体触及带电部分。所谓遮拦是指只能从任一接近方向来阻隔人体与带电部分接触的措施。外护物（如槽盒、套管等）是指能从所有方向阻隔人体接触的措施。

3）采用阻挡物。这一措施是用阻挡物（栏杆、栅栏、网状屏障等）防止人体无意识接近裸带电体和在操作设备过程中人体无意识触及裸带电体。这一措施一般只适用于专业人员。

4）将带电部分置于伸臂范围以外。在电气专用房间或区域，不采用防护等级等于或高于现行国家标准 GB 4208—2017 规定的 IPxxB 或 IP2x 级的阻挡物时，应该将可能无意识同时触及的不同电位的可导电部分置于伸臂范围之外。

（2）故障防护（间接接触电击防护）

人或动物与故障状况下带电的外露可导电部分的电接触称为间接接触。在低压配电系统中，接地故障是引起人身电击事故的主因。低压配电系统的故障有三种：短路、过负荷和接地故障。前两种统称为过电流，其后果是导致配电线路和电气设备的过热，使其温度急剧上升（或缓慢上升），如果没有正确的防护措施，将导致导体过热，超过其极限温度以致损坏（主要是绝缘损坏），更严重的后果是导致电气火灾。而接地故障除可能产生上述后果外，还将使电气装置的外露可导电部分带电，可能使人体接触危险电压而造成触电。

故障防护中的一部分措施是由电气设备的产品设计和制造环节配置的，但只靠产品措施是不够的，还需要在电气装置的设计安装中补充防护措施。

1）在规定时间内自动切断电源。故障情况下，接触电压及其持续时间过长会对人体产生有害的生理反应的危险，自动切断电源是必要的。在预期接触电压限值为 50V 的场所，当回路或设备中发生带电导体与外露可导电部分或保护导体之间的故障时，间接接触防护电器应能在预期接触电压超过 50V 且持续时间足以引起对人体有害的生理反应前自动切断电源，见表 8-8。

表 8-8　最大切断时间（交流回路）　（单位：s）

接地系统	≤32A 的终端回路				其他配电回路
	$50V<U_0≤120V$	$120V<U_0≤230V$	$230V<U_0≤400V$	$U_0>400V$	
TN	0.8	0.4	0.2	0.1	5
TT	0.3	0.2	0.07	0.04	1

注：① U_0 为交流回路相对地的标称电压。
　　②自动切断电源的措施，适用于防电击类别为 I 类的电气设备。

2）条件允许情况下，降低故障时外露导电部分的接触电压。

① 防电击类别为 I 类的电气设备，其外露导电部分应连接 PE 线而接地。当发生接地故障时，如果不能在规定时间内切断电源，则故障电流在 PE 线上产生的电压降，就是外露导线部分对地的接触电压；通常可达 U_0 的 1/2 或 2/3；U_0=220V 的系统，此电压接近 110V 或 147V，远大于安全特低电压。

② 作等电位联结是降低接触电压的有效办法。除此之外，对于电流小于或等于 20A 的普通插座、电流小于或等于 32A 的户外移动设备的情况，还需要增设附加防护措施。附加防护采用剩余电流保护器（RCD），其额定剩余动作电流 $I_{\Delta n}≤30mA$，而且不能替代其他基本防护和故障防护措施。

在上述防电击的措施因故失效的情况下，如果回路上安装额定动作电流不超过 30mA 的瞬动剩余电流动作保护器，则剩余电流动作保护器可在人体触及带电导体时，迅速切断电源，避免一次电击伤亡事故。

3）采用双重绝缘或加强绝缘的电气设备。防止设备的可触及部分因基本绝缘损坏而出现危险电压。

4）采用电气分隔措施。电气回路采用分隔电源供电（如分隔变压器），将危险带电部分与其他所有电气回路和电气部件局部绝缘，防止一切接触。

5）采用特低压供电。以低于特低电压限值的电压供电，在发生接地故障时，即使不切断电源也不致引发电击事故。特低电压系统是电击防护中直接接触及间接接触两者兼有的防护措施，它是指相间电压或相对地电压不超过交流方均根值 50V 的电压。特低电压系统在民用建筑中被广泛应用，其分类见表 8-9。

表 8-9　特低电压系统的分类

特低电压系统	安全特低压系统（SELV System）	在正常条件下不接地，且电压不能超过特低电压的电气系统
	保护特低压系统（PELV System）	在正常条件下接地，且电压不能超过特低电压的电气系统
	功能特低电压系统（FELV System）	非安全原因的，而为了运行需要的电压不超过特低电压的电气系统

6）将电气设备安装在非导电场所内。当人接触危险带电的外露可导电部分时，依靠环境（如绝缘墙或绝缘地板）的高阻抗性和可导电部分不接地的保护来防止人体同时触及可能处在不同电位的部分。

7）设置不接地的等电位联结。不接地的等电位联结一般用于非导电环境内，防止人体同时触及可导电部分之间出现危险的接触电压。

一点讨论：电力安全生产事关人民生命财产安全，关系国计民生和经济发展全局。2021 年年底，国家能源局印发《电力安全生产"十四五"行动计划》，为"十四五"时期不断提升全国电力安全生产水平、保障电力系统安全稳定运行和电力可靠供应作出相关部署。其中指出，要严格安全生产准入制度，构建电力安全治理长效机制；运用现代科技手段，推动电力安全治理数字化转型升级；强化电力安全生产主体责任。

8.3.3　电气防火与防爆

电气火灾和爆炸事故在火灾和爆炸事故中占有很大的比例，电气火灾和爆炸事故往往是重大的人身伤亡和设备损坏事故。本节主要对引起电气火灾与爆炸的条件和电气防火与防爆的措施展开介绍。

1. 引起电气火灾与爆炸的条件

有些电气设备在正常工作情况下就能产生火花、电弧和高温，如弧焊机。有些电气设备和线路在事故情况下产生火花和电弧，比如，电气设备和线路由于绝缘老化、积污、受潮、化学腐蚀或机械损伤，会造成绝缘强度降低破坏并导致相间对地短路。引起电气火灾与爆炸的条件如下。

（1）存在易燃易爆环境

在发电厂及变电所广泛存在易燃易爆物质，许多地方潜伏着火灾和爆炸的可能性。例如，电缆本身是由易燃绝缘材料制成的，故电缆沟、电夹层和电缆隧道容易发生电缆火灾；油库、用油设备（如变压器、油断路器）及其他存油场所也易引起火灾和爆炸。

（2）存在引燃条件

1）电气设备过热造成危险温度。电气设备运行时是要发热的，但是，设备在安装和正常运行状态中，发热量和设备散热量处于平衡状态，设备温度不会超过额定条件规定的允许值，这是设备的正常发热。当电气设备正常运行遭到破坏时，设备可能过度发热，出现危险温度，会使易燃易爆物质温度升高，当易燃易爆物质达到其自燃温度时，便着火燃烧，引起电气火灾和爆炸。

造成危险温度的原因有：过载、短路、接触不良、铁心发热、散热不良、电热器件使用不当。

2）电火花和电弧。一般电火花和电弧的温度都很高，电弧温度可高达6000℃不仅能起可燃物质燃烧，还可直接引燃易燃易爆物质或电弧使金属融化、飞溅，间接引燃易燃易爆物质引起火灾。因此，在有火灾和爆炸危险的场所，电火花和电弧是很危险的着火源。电火花和电弧包括工作电火花和电弧事故电火花两大类。

3）漏电及接地故障静电引起火灾。

漏电及接地故障引起火灾：当单相接地故障以弧光短路的形式出现或线路绝缘损坏，将导致供电线路漏电。

静电引起火灾及爆炸：静电电量虽然不大，但因其电压很高而容易发生火花放电，如果所在场地有易燃物品，又有由易燃物品形成爆炸性混合物，便可能由于静电火花而引起爆炸或火灾。

4）雷电。雷电是在大气中产生的，雷云是大气电荷的载体，当雷云与地面建筑物或构筑物接近到一定距离时，雷云高电位就会把空气击穿放电，产生闪电雷鸣现象。雷云电位可达1万～10万kV，雷电流可达50kA，若以0.01ms的时间放电，其放电能量约为10J，这个能量约为使人致死或易燃易爆物质点火能量的100万倍，足以致人死亡或引起火灾。

雷电的危害类型除直击雷外，还有感应雷（含静电和电磁感应）、雷电反击、雷电波的侵入和球雷等。

2. 防火防爆措施

（1）开关防火防爆措施

开关应设在开关箱内，开关箱应加盖。木质开关箱的内表面应覆以白铁皮，以防起火时蔓延。开关箱应设在干燥处，不应安装在易燃、受振、潮湿、高温、多尘的场所。开关的额定电流和额定电压均应和实际使用情况相适应。降低接触电阻防止发热过度。潮湿场所应选用拉线开关。有化学腐蚀火灾危险和爆炸危险的房间，应把开关安装在室外或合适的地方，否则应采用相应形式的开关，例如在有爆炸危险的场所采用隔爆型、防爆充油的防爆开关。在中性点接地的系统中，单极开关必须接在相线上，否则开关虽断，电气设备仍然带电，一旦相线接地，有发生接地短路引起火灾的危险。尤其库房内的电气线路，更要注意。对于多极刀开关，应保证各级动作的同步性且接触良好，避免引起多相电动机因断相运行而损坏的事故。

（2）熔断器防火防爆措施

选用熔断器的熔丝时，熔丝的额定电流应与被保护的设备相适应，且不应大于熔断器、电能表等的额定电流。一般应在电源进线，线路分支和导线截面积改变的地方安装熔断器，尽量使每段线路都能得到可靠的保护。为避免熔体爆断时引起周围可燃物燃烧，熔断器宜装在具有火灾危险厂房的外边，否则应加密封外壳，并远离可燃建筑物件。

（3）继电器防火防爆措施

继电器在选用时，除线圈电压、电流应满足要求外，还应考虑被控对象的延误时间、脱扣电流触点个数等因素。继电器要安装在少振、少尘、干燥的场所，现场严禁有易燃、易爆物品存在。

（4）接触器防火防爆措施

接触器技术参数应符合实际使用要求，接触器一般应安装在干燥、少尘的控制箱内，其灭弧装置不能随意拆开，以免损坏。

（5）启动器防火防爆措施

启动器的火灾危险，主要是由于分断电路时接触部位的电弧飞溅以及接触部位的接触电阻过大而产生的高温烧毁开关设备并引燃可燃物，因此启动器附近严禁有易燃、易爆物品存在。

（6）低压配电柜防火

配电柜应固定安装在干燥清洁的地方，以便于操作和确保安全。配电柜上的电气设备应根据电压等级、负荷容量、用电场所和防火要求等进行设计或选定。配电柜中的配线，应采用绝缘导线和合适的截面积。配电柜的金属支架和电气设备的金属外壳，必须进行保护接地或接零。

8.4　本章小结

本章主要介绍了防雷、电气安全和接地的相关知识，重点讲述了防雷设备与措施、防雷范围计算、接地与等电位联结。本章内容的实质是安全问题。

1）防雷电保护分为防直击雷和感应雷（或入侵雷）两大类。相应的保护设备分为接闪器和避雷器两大类。接闪器有避雷针、避雷线、避雷网或避雷带等。避雷器有阀式避雷器、管式避雷器、金属氧化物避雷器等。

2）接地按照用途分为工作接地、保护接地、防雷接地和重复接地等。工作接地是指因正常工作需要而将电气设备的某点进行接地；保护接地是指将在故障情况下可能呈现危险的对地电压的设备外壳进行接地；重复接地是将中性线上的一处或多处进行接地。

3）接地电阻应满足规定要求，设计接地装置时，应首先考虑利用自然接地体，如不足应补充人工接地体。竣工后和使用过程中，还应测量其接地电阻是否符合要求。

4）等电位联结是把建筑物内及附近的所有金属物及其他大型的埋地金属物、电缆金属屏蔽层、电力系统的中性线、建筑物的接地线统一用电气连接的方法连接起来（焊接或者可靠的导电连接），使整座建筑物成为一个良好的等电位体。等电位联结按位置分为总等电位联结、辅助等电位联结和局部等电位联结等。

5）电气安全包括电气设备的安全和人身安全，主要围绕低压配电线路的电气火灾和电击防护展开，介绍了相应的防护措施。

8.5　习题与思考题

8-1　什么叫过电压？过电压有哪些类型？其中雷电过电压又有哪些形式？各是如何产生的？

8-2　什么叫接闪器？其功能是什么？避雷针、避雷线和避雷带（网）各主要用在哪些场所？

8-3　什么叫滚球法？如何用滚球法来确定避雷针、线的保护范围？

8-4　避雷器的主要功能是什么？阀式避雷器、管式避雷器、保护间隙和金属氧化物避雷器在结构、性能上各有哪些特点？各应用在哪些场合？

8-5　架空线路有哪些防雷措施？变配电所又有哪些防雷措施？

8-6　建筑物按防雷要求分哪几类？各类防雷建筑物各应采取哪些防雷措施？

8-7　什么叫接地？什么叫接地装置？什么叫人工接地体和自然接地体？

8-8　什么叫接地电流和对地电压？什么叫接触电压和跨步电压？

8-9　有一座第二类防雷建筑物，高 10m，其屋顶最远的一角距离一高 50m 的烟囱 15m 远，比烟囱上装有一根 2.5m 高的避雷针，试验算此避雷针能否保护此建筑物。

第 9 章　电气照明

本章主要介绍电气照明的基本概念、常见电光源与灯具的选择与布置、照度标准和照明计算、照明供电电压及供电要求、照明配电与控制以及照明节能措施等内容，通过本章的学习，可以为工厂车间或其他场合的照明系统设计提供指导，以实现可靠、健康、节能的照明。

微课：照明基本知识

9.1　电气照明的基本概念

照明分为自然照明（天然采光）和人工照明两大类。电气照明是一种人工照明，具有灯光稳定、色彩丰富、控制调节方便和安全经济等优点，因此是人工照明中应用范围最广的一种照明方式。

电气照明是一门综合性的技术，它不仅应用光学和电学方面的知识，还涉及建筑学、生理学和美学等方面的知识。电气照明的合理选择和设计对实际工业生产有着十分重要的作用。良好的照明质量是保证安全生产、提高生产效率以及保障职工身体健康的必要条件。

9.1.1　照明技术的基本概念

（1）光和光通量

1）光与光谱。光是任何能够直接引起视觉的辐射，是一种辐射能，也称可见辐射，其本质是一种电磁波。光由光子为基本粒子组成，具有粒子性与波动性，称为波粒二象性。光可以在真空、空气、水等透明的物质中传播。对于可见光的光谱范围没有一个明确的界限，一般人的眼睛所能接受的光的波长为 380～780nm。光的各个波长区域见表 9-1。

表 9-1　光的各个波长区域

波长区域 /nm	区域名称	
1～200	真空紫外	紫外线
200～300	远紫外	
300～380	近紫外	
380～450	紫	可见光
450～490	蓝	
490～560	绿	
560～600	黄	

（续）

波长区域 /nm	区域名称	
600 ~ 640	橙	可见光
640 ~ 780	红	
780 ~ 1500	近红外	红外线
1 500 ~ 10 000	中红外	
10 000 ~ 100 000	远红外	

实验证明，人眼对不同波长的可见光敏感度不同。正常人眼对波长为 555nm 的黄绿色光最为敏感，因此波长越偏离 555nm 的光辐射，可见度越低。

2）光通量与发光效率。光源在单位时间内向周围空间辐射出的使人眼产生光感的能量，即为光通量。光通量的符号为 Φ，单位为流明（lm），1lm 等于均匀分布 1cd 发光强度的一个点光源在 1sr（球面度）立体角（见图 9-1）发射的光通量，即 1lm=1cd·1sr。对于明视觉有

$$\Phi = K_m \int_0^\infty \frac{d\Phi_e(\lambda)}{d\lambda} V(\lambda) d\lambda \qquad (9-1)$$

式中，$d\Phi_e(\lambda)/d\lambda$ 为辐射通量的光谱分布；$V(\lambda)$ 为光谱光（视）效率；K_m 为辐射的发光效率的最大值，单位为流明 / 瓦（lm/W）。在单色辐射时，明视觉条件下的 K_m 为 683lm/W（λ=555nm 时）。

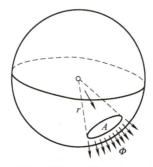

图 9-1 单位立体角（单位圆面度）示意图

电光源消耗单位电功率（1W）所发出的光通量（lm）为发光效率，简称光效，单位为 lm/W。它是衡量电光源能效优劣的重要物理量。例如，普通白炽灯的光效为 8 ~ 121lm/W，三基色直管荧光灯的光效为 65 ~ 105lm/W，LED 灯具的光效为 60 ~ 120lm/W，部分产品甚至可以突破 200lm/W，后者光效高于前者，所以用 LED 灯、荧光灯取代白炽灯将大大节约电能。

（2）光强及其分布特性

1）发光强度。发光强度简称光强，是一个光源在给定方向上的立体角元内传输的光通量与该立体角元所得之商，即单位立体角的光通量，用符号 I 表示。单位为坎德拉（cd），1cd=1lm/sr。对于向各个方向均匀辐射光通量的光源，其各个方向的光强相等，计算公式为

$$I = \frac{\mathrm{d}\Phi}{\mathrm{d}\Omega} \qquad (9\text{-}2)$$

式中，Ω 为光源发光范围的立体角，单位为球面度（sr），且 $\Omega = A/r^2$，其中 r 为球的半径，A 为与 Ω 相对应的球面积，如图 9-1 所示；Φ 为光源在立体角内所辐射的总光通量。

2）光强分布曲线。光强分布曲线也叫配光曲线，是在通过光源对称轴的一个平面上绘出的灯具光强与对称轴之间角度 α 的函数曲线。配光曲线是用来进行电气计算的一种基本技术资料。对于一般灯具来说，配光曲线是绘在极坐标上的，如图 9-2 所示。对于聚光很强的投光灯，其光强分布在一个很小的角度内，故其配光曲线一般绘在直角坐标上，如图 9-3 所示。

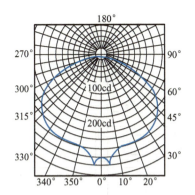

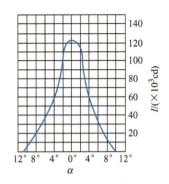

图 9-2　绘在极坐标上的配光曲线（D-1 型配照灯）　　图 9-3　绘在直角坐标上的配光曲线（投光灯）

3）照度和亮度。照度，即投射在受照物体表面的面元上的光通量 $\mathrm{d}\Phi$ 除以该面元面积 $\mathrm{d}S$ 所得之商，用符号 E 表示，单位为勒克斯（lx），1lm 光通量均匀分布在 $1\mathrm{m}^2$ 面积上所产生的照度为 1lx，即 $1\mathrm{lx}=1\mathrm{lm/m}^2$。平均照度，即规定表面上各点的照度平均值。

当光通量 Φ 均匀地照射到某物体表面上（面积为 S）时，该平面上的照度值为

$$E = \frac{\mathrm{d}\Phi}{\mathrm{d}S} \qquad (9\text{-}3)$$

二维码 9-1～二维码 9-5 列出了居住建筑照明、教育建筑照明、交通建筑照明、工业建筑以及公共和工业建筑通用房间或场所照明等典型场所的照度标准。

亮度是发光体在视线方向单位投影面上的发光强度，用符号 L 表示，单位为坎德拉/平方米（cd/m²）。假设发光体表面法线方向的发光强度为 I，而人眼视线与发光体表面法

线成 α，如图 9-4 所示。

则视线方向的发光强度为 $I_\alpha = I\cos\alpha$，而视线方向的投影面积为 $A_\alpha = A\cos\alpha$。由此可得发光体在视线方向的亮度，见式（9-4），可以看出，亮度与观察的角度无关，即

$$L = \frac{I_\alpha}{A_\alpha} = \frac{I\cos\alpha}{A\cos\alpha} = \frac{I}{A} \tag{9-4}$$

4）物体的光照性能。当光通量 Φ 投射到物体上时，一部分光通量 Φ_ρ 从物体表面反射回去，一部分光通量 Φ_α 被物体吸收，而余下一部分光通量 Φ_τ 则透过物体，如图 9-5 所示。

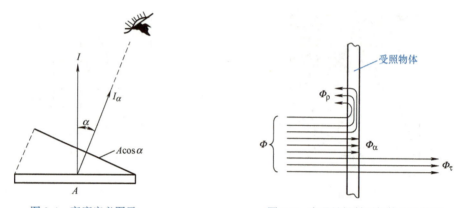

图 9-4　亮度定义图示　　　　　图 9-5　光通量投射到物体上的情况

为表征物体的光照性能，引入以下三个参数：

① 反射比，又称反射系数，是指反射光的光通量 Φ_ρ 与总投射光通量 Φ 之比，即 $\rho = \Phi_\rho / \Phi$。

② 吸收比，又称吸收系数，是指吸收光的光通量 Φ_α 与总投射光的光通量 Φ 之比，即 $\alpha = \Phi_\alpha / \Phi$。

③ 透射比，又称透射系数，是指透射光的光通量 Φ_τ 与总投射光的光通量 Φ 之比，即 $\tau = \Phi_\tau / \Phi$。

三个参数之间存在如下关系：

$$\rho + \alpha + \tau = 1 \tag{9-5}$$

三个参数中反射比尤其关键，因为该参数与工作面上的照度直接相关。表 9-2 为墙壁、顶棚及地面反射比的近似值，在照度计算时会用到该参数。

表 9-2　墙壁、顶棚及地面反射比近似值

反射面情况	反射比 ρ（%）
刷白的墙壁、顶棚、窗子装有白色窗帘	70
刷白的墙壁，但窗子未挂窗帘或挂深色窗帘；刷白的顶棚，但房间潮湿；墙壁和顶棚虽未刷白，但洁净光亮	50

（续）

反射面情况	反射比 ρ（%）
有窗子的水泥墙壁、水泥顶棚；木墙壁、木顶棚；糊有浅色纸的墙壁、顶棚；水泥地面	30
有大量深色灰尘的墙壁、顶棚；无窗帘遮蔽的玻璃窗；未粉刷的砖墙；糊有深色纸的墙壁、顶棚；较脏污的水泥地面及广漆、沥青等地面	10

5）光源的色温。投射到物体上的辐射热全被该物体吸收时，此物体称为绝对黑体，或简称黑体（Black Body）。绝对黑体的吸收比 $\alpha=1$，表示该物体能全部吸收投射来的各种波长的热辐射线。将一标准黑体加热，随着温度升高黑体的颜色开始由深红、浅红、橙、黄、白、蓝逐渐改变，当某光源发出的光的颜色与标准黑体处于某温度的颜色相同时，将黑体当时的绝对温度称为光源的色温，以绝对温度 K 来表示。表 9-3 为常见光源的色温。

表 9-3　常见光源的色温

光源	色温 /K	光源	色温 /K
油灯	1900～2000	白炽灯（10W）	2400
蜡烛	1900～2000	白炽灯（40W）	2700
月光	4100	白炽灯（100W）	2750
日出后及日落前太阳光	2200～3000	白炽灯（500W）	2900
中午太阳光	4800～5800	日光色荧光灯	6500
下午太阳光	4000	冷白色荧光灯	4300
阴天太阳光	6400～6900	暖白色荧光灯	2900
晴朗的蓝天	8500～22000	普通高压氖灯	2000

6）光源的显色性。光源的显色性能指同一颜色的物体在具有不同光谱的光源照射下，能显出不同的颜色。光源对被照物体颜色显现的性质，叫作光源的显色性。

9.1.2　照明质量

照明质量主要用照度水平、亮度分布、灯光的颜色品质、眩光等来衡量。

（1）照度水平

1）照度。照度是决定物体明亮程度的直接指标。合适的照度有利于保护人的视力和提高生产效率。为特定的用途选择适当的照度时，要考虑的主要因素如下：①视觉功效；②视觉满意度；③经济水平和能源的有效利用。视觉功效是人借助视觉器官完成作业的效能，通常用工作的速度和精度来表示。对于非工作区，如交通区和休息空间，应考虑定向和视觉舒适的要求，同时需要考虑经济条件和能源供应的制约。在实际工作中，照度的取值应参照 GB 50034—2024《建筑照明设计标准》中对各类建筑不同房间或场所的照度标准值执行。

2）照度均匀度。工作岗位密集的房间应保持一定的照度均匀度。照度均匀度表示给定平面上照度变化的量，通常用最小照度和平均照度之比表示。不同场所对于照度均匀度的要求不同，一般作业不应小于 0.6。工作房间中非工作区的平均照度不应低于工作区临近周围平均照度的 1/3。直接连通的两个相邻工作房间的平均照度差别不应大于 5:1。

（2）亮度分布

室内的亮度分布是由照度分布和表面反射比决定的。视野内的亮度分布不适当会损害视觉功效，过大的亮度差别会产生不舒适眩光。

对于作业区的亮度，与作业贴邻的环境亮度可以低于作业亮度，但不应小于作业亮度的 2/3。因亮度与反射比和照度比的乘积成正比，所以它们的数值可以调整互补。对工作房间环境亮度的控制范围，宜按表 9-4 选取。

表 9-4　工作房间内表面反射比与照度比

工作房间的表面	反射比	照度比
顶棚	0.60 ~ 0.90	0.20 ~ 0.90
墙	0.30 ~ 0.80	0.40 ~ 0.80
地面	0.10 ~ 0.50	0.70 ~ 1.00
工作面	0.20 ~ 0.60	1.00

注：① 照度比为给定表面照度与工作面照度之比。
　　② 本表引自《照明设计手册》（第 3 版），表 1-2。

（3）灯光的颜色品质

颜色品质包含光源的表观颜色、光源的显色性能、灯光颜色一致性及稳定性等方面。

1）光源的表观颜色，即色表，可用色温或相关色温描述。室内照明光源色表特征及适用场所宜符合表 9-5 的规定。

表 9-5　室内照明光源色表特征及适用场所

类别	色表	相关色温 /K	应用场所举例
I	暖	<3300	客房、卧室、病房、酒吧、餐厅
II	中间	3300 ~ 5300	办公室、阅览室、教室、诊室、机加工车间、仪表装配
III	冷	>5300	高照度场所、热加工车间，或白天需要补充自然光的房间

注：本表引自《照明设计手册》（第 3 版），表 1-3。

2）表示光源显色性能的指标为一般显色指数，用符号 Ra 表示，它是指在待测光源照射下物体的颜色与日光照射下该物体的颜色相符合的程度，将日光与其相当的参照光源显色指数定为 100，其他的显色指数则在 100 以下。物体颜色失真越小，则光源的显色指数越高，也就是光源的显色性能越好，白炽灯的一般显色指数为 97 ~ 99，荧光灯的为 79 ~ 90。长期工作或停留的房间或场所，Ra 不宜小于 80。在灯具安装高度大于 8m 的工业建筑场所，Ra 可低于 80，但必须能够辨别安全色。对于 LED 灯，因当前普遍使用的白色 LED 灯显色性不好，规定其 Ra 不应小于 80，且特殊显色指数（R9）应大于零。

3）灯光颜色一致性及稳定性。LED 等的颜色一致性和颜色漂移是应用 LED 灯照明需要特别注意的问题。室内选用同类光源的色容差不应大于 5SDCM；室外选用同类灯或灯具的色容差不应大于 TSDCM。

（4）眩光的限制

眩光是指由于视野中的亮度分布或亮度范围的不适宜，或存在极端的亮度对比，以致引起视觉不舒适或降低观察细节或目标的能力的视觉条件。眩光可分为直接眩光、反射眩光和不舒适眩光。

眩光按产生的方式可分为直接眩光和反射眩光；按影响健康的程度可分为不舒适眩光和失能眩光。在视野中，特别是在靠近视线方向存在的发光体所产生的眩光，称为直接眩光。由视觉中的反射引起的眩光，特别是在靠近视线方向看见反射像所产生的眩光，称为反射眩光。产生不舒适感觉，但并不一定降低视觉对象可见度的眩光，称为不舒适眩光。降低视觉功效和可见度，但不一定产生不舒适感的眩光，称为失能眩光。

公共建筑和工业建筑常用房间或场所的不舒适眩光应采用统一眩光值（UGR）评价。室外体育场所的不舒适眩光应采用眩光值（GR）评价。长期工作或停留的房间或场所，选用的直接型灯具的遮光角不应小于表 9-6 的规定。

表 9-6　直接型灯具的遮光角

光源的平均亮度 /（kcd/ m^2）	遮光角 /（°）
1 ～ 20	10
20 ～ 50	15
50 ～ 500	20
≥500	30

注：本表引自 GB 50034—2024《建筑照明设计标准》，表 4.3.1。

防止或减少光幕反射和反射眩光应采用下列措施：应将灯具安装在不易形成眩光的区域内；可采用低光泽度的表面装饰材料；应限制灯具出光口表面发光亮度；墙面的平均照度不宜低于 50lx，顶棚的平均照度不宜低于 30lx。

> **一点讨论**：党的十九届五中全会把碳达峰、碳中和作为"十四五"乃至 2035 国家战略目标，体现了中国对能源结构调整和环境保护的坚定决心。在电气照明领域，响应这一国家战略目标，实施绿色照明工程，是电气照明系统设计的必由之路。绿色照明通过提高照明效率、使用节能灯具和智能控制系统等措施，有助于减少能源消耗和碳排放、降低环境影响、提升照明质量和用户舒适度。同时对于支持实现国家的碳达峰和碳中和目标，推动经济社会的绿色低碳转型具有重要意义。

9.2　常见照明光源和灯具

照明器是根据人们对照明质量的要求，重新分布光源发出的光通，防止人眼受强光作用的一种设备，由照明光源、灯具及其附件组成。照明光源和灯具是照明器的两个主要部件，照明光源提供发光源，灯具既起固定光源、保护光源及美化环境的作用，又对光源、产生的光通量进行再分配、定向控制和防止光源产生眩光。

照明工程中使用的各种电光源，按发光形式分为热辐射光源、固态光源和气体放电光源三类，电光源分类见表 9-7。

表 9-7　电光源分类表

电光源	热辐射光源	电流流经导电物体，使之在高温下辐射光能的光源	白炽灯		
			卤钨灯		
	固态光源	电流流经气体或金属蒸气，使之产生气体放电而发光的光源	场致发光灯（EL）		
			半导体发光二极管（LED）有机半导体发光二极管（OLED）		
	气体放电光源	在电场作用下，使固体物质发光的光源	辉光放电	氖灯	
				霓虹灯	
			弧光放电	低气压灯	荧光灯
					低压钠灯
				高气压灯	高压汞灯
					高压钠灯
					金属卤化物灯
					氙灯

注：本表引自《照明设计手册》（第 3 版），表 2-1。

9.2.1　常见照明光源及其特征

微课：工厂常用电光源

随着新材料和新工艺的出现，电光源从最开始的白炽灯、卤钨灯，发展到 LED 灯、固体放电灯、半导体节能灯、大功率细管径形直管荧光灯等新兴的高光效长寿命光源，科技的进步让我们的生活更高效、更清洁。

（1）常见照明光源

1）白炽灯。白炽灯是利用钨丝通过电流加热使灯丝处于白炽状态而发光的一种热辐射光源。白炽灯常用的灯丝结构主要有单螺旋和双螺旋两种，也有三螺旋形式。白炽灯的结构简单，价格低廉，使用方便，而且显色性好，适合用于频繁开关的场所。但是它的光效低，耗电多，使用寿命较短，耐振性也较差。由于白炽灯能效较低，我国已经逐步淘汰了除反射型白炽灯和特殊用途白炽灯之外的普通照明白炽灯。因此普通照明设计不应采用普通照明白炽灯，除电磁波抗干扰要求严格的场所外，一般场所不得使用。

2）卤钨灯。卤钨灯全称卤钨循环类白炽灯，是在白炽灯基础上改进形成的。向白炽灯内充入微量的卤化物，利用卤钨循环的作用，使灯丝蒸发的一部分钨重新附着在灯丝上，可以提高发光效率，延长使用寿命。卤钨灯可分为单端卤钨灯和双端管型卤钨灯。卤钨灯比白炽灯光效稍高，但卤钨灯和主流高效光源相比光效仍太低，且对电压波动比较敏感，耐振性较差。为保持卤钨循环正常进行，卤钨灯要求水平安装，偏差不可大于 4°，因此使用并不广泛。

3）荧光灯。荧光灯是利用汞蒸气在外加电压作用下产生电弧放电，发出少许可见光和大量紫外线，紫外线激励管内壁涂覆的荧光粉，使之发出大量的可见光。荧光灯按其外形可分双端荧光灯和单端荧光灯。按灯管的直径不同，预热式直管荧光灯可分为 $\phi38\text{mm}$

（T12）、ϕ26mm（T8）、ϕ16mm（T5）等。其中 T5 荧光灯的平均寿命长达 24000h，采用电子镇流器时功率因数可达 0.95，比 T8 荧光灯节能 30% 以上。

荧光灯是低压气体放电灯，工作在弧光放电区，此时灯管具有负的伏安特性。当外电压变化时，工作不稳定，为了保证灯管的稳定性，利用镇流器的正伏安特性来平衡灯管的负伏安特性。此外，频闪效应容易使人眼发生错觉，无法正常判断物体的运动状态，甚至可将一些由电动机驱动的旋转物体误认为不动的物体，这是安全生产不能允许的。因此在有旋转机械的车间里，不宜使用荧光灯，或设法消除频闪效应。荧光灯是应用最广泛、用量最大的气体放电光源。它结构简单、光效高、发光柔和、使用寿命长，荧光灯的发光效率是白炽灯的 4 ~ 5 倍，寿命是白炽灯的 10 ~ 15 倍，属于高效节能光源。但附件较多，不适宜安装在频繁启动的场合。

4）高压钠灯与低压钠灯。高压钠灯是一种高压钠蒸气放电灯，其放电管采用抗钠腐蚀的半透明多晶氧化铝陶瓷制成，工作时发出金白色光。它具有照射范围广、发光效率高（120 ~ 140lm/W）、寿命长、紫外线辐射少以及透雾性能好等特点；但显色指数低，启动时间（4 ~ 8min）和再次启动时间（10 ~ 20min）也较长，广泛用于道路、机场、码头、车站、广场及无显色要求的工矿企业照明。低压钠灯是气体放电灯中光效较高的品种，光效可达 140 ~ 200lm/W、光色柔和、眩光小、透雾能力极强，适用于公路、隧道、港口、货场和矿区等场所的照明。但其辐射近乎单色黄光，分辨颜色的能力差，不宜用于繁华的市区街道和室内照明。

5）金属卤化物灯。金属卤化物灯是在汞和稀有金属的卤化物混合蒸气中通过产生电弧放电而发光的气体放电灯，是在高压汞灯的基础上添加各类金属卤化物制成的光源。其发光原理是将多种金属以卤化物的方式加入高压汞灯的电弧管中，靠金属卤化物的循环作用，不断向电弧提供相应的金属蒸气，使这些金属原子像汞一样电离、发光。

汞弧放电决定了它的电性能和热损耗，而充入灯管内的低气压金属卤化物决定了它的发光性能。它具有高光效（65 ~ 140lm/W）、长寿命（5000 ~ 20000h）、显色性好（Ra 为 65 ~ 95）、结构紧凑、性能稳定等特点，汇集了气体放电光源的主要特点，是较为理想的光源，可应用于体育场馆、展览中心、游乐场、商业街、广场、机场、停车场、车站、码头、工厂等场所的照明。

6）氙灯。氙灯为惰性气体弧光放电灯，是一种充有高气压氙气的高功率气体放电灯，高压氙气放电时能产生很强的白光，接近连续光谱，和太阳光十分相似；点燃方便，不需要镇流器，能瞬时启动，是一种较为理想的光源，俗称"人造小太阳"，主要用在大型商场、广场、车站和大型屋外等场所的照明。

7）LED 灯。LED 即半导体发光二极管（Light Emitting Diode），利用固体半导体芯片作为发光材料，当两端加上正向电压，半导体中的载流子放出过剩的能量，从而引起光子发射产生光。目前，白光 LED 灯大多是用蓝光 LED 激发黄色荧光粉发出白光。LED 光源发光效率高（60 ~ 120lm/W）、使用寿命长（25000 ~ 50000h）、体积小、重量轻、安全可靠性高、响应时间短、发热量低、有利于环境保护、克服了金属卤化物灯或高压钠灯再启动时间过长的缺点；但颜色质量较低，部分产品存在色温高、显色指数偏低、蓝光成分偏多、色容差和色偏差较大及易导致眩光等缺点。目前已广泛应用于博物馆、美术馆、宾馆、电子显示屏、交通信号灯、疏散照明、夜景照明以及装饰性照明等场合。

8）大功率细管径形直管荧光灯。直径比普通直管荧光灯小的直管荧光灯，发光效率为 70～90lm/W，比普通荧光灯节电 10%。它由内涂荧光粉的玻璃管、涂敷电子发射物质的灯丝和管两端的灯头组成，管内充汞和惰性气体。其发光原理是，通电后，灯管内温度上升，使汞气化，在低压汞蒸气放电过程中，产生大量紫外线，激活灯管内壁荧光粉涂层而发射可见光。该荧光灯需与辉光启动器和镇流器匹配使用；装有独特的三螺旋式灯丝和金属防黑环，可防止灯管两端发黑，延长灯管使用寿命。其具有高光通、寿命长（10000h 以上）、高显色性等优点，特别是其可瞬时启动的特点，可以克服金属卤化物灯或高压钠灯再启动时间过长的缺点，适用于办公室、商场、橱窗、写字楼、居室等照明。

（2）照明光源的选择

照明光源的选择，应满足显色性、启动时间要求，并考虑光源、灯具及镇流器等能效及使用寿命等因素，再经过综合技术经济分析比较后确定。选择光源时，不仅是比较光源价格，更应进行全寿命期的综合经济分析，因为一些高效、长寿命光源，虽价格较高，但使用数量减少，运行维护费用降低，在经济、技术上将具有一定优势。

同类光源中单灯功率较大者，光效高，所以宜选用单灯功率较大的光源，但前提是应满足照度均匀度要求。

灯具安装高度较低的房间，如办公室、教室、会议室、诊室等（通常情况灯具安装高度低于 8m），以及轻工、纺织、电子、仪表等生产场所，宜采用 LED 灯或细管径直管形三基色荧光灯。灯具安装高度较高的场所（通常情况灯具安装高度高于 8m），应按使用要求采用 LED 灯、金属卤化物灯、高压钠灯或大功率细管径直管荧光灯；室外照明场所宜采用 LED 灯、金属卤化物灯、高钠灯。

重点照明宜采用 LED 灯、小功率陶瓷金属卤化物灯。小功率金属卤化物灯光效高、寿命长和显色性好，LED 灯具有光线集中、光束角小的特点，因此更适合用于重点照明。

照明系统宜根据使用需求采取调光或降低照度的控制措施。走廊、楼梯间、卫生间和车库等无人长期逗留的场所宜选用三基色直管荧光灯、单端荧光灯或 LED 灯；应急照明应选用能快速点亮的光源，如采用 LED 灯、荧光灯等，正常照明断电时可在几秒内达到标准流明值；对于疏散标志灯可采用 LED 灯。

照明设计应根据识别光色要求的场所特点，选用相应显色指数的光源。显色性要求高的场所，应采用显色指数高的光源，如采用显色指数 Ra 大于 80 的 LED 灯、三基色稀土荧光灯；显色指数要求低的场所，可采用显色指数较低而光效更高、寿命更长的光源。

9.2.2　灯具的类型、选择及布置

光源与其配用的灯具总称为照明器。灯具是透光、分配和改变光源光分布的器具，包括除光源外所有用于固定和保护光源所需的全部零部件及与电源连接所需的线路附件。

微课：工厂常用灯具

（1）灯具的分类

照明灯具可以按配光曲线、光学特性、使用的光源、安装方式和使用环境等进行分类。

1）按配光曲线分类。按灯具的配光曲线分类，实际上是按灯具的光强分布特性（见图 9-6）分类。

① 正弦分布型。光强是角度的正弦函数，当 $\theta=90°$ 时光强最大。

② 广照型。最大光强分布在 50° ～ 90° 之间，在较广的面积上形成均匀的照度。

③ 漫射型。各个角度的光强是基本一致的。

④ 配照型。光强是角度的余弦函数，当 $\theta=0°$ 时光强最大。

⑤ 深照型。光通量和最大光强值集中在 0° ～ 30° 之间的立体角内。其中，当光通量和最大光强值集中在 0° ～ 15° 之间的狭小立体角内时，称为特探照型。

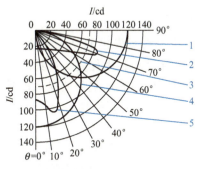

图 9-6　配光曲线示意图

1—正弦分布型　2—广照型　3—漫射型　4—配照型　5—深照型

2）按光学特性分类。国际照明委员会（CIE）根据光通量在上下半球空间的分布，将室内灯具划分为直接型、半直接型、直接 – 间接型（均匀漫射型）、半间接型和间接型五种类型，其光通量分布及特点见表 9-8。

表 9-8　灯具按光通量在空间的分布分类

型号	名称	光通量 /（%）		特点
		上半球	下半球	
A	直接型	0 ～ 10	100 ～ 90	光线集中，工作面上可获得充分照度
B	半直接型	10 ～ 40	90 ～ 60	光线集中在工作面上，空间环境有适当照度，比直接型眩光小
C	直接 – 间接（均匀扩散）型	40 ～ 60	60 ～ 40	空间各方向光通量基本一致，无眩光
D	半间接型	60 ～ 90	40 ～ 10	增加反射光的作用，使光线比较均匀柔和
E	间接型	90 ～ 100	10 ～ 0	扩散性好，光线柔和均匀，避免眩光，但光的利用率低

3）按灯具的结构特点分类。

① 开启型。光源与外界空间直接接触（无罩）。

② 闭合型。灯罩将光源包合起来，但内外空气仍能自由流通。

③ 封闭型。灯罩固定处加以一般封闭，内外空气仍可有限流通。

④ 密闭型。灯罩固定处加以严密封闭，内外空气不能流通。

⑤ 防爆型。灯罩及其固定处均能承受要求的压力，能安全使用在有爆炸危险性介质的场所。防爆型又分成隔爆型和安全型两种。

4）按灯具的使用光源等分类。

①灯具按使用光源分类，可分为荧光灯灯具、高强度气体放电灯灯具和LED灯具等。

②灯具按安装方式可分为吊灯、吸顶灯、壁灯、嵌入式灯具、暗槽灯、台灯、落地灯、发光顶棚、高杆灯和草坪灯等。

③灯具按特殊场所使用环境分类，可分为多尘、潮湿、腐蚀、火灾危险和爆炸危险等场所使用的灯具等。

（2）灯具效率或灯具效能

灯具的效率指在规定条件下，灯具发出的总光通量占灯具内光源发出的总光通量的百分比，用来表示灯具对光源光通量的利用程度。灯具的总效率总小于1。对于LED灯，通常以灯具效能表示，即灯具发出的总光通量与所输入的功率之比，单位为lm/W。灯具的效率或效能在满足使用要求的前提下，越高越好。

（3）灯具的遮光角

灯具的遮光角又称为保护角，是指灯丝的水平线与灯丝最外点至灯罩对边边缘连线的夹角，如图9-7所示。它表征灯具的光线被灯罩遮盖的程度。灯具遮光角的大小一般与灯具悬挂的高度有关，一般为10°～30°。

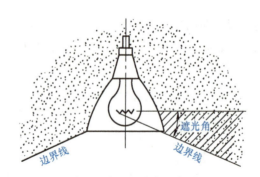

图9-7　灯具遮光角示意图

（4）照明灯具及主要附件的选择

照明设计中，应选择既满足使用功能和照明质量的要求，又便于安装维护，长期运行费用低的灯具，一般按以下几个方面考虑：

1）光学特性，如配光、眩光控制等。

2）灯具的效率。在满足配光要求和眩光限制的条件下，应选用效率高的灯具。灯具的效率不应低于表9-9的规定。

表9-9　灯具的效率

直管形荧光灯灯具的效率／(%)				
灯具出光口形式	开敞式	保护罩 （玻璃或塑料）		格栅
		透明	棱镜	
灯具效率	75	70	55	65

（续）

紧凑型荧光灯、小功率金属卤化物灯具、高强度气体放电灯灯具的效率 /（%）			
灯具出光口形式	开敞式	保护罩（玻璃或塑料）	格栅
紧凑型荧光灯灯具的效率	55	50	45
小功率金属卤化物灯具的效率	60	55	50
高强度气体放电灯的效率	75	—	60（或透光罩）

LED 筒灯灯具的效能 /（lm/W）					
额定相关色温		2700K/3000K		3500K/4000K/5000K	
灯具出光口形式		格栅	保护罩	格栅	保护罩
灯具功率	≤5W	75	80	80	85
	>5W	85	90	90	95

LED 平面灯灯具的效能 /（lm/W）					
额定相关色温		2700K/3000K		3500K/4000K/5000K	
灯具出光口形式		格栅	保护罩	格栅	保护罩
灯具配光类型	全配光	80	85	90	95
	半配光 / 准半配光	85	90	95	100

LED 高天棚灯具的效能 /（lm/W）			
额定相关色温	3000K	3500K	4000K/5000K
灯具效能	90	95	100

注：$Ra \geqslant 80$，$R9 \geqslant 0$。

3）经济性。在满足使用功能和照明质量要求的前提下应对可选择的灯具和照明方案进行比较，降低灯具的初始投资及长期运行费用。比较的方法是考虑与整个一段照明时间有联系的所有支出，即将初始投资与使用期内的电能损耗和维护费用综合起来计算。计算使用期综合费用的方法如下，使用期通常按 10 年计算：

$$10 \text{ 年投资费用} = 2C + 10（R + M） \tag{9-6}$$

式中，C 为投资费，包括灯具及附件费、光源初始费、安装费；R 为运行费，包括年电能费、更换光源费；M 为维修费，包括换灯人力费、清扫人力费和其他费用等。投资费 C 乘以 2，是对支出资金 10 年利息的粗略修正。

4）灯具的种类与使用环境相匹配。一般场所，尽量选用开启型灯具，以得到较高的效率；在潮湿场所，应采用相应等级的防水灯具；有腐蚀性气体或蒸气场所，应采用相应防腐蚀要求的灯具；在高温场所，宜采用散热性能好、耐高温的灯具；多尘埃的场所，应采用防护等级不低于 IP5X 的灯具；在室外的场所，应采用防护等级不低于 IP54 的灯具；装有锻锤、大型桥式吊车等振动、摆动较大场所应有防振和防脱落措施；易受机械损伤、光源自行脱落可能造成人员伤害或财产损失场所应有防护措施；有爆炸和火灾危险场所使用的灯具，应符合国家现行有关标准的规定；有洁净要求的场所，应安装不易积尘、易于擦拭的洁净灯具，以有利于保持场所的洁净度，并减少维护工作量和费用。

照明灯具的主要附件镇流器按下列原则选择：荧光灯应配用电子镇流器或节能电感镇流器，两者各有优缺点，但电子镇流器以更高的能效、频闪小、无噪声、可调光等优势而获得越来越广泛的应用，对于 T5 直管荧光灯由于电感镇流器不能可靠启动，应选用电子镇流器；对频闪效应有限制的场合，应采用高频电子镇流器；镇流器的谐波、电磁兼容应符合现行国家标准的有关规定；高压钠灯、金属卤化物灯应配用节能电感镇流器，在电压偏差较大的场所，为了节能和保持光输出稳定，延长光源寿命，宜配用恒功率镇流器；功率较小者可配用电子镇流器。

（5）灯具的布置

1）室内布置方案。灯具的布置要求包括保证最低的照度及均匀性，光线射向适当，无眩光、阴影，安装维护方便，布置整齐美观，并与建筑空间协调，安全、经济等。

正常照明的布置通常有两种，即均匀布置（灯具布置与设备位置无关）和选择布置（灯具布置与设备位置有关）。均匀布置即灯具有规律地按行、列等距离布置，与设备位置无关。选择布置即灯具的布置与工作表面的位置有关，大多按工作表面对称布置，力求使工作面获得最有利的光照并消除阴影。其中均匀布置比较美观均匀，所以正常照明用得较多。均匀布置的灯具可排列成正方形或矩形或菱形，如图 9-8 所示。

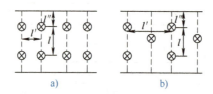

图 9-8　灯具的均匀布置（虚线表示桁架）

a）矩形布置　b）菱形布置

矩形布置时，尽量使灯距 l 与 l' 接近。为使照度更为均匀，可将灯具排成菱形，如图 9-8b 所示。等边三角形的菱形布置，照度计算最为均匀，此时 $l' = \sqrt{3}l$。

布置灯具应按灯具的光强分布、悬挂高度、房屋结构及照度要求等多种因素而定。为使工作面上获得较均匀的照度，较合理的距高比一般为 1.4 ～ 1.8。最边缘一列灯具离墙的距离为 l''，当靠墙有工作面时，l'' 为 $(0.25 \sim 0.3)l$。当靠墙为通道时，l'' 为 $(0.4 \sim 0.6)l$。对于矩形布置，可采用纵横两向的均方根值。

2）室内灯具的悬挂高度。室内灯具不宜悬挂过高或过低，过高会降低工作面上的照度且维修不方便；过低则容易碰撞且不安全，另外还会产生眩光，降低人眼的视力。表 9-10 给出了室内一般照明灯具距地面的最低悬挂高度。

表 9-10　室内一般照明灯具距地面的最低悬挂高度

光源种类	灯具形式	光源功率 /W	最低离地悬挂高度 /m
荧光灯	无罩	≤40	2.0
	带反射罩	≥40	2.0
卤钨灯	带反射罩	≤500	6.0
		1000 ～ 2000	7.0

（续）

光源种类	灯具形式	光源功率 /W	最低离地悬挂高度 /m
高压钠灯	带反射罩	250	6.0
		400	7.0
金属卤化物灯	带反射罩	400	6.0
		1000 及以上	14.0 以上

3）灯具距高比。灯间距离，即灯距，与灯具在工作面上的悬挂高度（计算高度）之比，称为灯具的距高比。距高比的大小体现了灯具布置是否合理，距高比过大，不能保证规定的均匀度；距高比过小，虽然照明的均匀度可以保障，但投资成本过大。灯具的最大距高比可查看有关设计手册或产品说明书。

9.3　照度标准和照度计算

微课：照度
计算

9.3.1　照度标准

照度是决定照明效果的重要指标。在一定范围内，照度增加会使视觉能力提高，同时使投入增加。为了保证良好的工作和生活环境，保护人们视力健康，照明的照度必须有严格的要求。

1）照度的合理性。工作面要有足够的照度和亮度，确保达到国家规定的最低照度标准。

2）照明的均匀性。工作面上照明要均匀，且工作面与周围环境的照度的差别也不能太大。

3）限制眩光。眩光是由于亮度分布不均匀或亮度变化幅度太大而引起的使人视觉不舒服或视力降低的视觉状态。

4）光源的显色性。在需要正确辨色的场所，应采用显色指数高的光源，如日光色荧光灯等。

5）照明的稳定性。照明的不稳定性主要是由于光源的光通量变化所致。

根据我国国情，规定了设计照度值与照度标准值比较，可有 –20% ～ 20% 的偏差，但照明功率密度不得大于标准值。

9.3.2　照度计算

照度计算的目的有以下两点：

1）根据照度标准的要求、灯具的形式和布局、室内环境等有关条件，确定灯具的数量和光源的功率。

2）在光源的功率、灯具的形式和布局、室内环境等条件确定时，计算工作面的照度是否满足照度标准的要求。

照度的计算方法有逐点照度计算法和平均照度计算法两类，平均照度计算法是按计算水平工作面得到的光通量除以被照面积，求得平均照度。该法可分为利用系数法、概算曲线法。平均照度计算通常应用利用系数法（也称光通法、流明法），该方法考虑了光源直接投射到工作面上的光通量和经过室内表面相互反射后再投射到工作面上的光通量。利用系数法适用于灯具均匀布置、墙和天棚反射系数较高、空间无大型设备遮挡的室内一般照明，也适用于灯具均匀布置的室外照明。该方法的计算比较准确简便。本章主要介绍利用系数法。

（1）利用系数的概念

利用系数 U，是指照明光源投射到工作面上的光通量与自光源发出的全部光通量之比，可用来表征光源光通量有效利用的程度，即

$$U = \frac{\Phi_1}{n\Phi} \tag{9-7}$$

式中，Φ_1 为投射到计算工作面上的光通量；Φ 为每盏灯发出的光通量；n 为光源的数量。

利用系数的大小与灯具的特性（形式、光效和配光曲线）、灯具悬挂的高度、房间的大小和形状、空间各平面（墙壁、顶棚及地面）的反射系数等因素有关，灯具的悬挂高度越高、光效越高，则利用系数越大；房间的面积越大，形状越接近正方形，墙壁颜色越浅，则利用系数就越大。

（2）利用系数的确定

利用系数是灯具光强分布、灯具效率、房间形状、室内表面反射比的函数，计算较复杂。通常利用系数可按工作房间墙壁和顶棚的反射比 ρ 及房间的空间比来确定，通过有关照明设计手册或生产厂商按一定条件编制的产品样本中的利用系数表，用内插值法确定灯具的利用系数。空间比是用来描述照明空间尺寸和形状的参数。室内空间的划分如图 9-9 所示，即室空间、顶棚空间和地板空间。室空间，即从灯具开口平面至工作面的空间；顶棚空间，即从顶棚至悬挂的灯具开口平面的空间；地板空间，即工作面以下至地板的空间。空间比按以下公式计算：

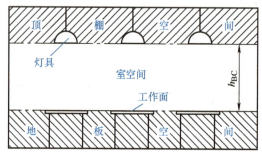

图 9-9　室内的空间划分示意图

1）室空间比为

$$RCR = \frac{5h_{RC}(l+b)}{lb} \tag{9-8}$$

式中，h_{RC} 为室空间高度；l 和 b 分别为房间的长度和宽度。

2）顶棚空间比为

$$CCR = \frac{5h_{cc}(l+b)}{lb} = \frac{h_{cc}}{h_{RC}} RCR \qquad (9\text{-}9)$$

式中，h_{cc} 为顶棚空间高度。

3）地面空间比为

$$FCR = \frac{5h_{fc}(l+b)}{lb} = \frac{h_{fc}}{h_{RC}} RCR \qquad (9\text{-}10)$$

式中，h_{fc} 为地板空间高度。

（3）计算工作面上的平均照度

应用利用系数法确定计算平均照度的基本公式如下：

$$E_{av} = \frac{N\Phi UK}{A} \qquad (9\text{-}11)$$

式中，E_{av} 为工作面上的平均照度（lx）；Φ 为光源光通量（lm）；U 为利用系数；A 为工作面面积（m²）；K 为维护系数。

灯具在使用期间，光源本身的光效会逐渐降低，灯具陈旧脏污，被照场所的墙壁和顶棚也有污损的可能，从而使工作面上的光通量有所减少，因此在计算工作面上的实际平均照度时，应计入一个小于 1 的灯具维护系数 K，也叫减光系数，按表 9-11 确定。

表 9-11　维护系数值

环境污染		房间或场所举例	灯具最少擦拭次数/（次/年）	维护系数 K
室内	清洁	卧室、办公室、餐厅、阅览室、教室、病房、仪器仪表装配间、电子元器件装配间、检验室等	2	0.80
	一般	商店营业厅、候车室、影剧院、机械加工车间、机械装配车间、体育馆等	2	0.70
	污染严重	厨房、锻工车间、铸工车间、水泥车间等	3	0.60
室外		雨篷、站台等	2	0.65

注：本表引自 GB 50034—2024《建筑照明设计标准》表 4.1.6 维护系数。

（4）利用系数法的计算步骤

应用利用系数法计算平均照度的步骤如下：

1）填写原始数据，包括灯具类型、光源光通量、安装灯数、室长、室宽、顶棚空间高、顶棚反射比、室空间高、墙面反射比、地面空间高、地面反射比等数据。

2）计算空间比 RCR。

3）确定反射比 ρ。

4）确定灯具维护系数 K。

5）由利用系数表，用内插值法确定利用系数 U。

6）计算平均照度 E_{av}。

（5）灯具数量的计算

由实际平均照度计算式（9-11）可知，当房间面积或受照工作面面积、计算高度及照度标准 E_{av} 已知时，在选择确定光源和灯具后，可按下式求得满足照度标准的光源和灯具数量，即

$$N = \frac{E_{av}A}{\Phi UK} \qquad (9-12)$$

（6）照明功率密度（LPD）的计算

照明功率密度值不得大于 GB 50034—2024《建筑照明设计标准》规定的照明功率密度值（LPD），包括现行值和目标值。目标值比现行值降低 10% ～ 20%。LPD 含义为单位面积上一般照明的安装功率（包括光源、镇流器或变压器等附属用电器件），单位为 W/m²。LPD 是照明节能的重要评价指标。设计中应采用平均照度、点照度等计算方法，先计算照度，在满足照度标准值的前提下计算所用的灯数数量及照明负荷（包括光源、镇流器或变压器等灯的附属用电设备），再用 LPD 值做校验和评价。

（7）计算示例

某无窗普通办公室平面长 14.2m、宽 7.0m、高 3.6m（计算忽略墙厚），工作面高度为 0.75m。办公室内有平吊顶，高度 3.1m，灯具嵌入顶棚安装。其室内顶棚有效反射比为 0.7，地面反射比为 0.2，墙面反射比为 0.5。顶棚均匀布置 8 套嵌入式 3×28W 格栅荧光灯具，单支 28W 荧光灯管配的电子镇流器功耗为 4W，光源光通量为 2660lm。求工作面上的平均照度。

解：①填写原始数据。光源光通量 $\Phi = 3 \times 2660$lm，安装灯数 $N = 8$，室长 $l = 14.2$m，室宽 $b = 7$m，顶棚空间高 $h_{cc} = 0.5$m，室空间高 $h_{RC} = 2.35$m，地面空间高 $h_{fc} = 0.75$m。

②计算空间比 RCR 为

$$RCR = \frac{5h_{RC}(l+b)}{lb} = \frac{5 \times 2.35 \times (14.2+7)}{14.2 \times 7} = 2.5$$

③确定反射比 ρ，顶棚有效反射比 $\rho_c = 0.7$，墙面反射比 $\rho_w = 0.5$，地面反射比 $\rho_f = 0.2$。

④确定灯具维护系数 K。由表 9-11 查得 $K = 0.8$。

⑤查利用系数表，由二维码 9-6 可查得利用系数 U 为 0.57。

⑥计算平均照度 E_{av}。由式（9-11）可得

$$E_{av} = \frac{N\Phi UK}{A} = \frac{8 \times 3 \times 2660 \times 0.57 \times 0.8}{14.2 \times 7}\text{lx} = 293\text{lx}$$

实际平均照度与办公室照度标准 300lx 误差为 $\Delta = (300-293)/300 \times 100\% = 2.3\% < 20\%$。计算结果满足普通办公室照度要求。

⑦功率密度值为

$$LPD = \frac{P}{S} = \frac{8 \times 3 \times (28+4)}{14.2 \times 7}\text{W/m}^2 = 7.73\text{W/m}^2 < 8\text{W/m}^2$$

计算结果满足普通办公室功率密度现行值要求。

一点讨论：电气照明设计严格按照国家标准 GB/T 50034—2024《建筑照明设计标准》执行。该国家标准为照明设计提供了规范和指导，确保照明系统既能满足功能性需求，又能符合节能和环保的要求。同样电力工程设计必须遵循相关国家标准，以确保工程的安全性、可靠性、经济性和环境友好性，同时符合法规要求，促进技术规范的统一和行业健康发展。

微课：照明供电系统

9.4 照明配电与控制

9.4.1 照明方式和种类

（1）照明方式

照明方式可分为一般照明、分区一般照明、局部照明、混合照明和重点照明。

1）一般照明，为照亮整个场所而设置的均匀照明。

2）分区一般照明，为照亮工作场所中某一特定区域，而设置的均匀照明。

3）局部照明，特定视觉工作用的、为照亮某个局部而设置的照明。

4）混合照明，由一般照明与局部照明组成的照明。

5）重点照明，为提高指定区域或目标的照度，使其比周围区域突出的照明。

对工作位置密度很大而对光照方向无特殊要求的工作场所，应设置一般照明；当同一场所内的不同区域有不同照度要求时，应采用分区一般照明；对局部地点需要高照度并对照射方向有要求时，宜采用局部照明；对于作业面照度要求较高，只采用一般照明不合理的场所，宜采用混合照明；当需要提高特定区域或目标的照度时，宜采用重点照明。

（2）照明种类

照明种类可分为正常照明、事故照明、值班照明、警卫照明、障碍照明和装饰照明等。

1）正常照明，在正常情况下使用的照明。

2）事故照明，因正常照明的电源失效而启用的照明。应急照明包括疏散照明、安全照明和备用照明。

① 疏散照明，用于确保疏散通道被有效地辨认和使用的应急照明。

② 安全照明，用于确保处于潜在危险之中的人员安全的应急照明。

③ 备用照明，用于确保正常活动继续或暂时继续进行的应急照明。

3）值班照明，需在夜间非工作时间值守或巡视的场所（例如三班制生产的重要车间及有重要设备的车间和仓库等场所等）设置的照明。

4）警卫照明，用于警戒而安装的照明。

5）障碍照明，在可能危及航行安全的建筑物或构筑物上，应根据相关部门的规定设置障碍照明，一般用闪光、红色灯显示。

6）装饰照明，为了美化市容和建筑物，根据室外装饰、室内装饰的需要而设置的照明。

9.4.2　照明供电电压及供电要求

（1）照明电光源供电电压要求

一般光源电压为交流 220V，1500W 以上的高强度气体光源电压宜为交流 380V，移动式灯具电压不超过 50V，潮湿场所电压不超过 25V，水下场所可采用交流 12V 光源。

照明灯具的端电压偏差允许值，一般场所为 ±5%，露天工作场所可为 -10% ～ 5%，应急照明、道路照明和警卫照明等为 -10% ～ 5%。

（2）照明供电要求

照明的供电要求，应根据照明负荷中断供电可能造成的影响和损失，合理地确定其负荷等级，并正确地选择供电方案。三相照明线路各相负荷的分配宜保持平衡，最大相负荷电流不宜超过三相负荷平均值的 115%，最小相负荷电流不宜小于三相负荷平均值的 85%。对特别重要的照明负荷，宜在照明配电盘采用自动切换电源的方式，负荷较大时可采用由两个专用回路各带约 50% 的照明灯具的配电方式，如体育场馆的场地照明，满足节能与可靠性要求。

1）正常照明的供电方式。一般工作场所的正常工作照明，可与动力负荷共用变压器。当电力线路中的电压波动影响照明质量或光源寿命时，在技术经济合理的条件下，可采用有载自动调压电力变压器、调压器或专用变压器供电。

2）应急照明的供电方式。应急照明在正常照明电源故障时使用，因此除正常照明电源外，也应设计与正常照明电源独立的备用电源。备用电源可以选用以下几种方式：

① 来自电力网有效的独立于正常电源的馈电线路。

② 专用的应急发电机组。

③ 带蓄电池组的应急电源（交流 / 直流），包括集中或分区设置的，或灯具自带的蓄电池组。

④ 备用照明由以上两种至三种电源组合供电，疏散照明和疏散指示标志应由第③种方式供电。

当装有两台及以上变压器时，应与正常照明的供电干线分别接自不同的变压器，如图 9-10 所示；仅装有一台变压器时，应与正常照明的供电干线自变电所的低压屏上或母线上分开，如图 9-11 所示。

（3）照明配电系统接地形式

建筑物内照明配电系统接地形式应与建筑物供电系统统一考虑，一般采用 TN-S、TN-C-S 系统。户外照明宜采用 TT 接地系统。

9.4.3　照明配电系统图

照明配电系统图是表示电气照明电能控制、输送和分配的电路图。照明配电系统图按国家标准规定的电气图形符号表示电气设备和照明线路，并以一定的次序连接，通常以单线或多线表示照明配电系统。常用的照明供电系统如图 9-12 所示。

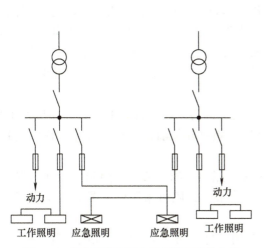

图 9-10　应急照明由两台变压器交叉供电的
照明供电系统

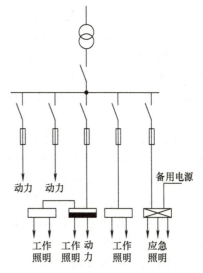

图 9-11　应急照明由一台变压器供电的
照明供电系统

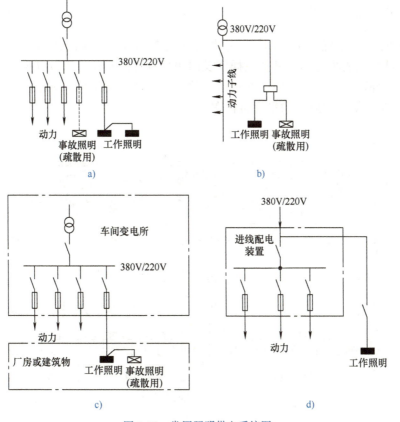

图 9-12　常用照明供电系统图

a）动力与照明共用电力变压器供电　b）变压器—干线式供电　c）照明电源由车间变电所供电
d）由外部线路供电的照明与动力合用供电线路

对正常照明，一般情况下都采用图 9-12a 的动力与照明共用电力变压器供电的照明供电系统，其二次侧的电压为 380V/220V。若动力负荷会引起对照明不容许的电压偏移或波动，当电力设备无大功率冲击性负荷时，照明和电力可共用变压器；当电力设备有大功率冲击性负荷时，照明宜与冲击性负荷接自不同变压器，当需接自同一变压器时，照明应由专用馈电线供电；当照明安装功率较大或谐波含量较大时，宜采用照明专用变压器。

图 9-12b 为变压器—干线式供电。当生产厂房的动力采用这种供电方式，且与其他变电所无低压联络线时，照明电源宜接到变压器低压侧总开关前；若对外有低压联络线时，照明电源宜接到变压器低压侧总开关之后。

当车间变压器低压侧采用放射式配电系统时，照明电源一般接在照明专用低压屏上，如图 9-12c 所示，若变电所低压屏的出线回路数有限时，则可采用低压屏引出少量回路，再利用动力配电箱作照明供电。

图 9-12d 为由外部线路供电的照明与动力合用供电线路的系统图，在电力负荷稳定的生产厂房、辅助生产厂房以及远离变电所的建筑物和构筑物均可使用，但应在电源进户处将动力与照明线路分开。

9.4.4 照明平面布置图

电气照明平面布置图是用国家标准规定的建筑和电气平面图图形符号及文字符号，表示照明区域内照明配电箱、开关、插座及照明灯具等的平面位置及其型号、规格、数量和安装方式、部位，并表示照明线路走向、敷设方式及导线型号、规格、根数等的一种施工图。图 9-13 为某车间照明的平面布置图。

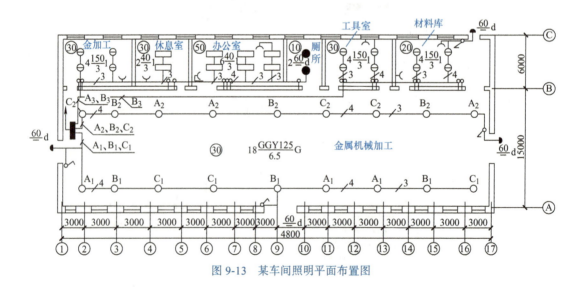

图 9-13 某车间照明平面布置图

由图 9-13 可以看出，绘制平面布置图时必须注意：

1）标明配电设备和配电线路的型号。

2）灯具的平均照度，如 30 表示平均照度为 30lx。

3）灯具的位置、灯数、灯具的型号、灯泡的容量、安装高度和安装方式等。

按照 GB/T 4728.11—2022《电气简图用图形符号　第 11 部分：建筑安装平面布置图》的规定，灯具的标注格式为

$$a-b\frac{c \times d \times l}{e}f$$

其中，a 为灯数；b 为照明器的类型符号；c 为每盏灯具的光源数（一个可不表示）；d 为光源的功率（W）；l 为电光源的种类型号，e 为照明器悬挂高度（m）；f 为安装方式。电光源产品的分类和型号命名方法，具体可参见 QB/T 2274—2013《电光源产品的分类和型号命名方法》。

9.4.5　照明控制

照明控制是随着建筑和照明技术的发展而发展的。照明控制是实现节能的重要手段，现在的照明工程强调照明功率密度不能超过标准要求，通过合理的照明控制和管理，使节能效果显著。照明控制减少了开灯时间，可以延长光源寿命；照明控制可根据不同的照明需求，改善工作环境，提高照明质量；照明控制还可以实现同一空间多种照明效果。

照明控制的种类很多，控制方式多样，通常有以下几种方式：

1）跷板开关控制或拉线开关控制。传统的控制形式把跷板开关或拉线开关设置在门口，开关触点为机械式，对于面积较大的房间，灯具较多时，可采用双联、三联、四联开关或多个开关，此种形式简单、可靠。

2）声光控开关控制。声光控开关指利用声音以及光线的变化来控制电路灯具的开启，并经过延时后能自动断开电源的节能电子开关，广泛用于住宅楼、公寓楼及办公楼的楼梯间、楼道、走廊、洗漱室、厕所等场所，能有效地延长灯泡使用寿命，并达到节能效果。

3）智能控制。随着照明技术的发展，建筑空间布局经常变化，照明控制也要适应和满足这种变化。从节能、环保、运行维护及投资回收期角度看，对于城市照明和室内大空间及公共区域的照明，智能照明控制方式已逐步成为照明控制的主流。

9.5　照明节能

微课：电气照明设计

9.5.1　绿色照明

绿色照明是节约能源，保护环境，有益于提高人们生产、工作、学习效率和生活质量，保护身心健康的照明。绿色照明的理念首先于 1991 年底由美国环保局（EPA）提出，很快得到联合国和各个国家的重视，积极推进绿色照明工程的实施。我国从 1993 年开始准备启动绿色照明，并于 1996 年正式制定了《中国绿色照明工程实施方案》。目前我国已制定了常用照明光源及镇流器等产品能效标准、各类建筑照明标准，并继续大力全方位推进绿色照明的发展。

9.5.2 照明节能的技术措施

以人为本是照明的目的，照明节能遵循的原则是在提高照明系统效率、保证不降低作业面视觉要求、不降低照明质量的前提下，尽可能节约照明用电。照明节能应通过选择合理的照度标准，选择合理的照明方式，选用合适的光源及高效节能灯具，选择优质、高效的照明器材，采用合理的照明配电系统，根据建筑的使用条件和天然采光状况，采用合理有效的照明控制装置，定期清洁照明器具和室内表面，建立合理的换灯和维修制度。

（1）选择合理的照度标准

应按照 GB 50034—2024《建筑照明设计标准》等标准确定照度水平。应控制设计照度与照度标准值的偏差，设计照度值与照度标准值相比较允许有不超过 ±20% 的偏差，避免出现过高的照度计算值。作业面邻近区（作业面外 0.5m 的范围内）照度可低于作业面的照度，一般允许降低一级。通道和非作业区的照度可以降低到作业面照度的 1/3。

（2）合理选择照明方式

为了满足作业的视觉要求，应分情况采用一般照明、分区一般照明或混合照明的方式。在照度要求高，但作业面密度又不大的场所，若只装设一般照明，会大大增加照明安装功率，应采用混合照明方式，以局部照明来提高作业面的照度，节约能源。一般在照度标准要求超过 750lx 的场所设置混合照明，在技术经济方面是合理的。在同一场所不同区域有不同照度要求时，为贯彻该高则高和该低则低的原则，应采用分区一般照明方式。

（3）选择优质、高效的照明器材

1）选择高效光源，淘汰和限制低效光源的应用。选用的照明光源需符合国家现行相关标准，并应符合以下原则：①光效高，符合标准规定的节能评价值的光源；②颜色质量良好，显色指数高，色温宜人；③使用寿命长；④启动快捷可靠，调光性能好；⑤性价比高。

常用光源的主要技术指标见表 9-12。

表 9-12　常用光源的主要技术指标

光源种类	光效率 /（lm/W）	显色指数 Ra	平均寿命 /h	启动时间	性价比
白炽灯	8～12	99	1000	快	低
三基色直管荧光灯	65～105	80～85	12000～15000	0.5～1.5s	高
紧凑型荧光灯	40～75	80～85	8000～10000	1～3s	不高
金属卤化物灯	52～100	65～80	10000～20000	2～3min	较低
陶瓷金卤灯	60～120	82～85	15000～20000	2～3min	较高
无极灯	55～82	80～85	40000～60000	较快	较高
LED 灯	60～120[①]	60～80	25000～50000	特快	较低
高压钠灯	80～140	23～25	24000～32000	2～3min	高
高压汞灯	25～55	～35	10000～15000	2～3min	低

① 整灯效能。

注：本表引自《照明设计手册》（第 3 版）表 23-5。

2）选择高效灯具。灯具效率高低及灯具配光的合理配置，对提高照明能效有不可忽视的影响。但提高灯具效率和光的利用系数比较复杂，和控制眩光、灯具的防护、装饰美观要求等有矛盾，必须合理协调，兼顾各方面要求。

3）选择低能耗镇流器。镇流器是气体放电灯不可少的附件，但其自身功耗比较大，降低了照明系统能效。镇流器之优劣对照明质量和照明能效都有很大影响。选用的照明光源、镇流器的能效应符合相关能效标准的节能评价值。

（4）合理利用自然光

自然光是取之不尽、用之不竭的能源，应尽可能积极利用自然光以节约电能。房间的采光系数或采光窗地面积比应符合国家标准 GB 50033—2013《建筑采光设计标准》的有关规定。当有条件时，宜随室外自然光的变化自动调节人工照明照度；以太阳能作为照明能源，利用各种导光装置（导光管、光导纤维）将自然光引入室内进行照明，或采用各种反光装置，如利用安装在窗上的反光板和棱镜等使光折向房间的深处，提高照度，节约电能。

（5）优化照明控制

照明的控制方式对节能有直接影响。合理的照明控制有助于使用者按需开关灯，避免无人工作时开灯、局部区域工作时点亮全部灯、自然采光良好时点亮人工照明等现象。照明控制可提高管理水平，节约电能。

公共建筑应采用智能控制，并按需要采取调光或降低照度的控制措施。建筑的公共场所应采用感应自动控制。有自然采光的楼梯间走道的照明，除应急照明外应采用智能感应开关。

一般场所照明分区、分组开关灯。白天自然光较强，或深夜人员很少时，可方便地用手动或自动方式关闭一部分或大部分照明，有利于节能。分组控制的目的，是将自然采光充足和不充足的场所分别开关。公共建筑和工业建筑的走廊、楼梯间、门厅等公共场所照明，应按建筑使用条件和自然采光状况采取分区、分组控制措施。

道路照明应按所在地的地理位置和季节变化自动调节每天的开关灯时间，并根据天空亮度变化进行必要修正。道路照明采用集中遥控系统时，远动终端宜具有在通信中断的情况下自动开关路灯的控制功能和手动控制功能。

夜景照明定时（分季节天气变化及节假日）自动开关灯，应具备日常、一般节日、重大节日照明等不同模式。

> **一点讨论：** 电气照明设计不能一味追求照度或显色性，需要综合考虑功能需求、专业标准、环境适应性、成本效益、健康安全、技术应用、可持续发展和人性化设计等诸多因素。比如教室和手术室的照明方式就截然不同，教室内需要持续稳定的照明，以保证学生能够清晰地阅读和书写；而手术室需要的是高照度高显色性的照明，以确保医生手术的安全性和效率。如果将两者的照明方式互换，显然不合适。

9.6　本章小结

本章介绍了电气照明技术的相关知识，具体内容如下：

1）照明质量包括眩光限制、光源颜色、照度均匀度和亮度分布等，最基本的是照度是否达到标准。

2）电光源可按辐射光源、固态光源、气体放电光源进行分类，常用的照明光源有白炽灯、卤钨灯、半导体发光二极管（LED）、荧光灯等。照明光源要通过对工作环境和经济效益综合考虑，照明灯具根据配光曲线、光通量在空间的分布以及灯具的结构特点进行分类和选择。

3）照明的设计一定要按照国标照度的标准来进行。照度计算的方法中，利用系数法应用最为广泛。

4）照明可分为一般照明、分区一般照明、局部照明、混合照明和重点照明。照明种类可分为正常照明、事故照明、值班照明、警卫照明和障碍照明等。照明配电系统的设计要依据不同照明类型，选择合适的照明供电电压。照明配电系统图和电气照明平面布置图是实际工程中非常重要的参考资料。

5）绿色照明的内涵包含高效节能、环保、安全和舒适四项指标，通过设计合理的照度，选择合适的照明方式，选择优质、高效的照明器材，充分利用自然光，优化照明控制可以实现绿色照明。

9.7 习题与思考题

9-1 电气照明有哪些特点？对工业生产有何重要作用？

9-2 可见光有哪些颜色？哪种颜色光的波长最长？哪种颜色光的波长最短？哪种波长的光可引起人眼最大的视觉？

9-3 发光强度（光强）、照度和亮度的含义分别是什么？它们的符号和单位各是什么？

9-4 什么叫色温度？什么叫显色性？什么叫反射比？反射比与照明有何关系？

9-5 热辐射光源和气体放电光源各自的发光原理是怎样的？

9-6 "绿色照明"的含义是什么？从节能考虑，一般情况下可用什么灯来取代普通白炽灯？但在哪些场合宜采用白炽灯照明？

9-7 什么是灯具的距高比？距高比与照明质量有什么关系？与灯具的布置又有什么关系？

9-8 什么叫照明光源的利用系数？它与哪些因素有关？利用系数法计算照度的步骤是怎样的？

9-9 有一教室长 11.5m、宽 9m、高 3.6m，照明器离地面高度为 3.4m，课桌高度为 0.8m。教室顶棚、墙面均为白色涂料，顶棚有效反射比取 0.7，墙壁有效反射比取 0.5。教室的照度标准是 300lx，若采用蝠翼式荧光灯具，内装 36WT8 直管荧光灯，试确定所需灯数及灯具布置方案。

参考文献

［1］ 刘介才.工厂供电［M］.6 版.北京：机械工业出版社，2021.

［2］ 唐志平，邹一琴.供配电技术［M］.4 版.北京：电子工业出版社，2019.

［3］ 孙丽华.电力工程基础［M］.3 版.北京：机械工业出版社，2016.

［4］ 杨岳.供配电系统［M］.2 版.北京：科学出版社，2015.

［5］ 陈珩.电力系统稳态分析［M］.4 版.北京：中国电力出版社，2015.

［6］ 何仰赞，温增银.电力系统分析：上册［M］.4 版.武汉：华中科技大学出版社，2016.

［7］ 张保会，尹项根.电力系统继电保护［M］.2 版.北京：中国电力出版社，2010.

［8］ 杨奇逊，黄少锋.微型机继电保护基础［M］.4 版.北京：中国电力出版社，2013.

［9］ 翁双安.供电工程［M］.3 版.北京：机械工业出版社，2019.

［10］ 中华人民共和国住房和城乡建设部.GB 51348—2019 民用建筑电气设计标准［S］.北京：中国建筑工业出版社，2020.

［11］ 中国航空规划设计研究总院有限公司.工业与民用供配电设计手册：上册［M］.4 版.北京：中国电力出版社，2018.

［12］ 注册电气工程师执业资格考试复习指导教材委.注册电气工程师执业资格考试专业考试相关标准：供配电专业［M］.北京：中国电力出版社，2010.

［13］ 中国华能集团公司.电力安全工作规程：电气部分［M］.北京：中国电力出版社，2014.

［14］ 田宝森，史芸.低压供配电实用技术［M］.2 版.北京：中国电力出版社，2018.

［15］ 杨贵恒.电气工程师手册：供配电专业篇［M］.2 版.北京：化学工业出版社，2022.

［16］ 徐云，刘付平，贾平，等.节能照明系统工程设计［M］.北京：中国电力出版社，2009.

［17］ 北京照明学会照明设计专业委员会.照明设计手册［M］.3 版.北京：中国电力出版社，2017.

［18］ 水利电力部西北电力设计院.电力工程电气设计手册：电气一次部分［M］.北京：中国电力出版社，2018.

［19］ 能源部西北电力设计院.电力工程电气设计手册 2：电气二次部分［M］.北京：中国电力出版社，2007.

［20］ 中国标准出版社.电网企业安全生产国家标准汇编［M］.北京：中国标准出版社，2015.

［21］ 中国电力规划设计协会.电力工程设计标准汉英术语：火力发电、输变电［M］.北京：中国电力出版社，2011.

［22］ 全国高压开关设备标准化技术委员会.高压交流开关设备和控制设备标准的共用技术要求：GB/T 11022—2020［S］.北京：中国标准出版社，2021.

［23］ 中国电力联合会.继电保护和安全自动装置技术规程：GB/T 14285—2006［S］.北京：中国标准出版社，2006.

［24］ 国家电网公司.国家电网公司电力安全工作规程 变电部分：Q/GDW 1799.1—2013［S］.北京：中国电力出版社，2014.

［25］ 国家电网公司.国家电网公司电力安全工作规程线路部分：Q/GDW 1799.2—2013［S］.北京：中国电力出版社，2014.

［26］ 中华人民共和国住房和城乡建设部.供配电系统设计规范：GB 50052—2009［S］.北京：中国计划出版社，2010.

［27］ 中华人民共和国住房和城乡建设部 . 3 ～ 110kV 高压配电装置设计规范：GB 50060—2008 ［ S ］.
北京：中国计划出版社，2009.

［28］ 中华人民共和国住房和城乡建设部 . 低压配电设计规范：GB 50054—2011 ［ S ］. 北京：中国计划
出版社，2012.

［29］ 中华人民共和国住房和城乡建设部 . 常用变配电系统设计规范 ［ S ］. 北京：中国建筑工业出版社，
2010.

［30］ 中国航空规划设计研究总院有限公司 . 工业与民用供配电设计手册：下册 ［ M ］. 4 版 . 北京：中
国电力出版社，2018.